陆相页岩油可动用性评价研究与效益开发实践丛书

纹层页岩划痕实验力学

杨　柳　蔡　萌　孟思炜　赵　欣　王英斌
王　博　闫传梁　齐　伟　杜朋钊　　　　　著

石油工业出版社

内 容 提 要

本书在归纳分析近年来岩石力学细观研究方法的基础上，简单介绍了不同尺度压痕、划痕力学及脆性指数评价研究进展，重点介绍了基于纳米压痕的纹层页岩矿物力学性质、基于纳米划痕的纹层页岩矿物力学性质、纳米压痕—划痕尺度升级方法、纳米压痕—划痕有限元模拟、CO_2—水作用下划痕力学特性变化以及基于全井段厘米划痕的工程"甜点"评价等内容，探讨了原位测量系统在深层油气测井和隧道超前钻孔地质预报领域的应用设想。

本书可供高等院校力学、矿业工程、岩土工程、油气开发等专业的师生和工程技术人员参考和使用。

图书在版编目（CIP）数据

纹层页岩划痕实验力学 / 杨柳等著 . -- 北京：石油工业出版社，2024.12. -- （陆相页岩油可动用性评价研究与效益开发实践丛书）. -- ISBN 978-7-5183-7121-1

Ⅰ．P588.22

中国国家版本馆 CIP 数据核字第 20240GU327 号

出版发行：石油工业出版社

（北京安定门外安华里 2 区 1 号　100011）

网　　址：www.petropub.com

编辑部：（010）64523825　图书营销中心：（010）64523633

经　　销：全国新华书店

印　　刷：北京九州迅驰传媒文化有限公司

2024 年 12 月第 1 版　2024 年 12 月第 1 次印刷

787×1092 毫米　开本：1/16　印张：14.25

字数：320 千字

定价：120.00 元

（如出现印装质量问题，我社图书营销中心负责调换）

版权所有，翻印必究

前 言

PREFACE

页岩是自然界广泛存在的一种沉积岩，与人类生产活动密切相关。在煤炭、油气等资源开采以及二氧化碳、核废料封存现场，页岩地层是最常见的地层之一。同时，页岩广泛存在于地铁隧道、水利水电等工程项目中。特别是页岩油气资源的开发，将继续在很长一段时间内作为支柱能源。因此，如何保证页岩及含页岩地层矿产资源开采和地下空间资源利用是一个亟待解决的关键问题，这就需要对页岩的物理、力学特性有进一步的研究和认识。然而，纹层页岩的力学性质研究问题充满挑战。页岩层状结构面广泛发育，包括微米—毫米级页理、厘米级层理以及米级薄互层。页岩地层水平钻井或隧道长度达到几千米，在如此大跨度的范围内，页岩力学性质上的非均质性更为明显。基于标准圆柱样品的传统单轴、三轴及三点弯散点测量实验方法，难以反映跨尺度层状结构对力学性质的影响。页岩样品加工难度高，实验测试结束试件完全破坏，岩心消耗较大。测试结果较为离散，难以形成连续性、趋势性认识。鉴于此，笔者采用无损、微损划痕实验技术研究纹层页岩表面力学性质空间连续性变化特征，可以作为传统岩石力学实验方法的重要补充，形成传统岩石力学散点数据矫正、划痕趋势线拟合的新型评价体系。

本书共8章。第1章简单介绍了不同尺度压痕、划痕力学及脆性指数评价研究进展；第2章着重介绍了基于纳米压痕测量的微观矿物力学特征；第3章着重介绍了划痕破坏模式、力学表征及微观矿物力学性质；第4章着重介绍了国内外最新的尺度升级研究进展和成果；第5章主要介绍了压痕—划痕的有限元模拟方法；第6章主要介绍了流体作用下纹层页岩划痕力学性质的变化规律；第7章主要介绍了工程尺度全井段岩心划痕的工程"甜点"评价方法；第8章主要展示了地层关键力学参数原位测量系统研发概念设计。第1章由蔡萌、孟思炜、陶嘉平撰写，第2章至第8章由杨柳课题组人员撰写。

本书涉及的内容得到了国家自然科学基金面上项目（52374014）、国家重点研发计划项目（2023YFF0615402）、中央高校基本科研业务费（2024ZKPYSB03）的资助。本书撰写过程中得到了中国石油勘探开发研究院刘合院士、中国矿业大学（北京）何满潮院士的指导和帮助，在此表示诚挚感谢！作为能源和环境领域的典型问题，纹层页岩的力学性质研究得到了能源开发、土木工程、水文地质、地球物理等领域国内外学者的广泛关注，这为本书的撰写提供了广阔的思路。

由于水平有限，书中难免存在疏漏和不足之处，恳请各位同行专家和读者批评指正。

目 录

第 1 章 绪论

1.1 纹层页岩力学性质研究背景 ············ 1
1.2 纹层页岩微纳米力学性质研究现状 ············ 2
参考文献 ············ 4

第 2 章 基于纳米压痕的纹层页岩矿物力学性质

2.1 纳米压痕原理与方法 ············ 7
2.2 微观矿物力学性质 ············ 13
2.3 压痕能量标度关系 ············ 18
2.4 微观压痕脆性指数评价 ············ 26
参考文献 ············ 41

第 3 章 基于纳米划痕的纹层页岩矿物力学性质

3.1 纳米划痕原理与方法 ············ 42
3.2 纳米划痕破坏模式及力学表征 ············ 46
3.3 矿物组分识别方法 ············ 57
3.4 纹层过渡区厚度识别 ············ 67
参考文献 ············ 78

第 4 章 纳米压痕—划痕尺度升级方法

4.1 纳米压痕尺度升级 ············ 79
4.2 纳米与厘米划痕性质对比 ············ 91
参考文献 ············ 112

第 5 章 纳米压痕—划痕有限元模拟

5.1 压/划痕有限元模型建立 ············ 113

  5.2 纳米压痕有限元模拟结果 ·· 121
  5.3 纳米划痕有限元模拟结果 ·· 127
  5.4 纳米划痕弹塑性参数无量纲关系 ···································· 133
  参考文献 ·· 140

第 6 章 CO_2—水作用下划痕力学特性变化

  6.1 CO_2—水—页岩相互作用实验 ······································ 142
  6.2 厘米划痕实验力学性质变化 ·· 146
  6.3 纳米划痕实验力学性质变化 ·· 156
  参考文献 ·· 169

第 7 章 基于全井段厘米划痕的工程"甜点"评价

  7.1 全井段厘米划痕曲线响应 ·· 171
  7.2 测井响应与划痕曲线相关性 ·· 192
  7.3 工程"甜点"评价方法 ·· 203
  参考文献 ·· 210

第 8 章 深部原位划痕力学测量技术构想

  8.1 设计思路和主要性能 ·· 211
  8.2 原位测量原理与结构设计构想 ······································ 213
  8.3 关键技术创新 ·· 217
  8.4 面临的主要问题 ·· 218
  参考文献 ·· 221

第1章

绪论

页岩广泛分布于地层中，受到矿产资源开采（如页岩油气开采）和地下空间资源利用（如软岩隧道支护、CO_2 地质封存、放射性核废料等）等领域的广泛关注。页岩是由黏土脱水胶结而成的岩石，以黏土矿物为主，具有明显的层理构造。其力学强度往往较低，遇水后易发生软化和膨胀，稳定性差。研究页岩的物理、力学性质对于矿产资源的安全开采及地下空间资源的高效利用具有重要意义。然而，由于页岩自身结构的复杂性及实验技术条件的限制，以往多集中于小尺寸样品饱载破坏式测量，难以反映复杂结构对力学性质的影响。近年来，随着无损、微损划痕实验技术的发展，研究纹层页岩力学性质空间连续性变化特征成为可能。本书将重点介绍纹层页岩的宏微观划痕力学实验和数值模拟方面的一些研究成果，以便为理解和认识不同载荷下纹层页岩的宏观力学特性提供参考。

1.1 纹层页岩力学性质研究背景

岩石圈、水圈是人类生产生活的基础。岩石圈可提供丰富的矿产资源（如煤炭、油气、铁矿、有色金属等）、地质空间资源（CO_2 地质封存、放射性核废料和有毒污水处理等，或开辟作为地下水库、地下油库、地下核试验场地等）。岩石是一种多孔介质，其内部含有丰富的孔隙、裂隙及层理，形成了复杂的非均质性结构特征。无论是矿产资源的开发还是地质空间资源的利用，都需要对岩石进行开挖或扰动，这就需要对岩石的物理、力学及化学特性有进一步的研究和认识。

页岩层状结构面在不同地质区域呈现出多尺度的发育特征，例如松辽盆地青山口组的微米—毫米级页理、四川盆地龙马溪组的厘米级层理，以及吉木萨尔凹陷芦草沟组的米级薄互层[1]。作为沉积层序中的最小宏观层，这些层状结构面通常包含多种矿物成分，导致其力学特性存在显著差异。随着页岩地层中水平钻井或隧道工程延伸至数千米级尺度，在长距离工程应用中，页岩的力学非均质性更加突出。然而，由于页岩强度较低，样品加工过程复杂且易损坏，实验后试样往往完全破坏，导致岩心消耗量大，经济成本高昂。此外，严格的制样要求和测试数据的离散性使得必须进行大量重复实验以确保结果可靠，这阻碍了对页岩力学行为的连续性及趋势性规律的深入理解。研究发现，纹层界面过渡带的力学性质对页岩变形及破坏行为影响较大，然而目前对于界面力学参数分布缺少直观的认识。多尺度划痕技术属于一种无损、微损表面力学测试方法，能够显示岩石力学性质的空间位置连续性、趋势性变化，可作为传统岩石力学散点式测量的有效补充，这必将有利于构建更加科学的纹层页岩力学模型，理解变形及破坏规律，进而为页岩地层矿产资源科学开采和地下空间资源高效利用提供必要的理论支撑[2-3]。

1.2 纹层页岩微纳米力学性质研究现状

1.2.1 纳米压痕实验研究现状

压痕实验不会破坏岩样的完整性，具有可重复性测试、测试时间短及试样制作简单的特点，目前已被广泛用于研究生物材料、聚合物以及薄膜材料的性能[4]。Sun 等[5]对泥岩中的黏土矿物进行了纳米压痕研究，分析了石英和高岭石对泥岩中有机物力学性能的影响。Yang 等[6]对页岩表面进行了纳米压痕实验，获得其力学性能，并提出了一种新的微脆性指数，探讨了脆性指数在页岩表面的分布特征以及矿物成分对脆性指数的影响规律。Liu 等[7]采用纳米压痕法测量了页岩的局部弹性模量和硬度，获得了页岩中石英、有机物和黏土等矿物相的力学性能，并研究了 CO_2 处理前后页岩的力学性能和压痕蠕变行为[8]。目前，大多数研究成果集中在分析页岩局部弹性模量、硬度、断裂韧性等特征。然而，关于脆性矿物和纹层的力学性能影响的研究相对较少。这限制了纳米压痕技术在表征页岩力学性能方面更广泛、更合理的应用。

纳米压痕具有样品尺寸要求小的优点，这大大提高了珍贵岩心的利用率。此外，由于页岩的非均质性，常规力学实验无法完全阐明脆性矿物和纹层引起的宏观力学性能变化。纳米压痕可以分析岩心的复杂矿物成分，也可以弥补传统实验方法无法识别页岩弱面的不足，可作为宏观岩石力学实验的重要补充。

1.2.2 纳米/厘米划痕实验研究现状

考虑到纳米压痕测试的局限性，划痕实验通过设置一定加载速度，可以实现不同尺度上力学参数的测量，从而可以有效建立微观各相与页岩整体力学性质之间的联系，大大提高了有价值岩心的使用[9]。郑爽等[10]使用纳米划痕实验研究了砂岩结构面摩擦系数的宏观和微观关系，采用速度—状态摩擦（RSF）定律建立了红砂岩基本摩擦系数的线性回归方程，通过岩石剪切实验证明了经验关系的可靠性。Liu 等[11]对具有不同矿物成分的页岩样本开展了纳米压痕测试和划痕测试，并比较了两种方法所获得的断裂韧性值。Hernandez-Uribe 等[12]提出了一种基于划痕实验收集到的微观力学参数来量化泥页岩脆性的方法，将脆性指数定义为脆性破坏相关的能量与划痕实验过程所产生的总能量之比。划痕实验可以在线弹性断裂力学的框架内重新整理规划。在分析中采用艾里应力函数方法来确定划痕—叶片—材料界面附近的应力和位移，以此作为输入，通过积分来评估能量释放率。与以前的模型相比，能量释放率被发现与施加的力的二次方和成正比。利用划痕宽度和划入深度之间的线性关系，通过对水泥浆体和砂岩划痕实验数据的验证，可以表明该方法为不同划痕宽度和深度的划痕实验提供了一种简便的方法来确定断裂韧性[13]。

由于页岩的非均质性，常规力学实验和压痕实验无法完全阐明脆性矿物和纹层引起的宏观力学性能变化。相对于纳米压痕实验，划痕实验可以采集连续的力学性能参数，这大大提高了珍贵岩心的利用率。

1.2.3　压痕—划痕理论研究现状

Shi 等[14]采用点阵式纳米压痕法对重庆酉阳地区龙马溪组页岩样品的纹层分布区域进行了杨氏模量、硬度和断裂韧性等力学性能的研究，通过场发射扫描电子显微镜（FESEM）和能谱仪（EDS）对纹层附近的压痕区形貌和矿物成分进行了定量分析。Li 等[15]使用微压痕技术及配备自动矿物识别和表征系统（AMICS）的扫描电子显微镜（SEM）研究了陆相页岩纹层的弹性模量差异。结果表明，页岩纹层的弹性模量是高度不均匀的，可分为较硬纹层、中间纹层和较软纹层三种类型。

界面过渡区（interfacial transition zone，ITZ）是指非均质样品中不同材料之间的边界区域，通常表现出与单一材料不同的性质，包括低密度、高孔隙度以及复杂的结构特征[16]。Vignoli 等[17]假设纤维—基体的 ITZ 厚度趋向于一个常数值，然后通过有限元模拟与实验数据的对比，验证了纤维的界面过渡区具有非线性损伤特性，在损伤发生和裂纹传播中发挥关键作用。Kato 等[18]对掺入不同添加剂的水泥浆体界面过渡区的力学特性进行评估，然后利用壁效应模型定量 ITZ 的厚度，并将分析结果与实验结果进行对比。

结合数值分析和有限元模拟，可以进一步分析压痕能量与材料力学参数之间的关系。Cheng 等[19]通过纳米压痕尺寸分析结合无量纲能量的研究，发现压痕能量恢复率与无量纲压痕硬度之间存在直接的比例函数关系。Cheng 等[20]选择了 20 种典型材料进行纳米压痕实验，发现无论是金属材料还是非金属材料，都符合近似线性关系。正相关关系的比例因子约为 0.2，实验验证了 Oliver-Pharr 理论的准确性。有限元法（FEM）和分子动力学（MD）被广泛用于模拟纳米划痕和纳米压痕工艺。这两种方法都有其局限性和优点。MD 模拟可以从原子层面阐述纳米划痕过程，包括模拟过程中的位错运动、晶界效应、层错、压头下孪晶等材料变化。在划痕实验中压头偏转角会影响摩擦系数、残余划痕轮廓和投影接触面积，Shi 等[21]利用有限元方法研究了压头偏转角在纳米划痕实验中对收集到的材料力学参数的影响。Chamani 等[22]采用有限元方法模拟了刚性压头在 HfB2 新型晶体材料上的划痕实验过程，发现在相同压头尺度的条件下，有限元计算结果与实验结果吻合得很好。许多研究人员将实验和数值方法结合起来研究不同材料纳米尺度的力学性能。Nazemian 等[23]在纳米压痕测试中研究了材料的界面特性，并进行了一些实验来校准和验证计算模型。Wagih 等[24]利用二维有限元模型研究了纳米复合材料的纳米压痕，结果表明，有限元模拟得到的载荷—位移曲线与实验数据吻合较好。

1.2.4 脆性指数评价方法研究进展

对于页岩脆性评价，目前国内外还没有统一的标准和评价方法。国内外学者基于页岩实验研究，建立了许多可压性评价模型，可压性表征致密油气储层能被有效改造的难易程度，已成为致密非常规天然气开发潜力的重要评估标准。可压性指的是在水力压裂过程中岩石储层能被有效压裂并形成裂缝的能力。Jarvie等[25]提出了通过脆性指数来表征可压性大小的计算方法，通过计算以石英为主的脆性矿物在岩石矿物总量中的相对比例，来量化页岩脆性的大小。石英含量占岩石矿物总量的比例越大，则该岩石的脆性越大，可压性能越好。

随着研究的深入，越来越多的研究人员意识到，除脆性外，岩石的可压性还受其他因素的影响。2008年，Rickman等[26]对北美Barnett页岩储层进行大量样品的室内岩石力学研究测试，得到应力应变曲线并计算岩石的弹性模量和泊松比，对两者计算结果分别按1∶1加权计算，构建脆性指数公式，并绘制了该地区储层的脆性指数预测图版，为表征页岩储层可压裂性奠定了基础。2009年，Wang等[27]开展了后续的深入研究，同样使用脆性矿物含量占岩石矿物总量的比例衡量脆性大小，但是认为脆性矿物除了石英之外，还包括白云石，并且岩石储层中石英与白云石的含量占岩石矿物总量的比例越高，页岩储层脆性就越高，可压性越好，这一研究成果在脆性矿物法的研究上为后来的学者开辟了新的研究道路。曾治平等[28]综合考虑岩石储层脆性、断裂韧性、地应力环境和天然裂缝的影响，利用层次分析法计算各因素所占权重，建立了致密砂岩储层可压性评价方法。袁青松等[29]以南华北盆地海陆过渡相煤系页岩为研究对象，将脆性矿物、岩石力学、天然裂缝和地应力差作为影响因素，利用差值转化、经验赋值、层次分析等手段，建立了页岩综合可压性定量评价模型。

参 考 文 献

[1] 杜金虎，胡素云，庞正炼，等．中国陆相页岩油类型、潜力及前景[J]．中国石油勘探，2019，24（5）：560-568.

[2] 衡帅，杨春和，郭印同，等．层理对页岩水力裂缝扩展的影响研究[J]．岩石力学与工程学报，2015，34（2）：228-237.

[3] 李宁，冯周，武宏亮，等．中国陆相页岩油测井评价技术方法新进展[J]．石油学报，2023，44（1）：28-44.

[4] 何智海，倪雅倩，杜时贵，等．纳米压痕技术在岩石材料中的应用与研究进展[J]．岩石力学与工程学报，2022，41（10）：2045-2066.

[5] Sun C, Li G, Gomah M E, et al. Meso-scale mechanical properties of mudstone investigated by nanoindentation [J]. Engineering Fracture Mechanics, 2020, 238: 107245.

[6] Yang L, Mao Y, Yang D, et al. The characteristic and distribution of shale micro-brittleness

based on nanoindentation [J]. Materials, 2022, 15 (20): 7143.

[7] Liu Y, Liu S, Liu A, et al. Determination of mechanical property evolutions of shales by nanoindentation and high-pressure CO_2 and water treatments: A nano-to-micron scale experimental study [J]. Rock Mechanics and Rock Engineering, 2022, 55 (12): 7629-7655.

[8] Manjunath G L, Jha B. Nanoscale fracture mechanics of Gondwana coal [J]. International Journal of Coal Geology, 2019, 204: 102-112.

[9] Bandini A, Berry P, Bemporad E, et al. Role of grain boundaries and micro-defects on the mechanical response of a crystalline rock at multiscale [J]. International Journal of Rock Mechanics and Mining Sciences, 2014, 71: 429-441.

[10] 郑爽, 雍睿, 杜时贵, 等. 基于纳米划痕试验的砂岩结构面宏—微观摩擦系数关系研究 [J]. 岩土力学, 2023, 44 (4): 1022-1034.

[11] Liu K, Jin Z J, Zakharova N, et al. Comparison of shale fracture toughness obtained from scratch test and nanoindentation test [J]. International Journal of Rock Mechanics and Mining Sciences, 2023, 162: 105282.

[12] Hernandez-Uribe L A, Aman M, Espinoza D N. Assessment of mudrock brittleness with micro-scratch testing [J]. Rock Mechanics and Rock Engineering, 2017, 50: 2849-2860.

[13] Manjunath G L, Nair R R. Microscale assessment of 3D geomechanical structural characterization of gondawana shales [J]. International Journal of Coal Geology, 2017, 181: 60-74.

[14] Shi X, Jiang S, Lu S, et al. Investigation of mechanical properties of bedded shale by nanoindentation tests: A case study on Lower Silurian Longmaxi Formation of Youyang area in southeast Chongqing, China [J]. Petroleum Exploration and Development, 2019, 46 (1): 163-172.

[15] Li L, Huang B, Tan Y, et al. Using micro-indentation to determine the elastic modulus of shale laminae and its implication: Cross-scale correlation of elastic modulus of mineral and rock [J]. Marine and Petroleum Geology, 2022, 143: 105740.

[16] Tang B X, Xie R F. Micromechanical properties of concrete under freezing-thawing condition [J]. Russian Journal of Nondestructive Testing, 2020, 56: 527-539.

[17] Vignoli L L, Savi M A, Pacheco P M C L, et al. Micromechanical fiber-matrix interface model for in-plane shear in unidirectional laminae [J]. Mechanics of Advanced Materials and Structures, 2023, 31 (26): 8488-8500.

[18] Kato Y, Tsukahara E, Uomoto T. Evaluation of characteristics of transition zone existing at aggregate-cement paste interface [C]. San Jose, CA: 2nd International Conference on Engineering Materials, 2001.

[19] Cheng Y T, Cheng C M. Analysis of indentation loading curves obtained using conical indenters [J]. Philosophical Magazine Letters, 1998, 77（1）: 39-47.

[20] Cheng Y T, Cheng C M. What is indentation hardness? [J]. Surface and Coatings Technology, 2000, 133: 417-424.

[21] Shi C, Zhao H, Huang H, et al. Effects of probe tilt on nanoscratch results: An investigation by finite element analysis [J]. Tribology International, 2013, 60: 64-69.

[22] Chamani M, Farrahi G H, Movahhedy M R. Friction behavior of nanocrystalline nickel near the Hall-Petch breakdown [J]. Tribology International, 2017, 107: 18-24.

[23] Nazemian M, Chamani M. Experimental investigation and finite element simulation of the effect of surface roughness on nanoscratch testing [J]. Journal of Mechanical Science and Technology, 2019, 33: 2331-2338.

[24] Wagih A, Fathy A. Experimental investigation and FE simulation of nano-indentation on Al-Al_2O_3 nanocomposites [J]. Advanced Powder Technology, 2016, 27（2）: 403-410.

[25] Jarvie D M, Hill R J, Ruble T E, et al. Unconventional shale-gas systems: The Mississippian Barnett shale of north-central Texas as one model for thermogenic shale-gas assessment [J]. AAPG Bulletin, 2007, 91（4）: 475-499.

[26] Rickman R, Mullen M, Petre E, et al. A practical use of shale petrophysics for stimulation design optimization: All shale plays are not clones of the Barnett shale [C]. Denver Colorado: SPE Annual Technical Conference and Exhibition, 2008.

[27] Wang F P, Gale J F. Screening criteria for shale-gas systems [J]. Gulf Coast Association of Geological Societies Transactions, 2009, 59: 779-793.

[28] 曾治平, 刘震, 马骥, 等. 深层致密砂岩储层可压裂性评价新方法[J]. 地质力学学报, 2019, 25（2）: 223-232.

[29] 袁青松, 朱德胜, 汪超, 等. 南华北盆地海陆过渡相煤系页岩地质特征及可压性分析——以中牟区块太原组为例[J]. 河南理工大学学报（自然科学版）, 2023, 42（1）: 62-70.

第 2 章
基于纳米压痕的纹层页岩矿物力学性质

与常规岩石不同，页岩内部结构的复杂性决定了页岩宏微观力学行为表现的多样性，即页岩在外部载荷作用下的宏观变形常表现为明显的非均匀性、不连续性、各向异性和非弹性等特点，微细观力学行为则更加复杂、研究尚不充分[1]，如何准确表征陆相页岩的微观力学特征尚不清楚。因此，本章以青山口组纹层页岩为研究对象开展纳米压痕实验，对硬度及弹性模量参数进行测试，并且分析了压痕过程中的破坏模式和断裂特征，最后引入无量纲参数对纹层页岩压痕做功过程中的能量耗散关系进行研究。

2.1 纳米压痕原理与方法

实验选取了松辽盆地白垩系青山口组纹层页岩（图2.1）为研究对象进行分析，松辽盆地横跨我国东北黑龙江、吉林、辽宁三省，四周被山脉、丘陵所环绕，是典型陆相沉

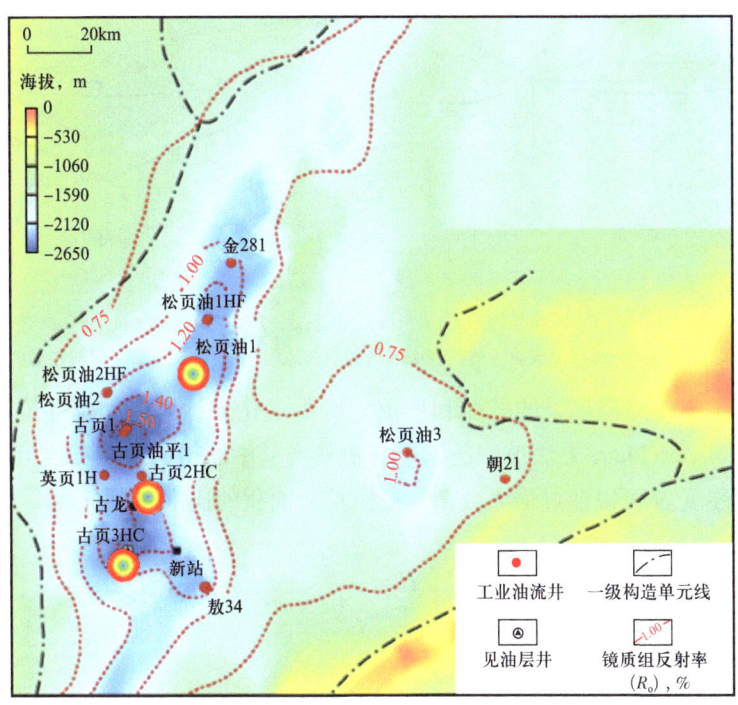

图 2.1 纹层页岩储层

积盆地。其中，位于黑龙江的大庆油田是近年来发掘的石油资源重要产区之一。青山口组纹层页岩是该地区非常规油气开采中的重要储层，其岩石组分和地质特征对于石油勘探开发具有重要意义。为更好地进行对比研究，选取不同长英脆性矿物含量的黏土质和碳酸盐质纹层页岩进行分析。岩样加工在中国矿业大学（北京）隧道工程灾变防控与智能建养全国重点实验室中进行，样品严格按照 GB/T 35206—2017《页岩和泥岩岩石薄片鉴定》进行制备。

2.1.1 实验原理与步骤

纳米压痕技术的基本原理是将测试压头应用于纳米尺度，以根据获得的载荷—位移曲线研究材料的力学性能。纳米压痕过程由加载和卸载两阶段组成，如图 2.2 所示。当实验头施加到材料表面的载荷足够小时，随着施加载荷的增加，材料首先发生弹性变形，然后发生塑性变形。当载荷足够大时，凹入区域进入完全塑性阶段。当压头退出时，压头先前凹陷区域中材料的弹性恢复，而由塑性变形引起的残余凹陷仍然存在。传感器在纳米压痕测试过程中实时记录压痕深度和载荷，并输出载荷—位移曲线，如图 2.3 所示，从中可以实时获得接触面积。

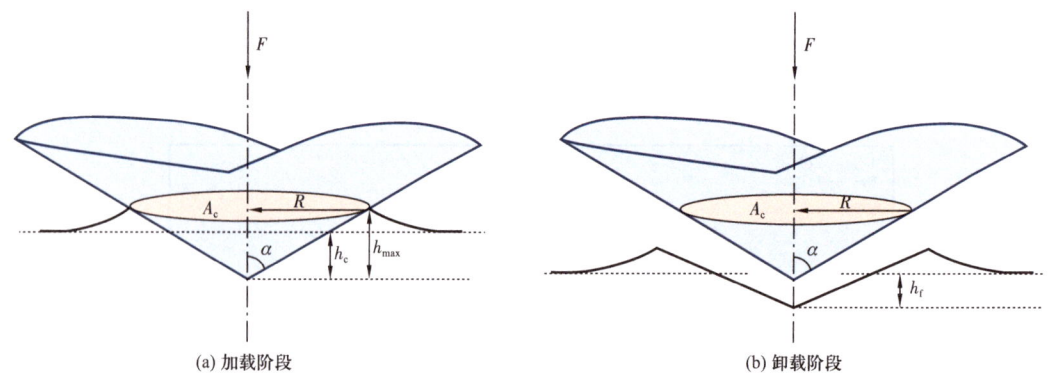

(a) 加载阶段　　　　　　　　　　　　(b) 卸载阶段

图 2.2　纳米压痕原理

A_c—压痕面积（投影接触面积）；F—压头施加的力；R—压痕半径；$α$—压头的半角度；h_{max}—压头在加载过程中达到的最大压痕深度；h_f—卸载完成后，材料表面残留的永久压痕深度；h_c—压头与材料接触的深度

可以根据压头传感器记录的载荷和压痕深度的变化来计算诸如弹性模量和硬度之类的机械参数。Oliver-Pharr 方法被广泛用于分析从实验中获得的载荷和压痕深度之间的关系[2]。页岩的硬度 H 可以通过最大载荷与投影接触面积的比率获得。

$$H = \frac{F_{max}}{A_c} \quad (2.1)$$

式中　H——硬度，GPa；

　　　F_{max}——最大载荷，mN；

　　　A_c——投影接触面积，nm²。

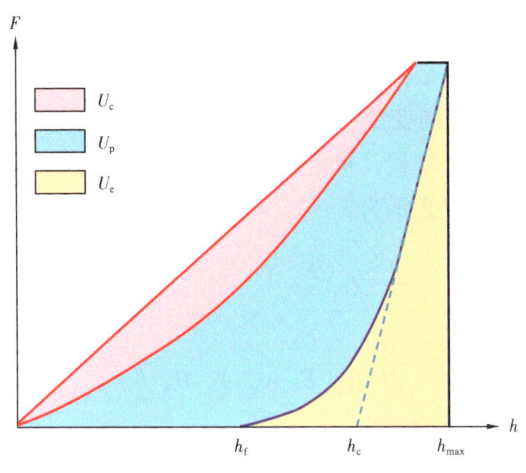

图 2.3 典型载荷—位移曲线

U_c—压痕的接触能量；U_p—塑性能量；U_e—弹性能量

对于特定几何形状的压头，其投影接触面积是接触深度的函数[3]。页岩纳米压痕实验中使用的理想 Berkovich 压头的投影接触面积可采用式（2.2）计算得到：

$$A_c = 24.5 h_c^2 \qquad (2.2)$$

接触深度 h_c 可以使用式（2.3）来获得：

$$h_c = h_{max} - \varepsilon \frac{F}{S} \qquad (2.3)$$

式中　ε——与压头几何形状相关的常数，对于 Berkovich 压头，$\varepsilon=0.75$；

　　　S——接触刚度，mN/μm；

　　　h_{max}——最大压痕深度，μm；

　　　F——压头施加的压力，mN。

一旦获得了接触深度和接触面积，就可以使用式（2.4）和式（2.5）来计算弹性模量：

$$E_r = \frac{\sqrt{\pi} S}{2 \beta \sqrt{A_c}} \qquad (2.4)$$

$$\frac{1}{E_r} = \frac{1-v^2}{E} + \frac{1-v_i^2}{E_i} \qquad (2.5)$$

式中　E——页岩的弹性模量，GPa；

　　　v——页岩的泊松比；

　　　E_i——压头的弹性模量，GPa；

　　　v_i——压头的泊松比；

　　　E_r——折合模量，GPa；

β——与压头形状有关的参数，Berkovich 压头的 β 为 1.304。

压痕问题中涉及的物理量是材料参数（弹性模量 E、泊松比 ν、屈服强度 Y）、压头几何形状（等效半锥角 θ）和控制变量（通常选择为压痕深度 h，其中包含相应的最大压痕深度 h_{max}）。E 和 h 被选择为基本量，从这些基本量可以导出其余的机械参数。

在加载阶段，负载 F 可以表示为：

$$F = f_F(E, \nu, Y, \theta, h) \tag{2.6}$$

硬度 H 定义如下：

$$H = f_H(E, \nu, Y, \theta, h) \tag{2.7}$$

应用 Π 定理，其中无量纲关系为：

$$F = Eh^2 \Pi_F\left(\frac{Y}{E}, \nu, \theta\right) \tag{2.8}$$

$$H = E_r \Pi_F\left(\frac{Y}{E}, \nu, \theta\right) \tag{2.9}$$

利用上述方程，总能量可以表示为：

$$U_t = \int_0^{h_m} F \, dh = \frac{Eh_m^3}{3} \Pi_t\left(\frac{Y}{E}, \nu, \theta\right) \tag{2.10}$$

$$U_e = \frac{Eh_m^3}{3} \Pi_e\left(\frac{Y}{E}, \nu, \theta\right) \tag{2.11}$$

$(U_t - U_e)/U_t$ 具有以下关系：

$$\frac{U_t - U_e}{U_t} = 1 - \frac{\Pi_e\left(\frac{Y}{E}, \nu, \theta\right)}{\Pi_t\left(\frac{Y}{E}, \nu, \theta\right)} \tag{2.12}$$

能量回收率（U_e/U_t）与无量纲压痕硬度（H/E_r）之间存在如下强线性关系：

$$\frac{U_e}{U_t} = \beta_c \frac{H}{E_r} \tag{2.13}$$

上述式中　F——压头施加的力，mN；

f_F, f_H——无量纲函数符号，表示负载 F 和硬度 H 与相关参数的函数依赖关系；

h_m——最大划入深度；

h——深度，μm；

H——硬度，GPa；

U_t——总能量，mJ；
U_e——弹性能量，mJ；
E——页岩的弹性模量，GPa；
v——页岩的泊松比；
Y——页岩的屈服强度，MPa；
θ——等效半锥角，(°)；
β_e——与释放弹性能有关的脆性指数，可根据此参数大小进一步对页岩裂缝网络扩展能力进行进一步评估。

2.1.2 样品制备

实验样品取自松辽盆地白垩系青山口组陆相页岩（图2.4），埋深约1600m。在纳米压痕实验中，不同相界面的局部微孔或粗糙度的突然变化会影响测试结果的准确性。使用碳化硅砂纸对样品表面进行多次机械抛光，然后使用宽束氩离子装置进行二次抛光，以获得光滑的表面。使用Zeta-20三维形态仪对板岩表面进行随机扫描，以确保满足粗糙度要求。然后对样品进行超声波清洗，用丙酮处理以去除锈点和其他污染物，最后与环氧树脂混合固化。

(a) 黏土质页岩　　　　　　(b) 碳酸盐质页岩

图2.4　纳米压痕实验页岩样品

2.1.3 实验设备

用于纳米压痕实验的机械装置是Agilent Nano Indenter G200纳米压痕仪（图2.5），其负载分辨率为50nN，标准测试的最大负载为500mN，z方向的位移分辨率小于0.01nm，最大压痕深度大于500μm，x方向和y方向的位移分辨率为1μm，行程范围为100mm×100mm。使用尖端曲率半径小于20nm的Berkovich压头。在实验过程中，压头以30nm/s的载荷释放速率逐渐接近试样表面。当测试系统指示压头已接触试样表面时，系统开始加载试样，并自动记录载荷和相应的压痕深度。

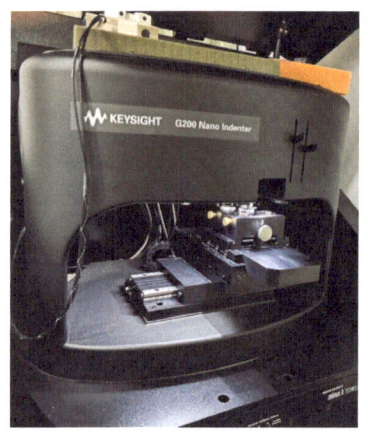

(a) 数据输出系统　　　　　　　　(b) 划痕实验平台

图 2.5　纳米压痕实验设备

2.1.4　实验方案

为了进一步研究石英和钠长石等长英类矿物对陆相页岩力学性能的影响，有必要在压痕测试之前选择一个标志性的测试区域。如图 2.6 所示，使用背散射扫描电子显微镜（BSE）分析岩石的矿物成分，可以同时获得 SEM 和 QEMSCAN❶ 图像，以找到不同矿

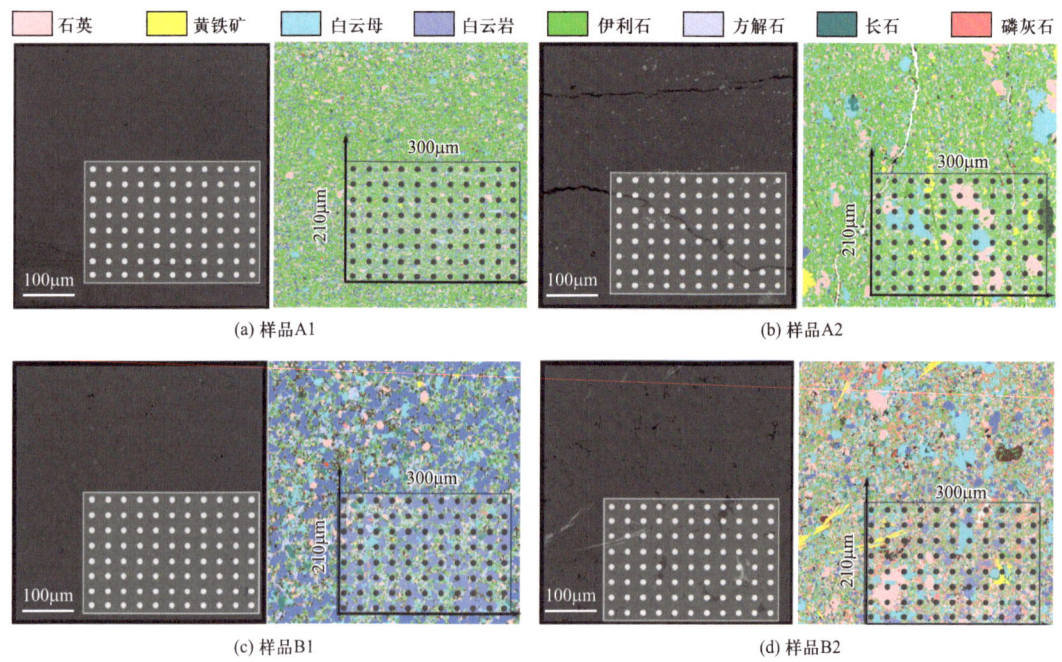

图 2.6　纳米压痕测试区域

---

❶　QEMSCAN 是一种综合自动矿物岩石学检测方法的简称，全称为 Quantitative Evaluation of Minerals by SCANning electron microscopy，即扫描电镜矿物定量评价。

物分布的位置，从而有助于确认压痕测试区域。在确定了长英类矿物的分布面积后，基于石英和钠长石类的分布面积，确定了约 300μm×210μm 的代表性矿物分布面积用于压痕实验。在该纳米压痕测试中，有四个测试区域，即黏土矿物分布区、黏土—石英矿物混合区、碳酸盐矿物分布区和碳酸盐—石英矿物混合区，分别命名为 A1、A2、B1 和 B2，并且对每个测试区域（共 352 组，4 个样本）执行 88 个压痕的测试点阵列。压头载荷在 100s 的加载时间达到 100mN 的峰值，将其保持 4s 以测量蠕变性能，然后在 10s 内释放。

2.2 微观矿物力学性质

2.2.1 长英类矿物分布特征

通过 BSE 观察了压痕点内长英类矿物含量和压痕损伤模式，绘制了压痕点的微观结构和矿物分布，以说明局部形态，图 2.7 中的红色椭圆显示了长英类矿物的表观块状分布。样品 A1 的压痕区被大量伊利石覆盖，石英和钠长石矿物呈碎块状分布，并有少量微裂纹。样品 A2 的压痕部分被大块长英类矿物覆盖，导致微裂纹面积增加。样品 B1 被白云石和方解石矿物覆盖，其间混杂石英和钠长石等脆性矿物，并有少量微裂纹。样品 B2 含有大量的长英类矿物，富含有机质。样品 A1 和 B1 紧密结合，几乎没有孔隙或微裂纹。由于长英类矿物的存在，样品 A2 和 B2 具有复杂的孔隙结构，有机质发育良好，微裂纹数量显著增加。使用 Image Plus Pro 软件对 QEMSCAN 扫描进行三原色（RGB）识别，计算出长英类矿物的含量，样品 A1、A2、B1 和 B2 的长英类矿物含量（石英、钠长石）分别为 6.58%、15.83%、8.72% 和 22.69%。实验组样品 A2 和 B2 的长英类矿物含量明显高于对照组样品 A1 和 B1。

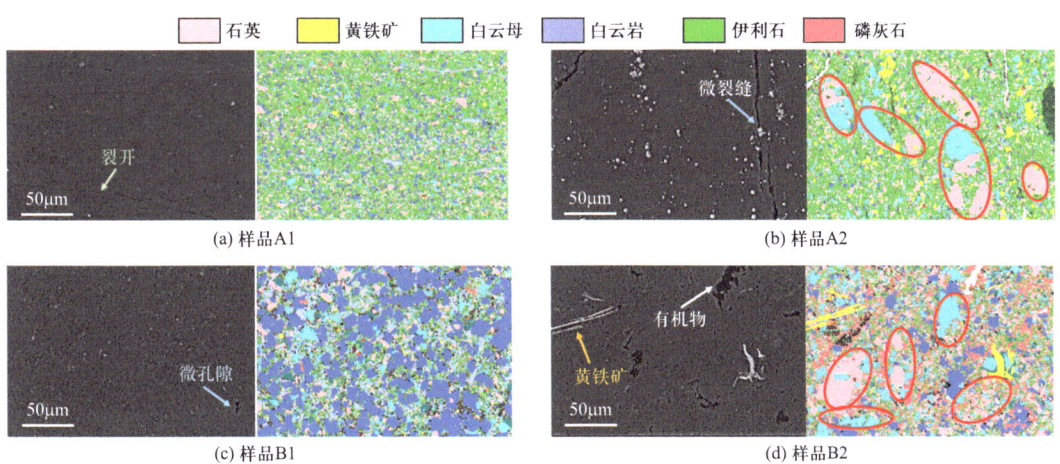

图 2.7 长英类矿物分布特征

2.2.2 纳米压痕破坏模式

材料变形不仅反映了材料的不均匀性，而且也提供了关于材料的内部结构和力学性能分布的信息。页岩中含有不同硬度和韧性的矿物颗粒，因此在纳米压痕测试中可能会出现不同的变形区域。页岩的压痕破坏模式如图 2.8 所示，黏性页岩的压痕能量在压痕实验中更好地吸收到体积变形中，即压头周围有材料堆积。黏土—石英混合区的破坏模式如图 2.8（b）所示。脆性矿物在破坏过程中没有破碎，而是陷入黏土质地，导致脆性矿物对整体力学性能的影响较弱。碳酸盐质页岩的压痕损伤模式如图 2.8（c）所示。在相同的应力状态下，白云石和方解石较硬，压痕深度较浅，页岩中的沥青和酪蛋白等有机物质在压痕过程中移位，导致出现孔洞。碳酸盐—石英混合区的损伤模式如图 2.8（d）所示。

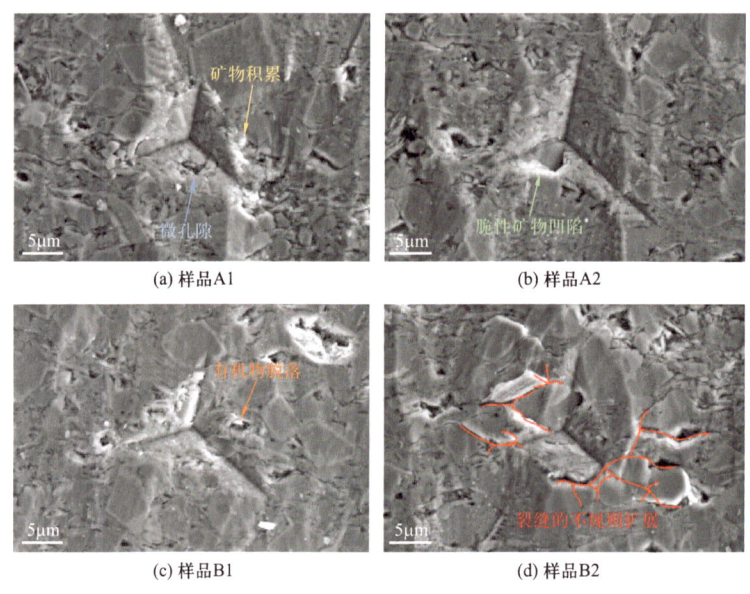

图 2.8 100mN 载荷下陆相页岩的压痕破坏模式

由于长英类矿物含量增加，材料脆性增加，压痕能量转化为裂纹扩展和体积损伤，在试样表面形成微裂纹，并向各个方向不规则延伸。通过观察压痕形态，可以获得有关材料断裂特性、塑性变形和微观结构的重要信息。在纳米压痕实验中，脆性矿物具有更高的弹性模量和硬度，结构更致密，分子之间的连接更强，并且容易在外部压力的作用下断裂，从而导致裂纹扩展和体积破坏。塑性矿物可以吸收部分压痕能量并转化为体积变形，在压头施加载荷时产生明显的塑性流动和矿物堆积。

2.2.3 纳米压痕曲线

载荷—位移曲线通常由弹性变形、弹塑性变形和塑性变形三个阶段组成，在加载过程中，曲线斜率在弹性变形阶段迅速增加。当达到岩石本身的屈服强度时，发生弹塑性变形并开始出现纳米压痕裂纹，在压痕载荷超过岩石本身的强度后，开始发生塑性变形并形成永久性裂纹。由图 2.9 可见，黏质页岩在 2000nm 后从弹性变形阶段进入弹塑性变形阶段。长英矿物富集区的载荷—位移曲线如图 2.9（b）所示。当位移为 950nm 时，开始进入弹塑性相。在长英矿物富集区获得的载荷—位移曲线并不平滑，在加载阶段存在"突进"现象。造成这种现象的主要原因是，当载荷增加到屈服强度时，岩石中出现了微裂纹，应力开始沿着裂纹尖端向裂纹内部扩展。此外，爆裂现象很有可能是由于页岩本身的不均匀性造成的。在压痕实验过程中，压头通过基体（如裂纹、微孔和干酪根）也会导致"突进"现象。

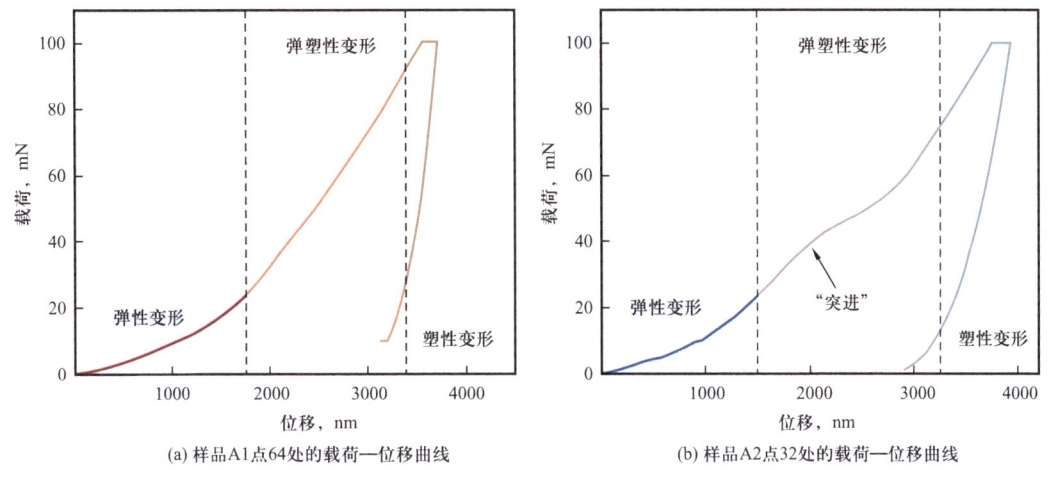

图 2.9 陆相页岩的载荷—位移曲线类型

岩石不同的内部微观结构导致加载部分的不同特征，为了防止压痕曲线重叠，以相等的间隔从每个样品中选择 10 条具有代表性的载荷—位移曲线，如图 2.10 所示。在载荷增加阶段，位移逐渐增加，导致塑性变形和弹性变形。由于岩石的蠕变特性，恒定载荷阶段导致压痕深度的持续增加。在进入卸载阶段时，随着载荷逐渐减小，弹性变形部分逐渐恢复并保持残余位移。样品 A1 和 B1 的伊利石和白云石矿物分布更均匀，长英类矿物较少，压痕间距分布更集中，没有爆裂现象。由于伊利石和白云石矿物的硬度不同，样品 A1 的最大压痕深度分布在 3000~3700nm 之间，而样品 B1 的最大压痕深度分布在 1200~1700nm 之间。由于长英类矿物含量增加，矿物胶结作用恶化，导致压痕曲线的分散性显著增加，并出现爆裂现象。样品 A2 的最大压痕深度分布在 1950~5750nm 之间，样品 B2 的最大压痕深度分布在 1000~2400nm 之间。长英类矿物的存在导致黏土质页岩和碳酸盐质页岩的载荷—位移曲线的分散性增加，但碳酸盐质页岩受到的影响较小。

2.2.4 弹性模量和硬度

在完成纳米压痕测试后，通过公式计算获得了硬度数据，并生成了平面热谱，如图 2.11 所示。通过细致的对比分析，可以看出长英类矿物对黏土质页岩和碳酸盐质页岩硬度的影响程度。由于伊利石等塑性矿物的分布区域较宽，石英和钠长石等脆性矿

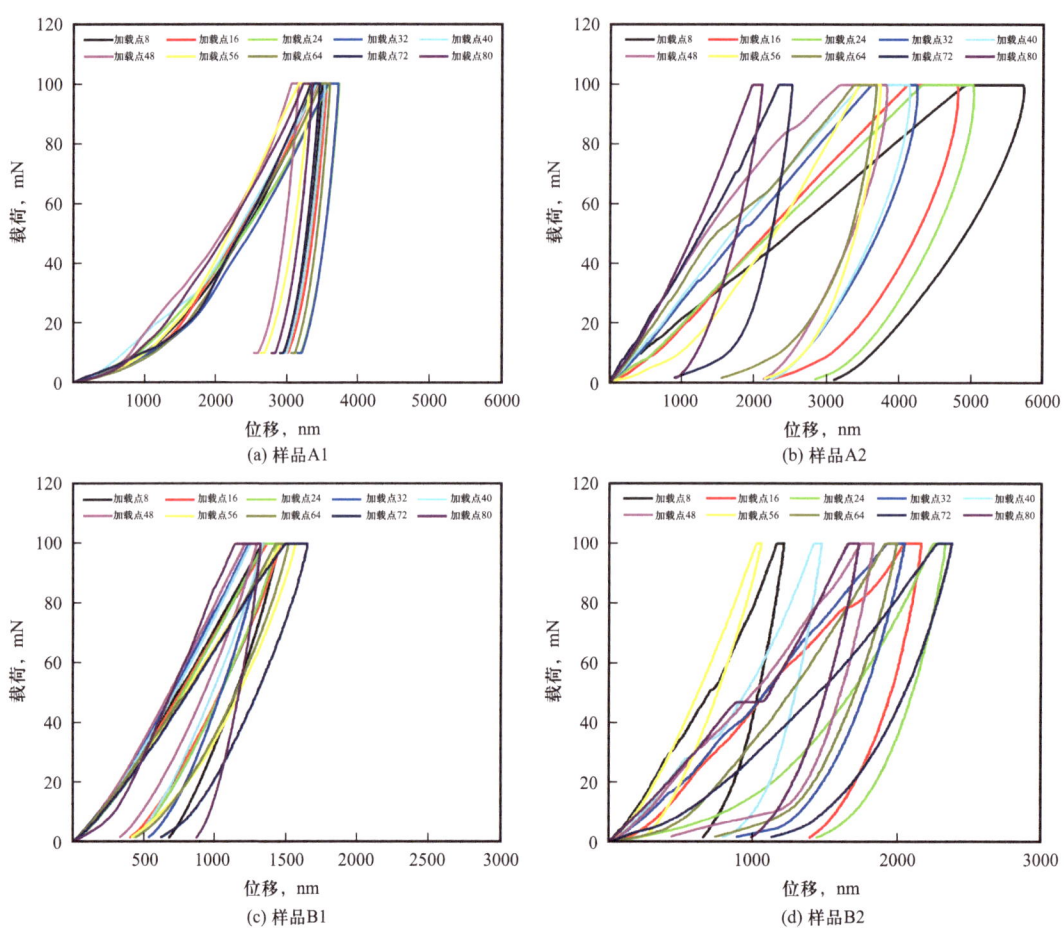

图 2.10 松辽盆地纹层页岩的压痕曲线

物的力学性能没有得到很好的表征。在样品 A1 中，只有小部分测得的压痕产生了高于 1GPa 的硬度，其分布范围为 0.09~1.556GPa，平均硬度为 0.717GPa。长英类矿物含量的增加造成黏土质页岩的硬度略有上升，样品 A2 的硬度分布范围为 0.19~2GPa，平均硬度为 1.567GPa。继续观察样品 B1 和 B2，样品 B1 的硬度分布范围为 0.19~5.81GPa，平均硬度为 1.447GPa。同时，样品 B2 的硬度分布范围为 0.36~9.72GPa，平均硬度为 4.481GPa。可以清楚地看到，长英类矿物含量的增加使得碳酸盐质页岩的硬度显著增加，而长英类矿物对黏土质页岩硬度的影响较小。

弹性模量是材料抵抗变形能力的指标。松辽盆地陆相页岩的弹性模量分布如图 2.12 所示。样品 A1 的大部分弹性模量分布在 2.03~20.16GPa 之间，平均值为 3.752GPa。样品 A2 在脆性矿物分布中的弹性模量会由于长英类矿物含量的增加而达到 4.12~23.49GPa，平均值为 6.414GPa。随着长英类矿物含量的增加，样品 B2 脆性矿物分布中的弹性模量上升至 4.91~61.68GPa，平均值为 31.714GPa。长英类矿物含量的增加显著提高了碳酸盐质页岩的弹性模量，而黏土质页岩的弹性模数仅略有增加。

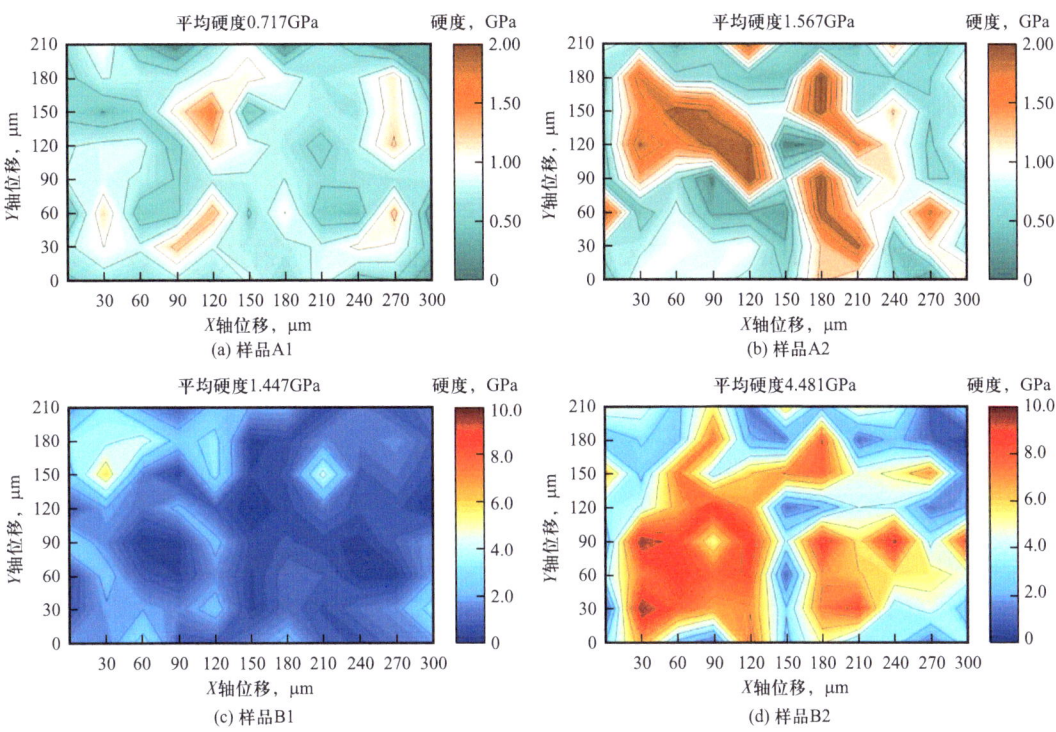

图 2.11 纳米压痕测试区域的硬度分布

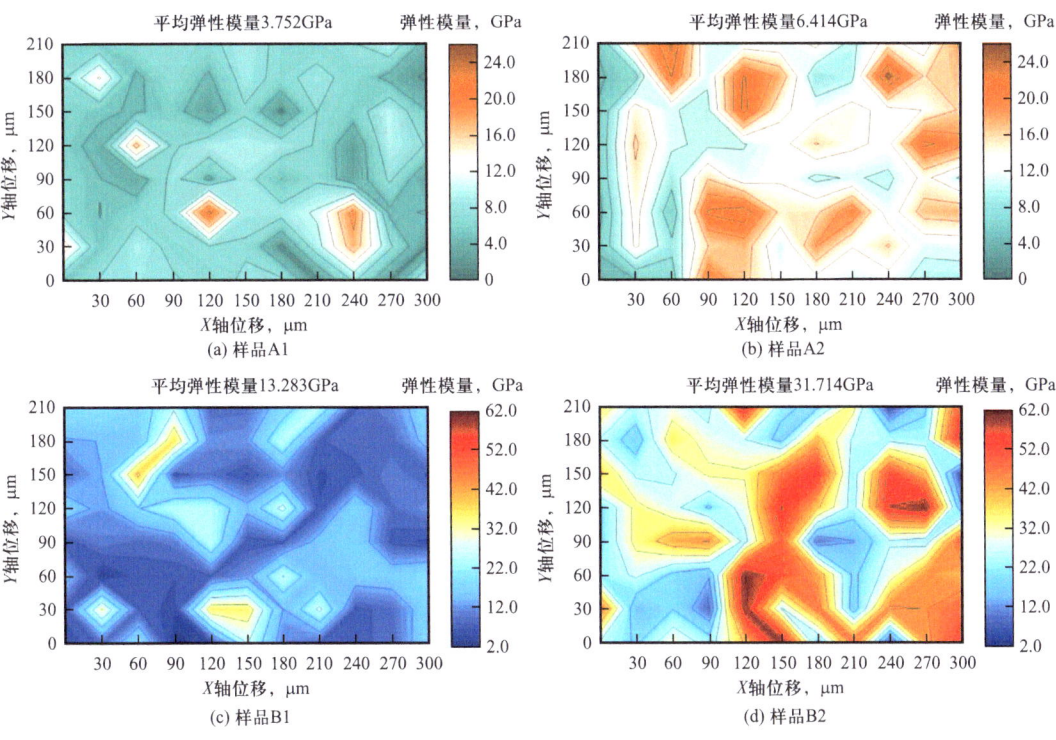

图 2.12 纳米压痕测试区域的弹性模量分布

2.3 压痕能量标度关系

2.3.1 富纹层页岩压入过程量纲分析

纹层页岩的能量标度关系在很大程度上受到层理间矿物弹性模量、屈服强度和泊松比的影响。在进行多组分材料压痕实验的尺寸分析时，首先简化假设矿物有两种类型：E_1 和 E_2 的弹性模量，Y_1 和 Y_2 的屈服应力，以及 v_1 和 v_2 的泊松比。选择 E_1、E_2 和 h 作为基本量，可以从基本量中导出 F、H、U_e 和 U_t 等参数。

在压头加载阶段，载荷 F 可以表示为：

$$F = f_F(E_1, E_2, v_1, v_2, Y_1, Y_2, \alpha, \theta, S, h) \tag{2.14}$$

由于压痕曲线加载阶段的压痕深度与压头载荷之间存在近似线性关系。为了确保尺寸一致性，需要引入新的长度参数来定义压头载荷。加载力受层理宽度和非均质页岩中各种矿物力学参数的影响。选择弹性模量 E_1、E_2，压痕深度 h 和垫层宽度 S 作为基本量：

$$F = (E_1 + E_2) h S \Pi \left(\frac{Y_1}{E_1}, \frac{Y_2}{E_2}, \frac{S_1}{S_2}, v_1, v_2, \theta, \alpha \right) \tag{2.15}$$

综合基于层理宽度影响的压痕总功定义，引入无量纲参数 η：

$$U_t = \int_0^S F \mathrm{d}S = \frac{\eta (E_1 + E_2) h_m S^2}{2} \Pi \left(\frac{Y_1}{E_1}, \frac{Y_2}{E_2}, \frac{S_1}{S_2}, v_1, v_2, \theta, \alpha \right) \tag{2.16}$$

卸载结束时，压头上没有负载：

$$F = (E_1 + E_2) S h_m \Pi_\gamma \left(\frac{Y_1}{E_1}, \frac{Y_2}{E_2}, \frac{S_1}{S_2}, v_1, v_2, \theta, \alpha \right) = 0 \tag{2.17}$$

卸载过程中的塑性能量：

$$U_p = \int_0^S F \mathrm{d}S = \frac{\eta (E_1 + E_2) h_m S^2}{2} \Pi_p \left(\frac{Y_1}{E_1}, \frac{Y_2}{E_2}, \frac{S_1}{S_2}, v_1, v_2, \theta, \alpha \right) \tag{2.18}$$

由此，可以获得弹性能量与总能量之间的关系：

$$\frac{U_e}{U_t} = 1 - \frac{\Pi_p \left(\frac{Y_1}{E_1}, \frac{Y_2}{E_2}, \frac{S_1}{S_2}, v_1, v_2, \theta, \alpha \right)}{\Pi_t \left(\frac{Y_1}{E_1}, \frac{Y_2}{E_2}, \frac{S_1}{S_2}, v_1, v_2, \theta, \alpha \right)} \equiv \Pi_e \left(\frac{Y_1}{E_1}, \frac{Y_2}{E_2}, \frac{S_1}{S_2}, v_1, v_2, \theta, \alpha \right)$$

$$\tag{2.19}$$

上述式中　　U_e——压痕弹性能量，mJ；
　　　　　　U_p——压痕塑性能量，mJ；
　　　　　　ε——与压头几何形状相关的常数；
　　　　　　η——能量效率因子；
　　　　　　h_m——最大划入深度，nm；
　　　　　　E_1——脆性矿物杨氏模量，GPa；
　　　　　　E_2——塑性矿物杨氏模量，GPa；
　　　　　　Y_1——脆性矿物屈服强度，MPa；
　　　　　　Y_2——塑性矿物屈服强度，MPa；
　　　　　　S_1——脆性矿物层理厚度，nm；
　　　　　　S_2——塑性矿物层理厚度，nm；
　　　　　　θ——等效半锥角，（°）；
　　　　　　α——页岩纹层倾角，（°）。

2.3.2　页岩扩展腔模型压痕能量分析

Johnson 开发的扩展腔模型（ECM）用于获得硬度、弹性功和总功的解析解，Lame 解用于获得卸载功。在多组分球对称页岩模型中，需要求解的变量数量取决于矿物类型。为了简化计算并考虑页岩的非均质性，该模型假设了石英和黏土两种材料，分别代表脆性矿物和塑性矿物。石英的弹性模量、屈服强度、泊松比和层理厚度分别表示为 E_1、Y_1、v_1 和 S_1，黏土的弹性模量、屈服强度、泊松比和层理厚度分别表示为 E_2、Y_2、v_2 和 S_2。假设材料在压头下的位移仅为径向位移或变量，并且剪切应力和剪切应变分量均为零。在本构方程中，有必要考虑弹性和塑性阶段的不同应力—应变表达式：在弹性阶段，假设服从广义胡克定律；在塑性阶段，假设简单载荷的全量关系。此外，还必须规定边界条件或连续性条件，即应力保持在压头以下一定范围内，塑性区在弹塑性边界的初始屈服条件，塑性区域的 Mises 屈服准则，以及塑性区边界的位移连续性条件。层状页岩的扩展腔模型如图 2.13 所示。假设两种矿物在核心区被压缩后以不同角度均匀变形，下面给出了两组纹层页岩中边界条件的基本方程和具体形式。

在核心区内，假定两种矿物受压后沿压头各角度变形一致，没有因为非均质性产生差异。脆性矿物和塑性矿物压入过程的弹性模量取算数平均值。

几何方程为：

$$\varepsilon_r = \frac{du}{dr} \tag{2.20}$$

$$\varepsilon_\theta = \varepsilon_\varphi = \frac{u}{r} \tag{2.21}$$

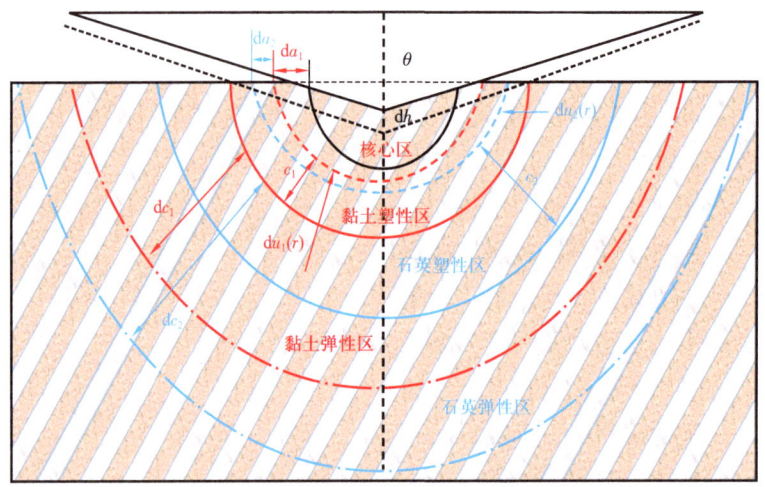

图 2.13 多组分富纹层页岩孔洞模型示意图

θ—压头与表面法线的夹角，表示压痕的角度；da_1，da_2—压痕过程中位移的变化；c_1，c_2—不同区域中材料常数或者与变形有关的常量；$du_1(r)$，$du_2(r)$—不同区域中单位长度方向上的位移增量；dc_1，dc_2—相对变化量

平衡方程为：

$$\frac{d\sigma_r}{dr} + 2\frac{\sigma_r - \sigma_\theta}{r} = 0 \tag{2.22}$$

针对不同材料的弹性模量与泊松比，在弹性情况下，对广义胡克定律的本构方程进行综合考虑修正：

$$\sigma_{ij} = 2G\varepsilon_{ij} + \lambda\varepsilon_{kk}\delta_{ij} = \frac{E_1+E_2}{1+v_1+v_2}\varepsilon_{ij} + \frac{(v_1+v_2)(E_1+E_2)}{4(1+v_1)(1+2v_2)}\varepsilon_{kk}\delta_{ij} \tag{2.23}$$

对于扩展腔模型假定各矿物的塑性区域，分析时一般将应力和应变表示成相应三维坐标系中的球量和偏量，然后分别建立应力和应变的球量、应力和应变的偏量之间的本构关系。应力 σ_{ij} 和应变 ε_{ij} 分量表示如下：

$$\sigma_{ij} = s_{ij} + \sigma_m\delta_{ij} = s_{ij} + \frac{1}{3}\sigma_{kk}\delta_{ij} \tag{2.24}$$

$$\varepsilon_{ij} = e_{ij} + \varepsilon_m\delta_{ij} = e_{ij} + \frac{1}{3}\varepsilon_{kk}\delta_{ij} \tag{2.25}$$

将压入问题视为简单加载问题，针对多组分富纹层页岩内不同矿物的泊松比与弹性模量，重新定义应变与应力的影响关系：

$$\varepsilon_{kk} = \frac{1-(v_1+v_2)}{E_1+E_2}\sigma_{kk} \tag{2.26}$$

$$e_{ij} = \frac{3}{2}\frac{\tilde{\varepsilon}}{\tilde{\sigma}}s_{ij} \quad (2.27)$$

式中　$\tilde{\sigma}$——等效应力；

　　　$\tilde{\varepsilon}$——等效应变。

$\tilde{\sigma}$ 和 $\tilde{\varepsilon}$ 分别定义为：

$$\tilde{\sigma} = \sqrt{\frac{3}{2}s_{ij}s_{ij}} \quad (2.28)$$

$$\tilde{\varepsilon} = \sqrt{\frac{2}{3}e_{ij}e_{ij}} \quad (2.29)$$

式中　σ_{ij}——对应于球对称坐标中的参数 σ_r、σ_θ 和 σ_φ；

　　　ε_{ij}——对应于球对称坐标中的参数 ε_r、ε_θ 和 ε_φ；

　　　s_{ij}——应力的偏量；

　　　e_{ij}——应变的偏量；

　　　σ_m——应力的球量；

　　　ε_m——应变的球量；

　　　σ_{kk}——应力的第一不变量；

　　　ε_{kk}——应变的第一不变量。

2.3.3　压痕做功能量密度

2.3.2 确定了求解本构问题所需要的基本方程。下面是确定方程定解的边界条件和连续条件。假定材料的塑性变形不会引起体积的变化，因此塑性区的体积按照弹性体积变化。材料进入塑性阶段之后等效应力和应变之间的关系采用与单轴本构关系一致的形式，记为：

$$\tilde{\sigma} = f(\tilde{\varepsilon}) \quad (2.30)$$

本构问题共有 7 个边界条件和连续条件，包括无穷远处的应力为零条件：

$$\sigma_r |_{r=\infty} = \sigma_\theta |_{r=\infty} = \sigma_\varphi |_{r=\infty} = 0 \quad (2.31)$$

不同组分矿物的弹塑性边界处塑性区的初始屈服条件：

$$\tilde{\varepsilon}|_{r=c_1} = \frac{Y_1}{E_1} \quad (2.32)$$

$$\tilde{\varepsilon}|_{r=c_2} = \frac{Y_2}{E_2} \quad (2.33)$$

$$\tilde{\sigma}|_{r=c_1} = Y_1 \qquad (2.34)$$

$$\tilde{\sigma}|_{r=c_2} = Y_2 \qquad (2.35)$$

塑性区内部材料都达到屈服，由等效应力的定义可知，塑性区的屈服点应力应满足相应的本构关系，因此，式（2.28）的等效应力定义等同于 Mises 屈服准则：

$$(\sigma_r - \sigma_\theta)^2 + (\sigma_r - \sigma_\varphi)^2 + (\sigma_\theta - \sigma_\varphi)^2 = (Y_1 + Y_2)^2 \tilde{\varepsilon} = 2\tilde{\sigma}^2 \qquad (2.36)$$

对于理想弹塑性材料，其塑性区单元的等效应力 $\tilde{\sigma} = \sigma_r$，式（2.32）退化成常用的 Mises 屈服准则。对于有硬化的材料，其塑性区单元需满足式（2.30）的屈服准则，其屈服应力等于等效应力。另外，脆性矿物和塑性矿物的弹塑性边界处于临界屈服状态，参见式（2.26）至式（2.29），应用式（2.30）的屈服准则得到：

$$\left[(\sigma_r - \sigma_\theta)^2 + (\sigma_r - \sigma_\varphi)^2 + (\sigma_\theta - \sigma_\varphi)^2\right]|_{r=c_1} = 2Y_1^2 \qquad (2.37)$$

$$\left[(\sigma_r - \sigma_\theta)^2 + (\sigma_r - \sigma_\varphi)^2 + (\sigma_\theta - \sigma_\varphi)^2\right]|_{r=c_2} = 2Y_2^2 \qquad (2.38)$$

弹塑性边界上（$r=c$），可采用位移和等效应力的连续条件。

利用上述基本方程，可分别求解加载过程中的弹性区和塑性区的变形场。对于弹性区，首先求解加载过程中弹性区的位移、应力和应变分量，进而通过积分求解获得弹性区的弹性能和总能量密度。采用位移解法直接求解本构问题[4]，并得到弹性区的所有应力和应变分量。

$$\sigma_r = -\frac{Y_1 + Y_2}{3}\left(\frac{c_1 + c_2}{2r}\right)^3 \qquad (2.39)$$

$$\sigma_\theta = \sigma_\varphi = \frac{Y_1 + Y_2}{3}\left(\frac{c_1 + c_2}{2r}\right)^3 \qquad (2.40)$$

$$\sigma_m = 0 \qquad (2.41)$$

$$\tilde{\sigma} = \frac{Y_1 + Y_2}{3}\left(\frac{c_1 + c_2}{2r}\right)^3 \qquad (2.42)$$

考虑到球对称坐标近似假定沿着 r 方向能量传递速率要大于 φ 与 θ 方向，故三坐标轴应变如下：

$$\varepsilon_r = -\frac{(1 + v_1 + v_2)(Y_1 + Y_2)(c_1 + c_2)^3}{1.5(E_1 + E_2)r^3} \qquad (2.43)$$

$$\varepsilon_\theta = \varepsilon_\varphi = \frac{(1+v_1+v_2)(Y_1+Y_2)(c_1+c_2)^3}{1.5(E_1+E_2)r^3} \tag{2.44}$$

$$\tilde{\varepsilon} = \frac{(1+v_1+v_2)(Y_1+Y_2)(c_1+c_2)^3}{1.5(E_1+E_2)r^3} \tag{2.45}$$

限制边界条件应变球量为0，将式（2.36）和式（2.37）代入能量密度计算式得：

$$w_t^e = w_e^e = \frac{1+v_1+v_2}{3(E_1+E_2)}\tilde{\sigma}^2 + \frac{3(1-v_1-v_2)}{2(E_1+E_2)}\sigma_m^2 \tag{2.46}$$

通过等效应变换算，可以得到弹性区的能量密度：

$$w_e^e = \frac{1+v_1+v_2}{6(E_1+E_2)}\left[(Y_1+Y_2)\left(\frac{c_1+c_2}{2r}\right)^3\right]^2 = \frac{(1+v_1+v_2)(Y_1+Y_2)^2(c_1+c_2)^6}{384(E_1+E_2)r^6} \tag{2.47}$$

2.3.4 富纹层页岩纳米压痕做功解析解

在塑性区，一般本构关系 $\tilde{\sigma} = f(\tilde{\varepsilon})$ 下，可将应力、应变随着空间位置变化的问题化简成由式（2.44）表示的空间变化，从而用等效应变表示塑性区内的应变分布。

$$\tilde{\varepsilon} + \frac{2(1-v_1-v_2)}{3(E_1+E_2)}\tilde{\sigma} = \frac{C}{r^3} \tag{2.48}$$

式中 C——待定常数。

当压头刚度远大于材料卸载过程载荷时，材料一般不发生塑性变形或塑性变形微弱。假设卸载为弹性恢复，卸载阶段可以用经典的Lame解描述，由此得到卸载功。根据孔洞模型球对称坐标近似假定，卸载是球腔内边界压应力逐渐降为零的过程。卸载阶段，可以在加载结束时的弹塑性场上反向叠加弹性Lame场来描述。卸载结束时，根据应力的边界条件可知，满足压应力为零的条件。卸载阶段反向叠加的应力为弹性应力，因此不再需要区分弹性区和塑性区。

在 $r=a$ 的球面上，承受压力为 p 的Lame弹性解[5]的形式为：

$$\sigma_r^* = -p\left(\frac{a_1+a_2}{2r}\right)^3 \tag{2.49}$$

$$\sigma_\theta^* = \sigma_\varphi^* = \frac{p}{2}\left(\frac{a_1+a_2}{2r}\right)^3 \tag{2.50}$$

将式（2.43）和式（2.44）分别代入式（2.22）可得：

$$\sigma_m^* = 0 \tag{2.51}$$

$$\tilde{\sigma}^* = \frac{3}{2}\left(\frac{a_1+a_2}{2r}\right)^3 p \tag{2.52}$$

对加载的弹塑性场反向叠加 Lame 解,可得到材料的残余应力场。加载弹性区的残余应力场可表示为:

$$\sigma_r^r = -\frac{(Y_1+Y_2)}{3}\left(\frac{a_1+a_2}{2r}\right)^3 + p\left(\frac{a_1+a_2}{2r}\right)^3 \tag{2.53}$$

$$\sigma_\theta^r = \sigma_\varphi^r = \frac{(Y_1+Y_2)}{3}\left(\frac{a_1+a_2}{2r}\right)^3 - \frac{p}{2}\left(\frac{a_1+a_2}{2r}\right)^3 \tag{2.54}$$

由于卸载过程为弹性,根据弹性能密度的计算式(2.40),并将相应的等效应力和应力球量值式(2.47)和式(2.48)代入可得:

$$w_u = \frac{1+\nu_1+\nu_2}{3(E_1+E_2)}(\tilde{\sigma}^*)^2 + \frac{3(1-\nu_1-\nu_2)}{E_1+E_2}(\sigma_m^*)^2 = \frac{3}{4}\left(\frac{1+\nu_1+\nu_2}{E_1+E_2}\right)\left(\frac{a_1+a_2}{2r}\right)^6 p^2 \tag{2.55}$$

积分叠加的弹性场,即可得到压入卸载功:

$$W_u = \int_a^\infty 2\pi r^2 w_u dr = \frac{\pi(1+\nu_1+\nu_2)}{2(E_1+E_2)} p^2 (a_1+a_2)^3 \tag{2.56}$$

式(2.56)显示,卸载能量和页岩材料的泊松比、弹性模量、压入载荷的二次方成正比。

2.3.5 硬度—弹性模量—压痕能量间的无量纲关系

为了避免大量压痕数据点重叠,从每个样本的压痕点阵列数据中选择49个压痕点作为代表。通过分析各压痕点的载荷—位移曲线,得到无量纲硬度和无量纲能量,并进行线性回归分析。如图2.14所示,所有样本的拟合相关系数 R^2 均大于0.97,表明 Bandini 等[6]提出的无量纲关系对本实验有效。样品A1和A2的无量纲能量回收系数相关系数分别为0.225和0.242,而样品B1和B2的无量纲能量回收系数相关系数分别为0.157和0.184。黏土质页岩的无量纲能量回收系数大于碳酸盐质页岩,长英类矿物会导致无量纲能量回收系数增加。

Bandini等推导了线弹性功率硬化材料压痕实验过程中压痕深度与总能量之间的关系,其中 U_t 与 h^3 呈近似线性关系。如图2.15所示,在对页岩压痕实验中获得的压痕能量和深度数据进行整理和总结后,U_t 和 h 的实验结果显示出近似的线性关系。如图2.16所示,通过分析线弹性能量硬化材料和页岩的压痕曲线,发现了这种现象的可能原因。线弹性功率硬化材料的压痕曲线斜率在加载过程中不断增加,压痕载荷 F^2 与最大压痕深度 h_{max} 呈稳定的正相关关系。陆相页岩压痕曲线斜率的变化受孔隙空间、矿物成分和力学性能的影响。上述差异可能是由页岩矿物的非均质性、层理形态或层理之间矿物性质引起的。因此,基于扩展腔模型对压痕过程进行了理论推导,以阐明影响因素,从而使用有限元方法进行进一步验证。

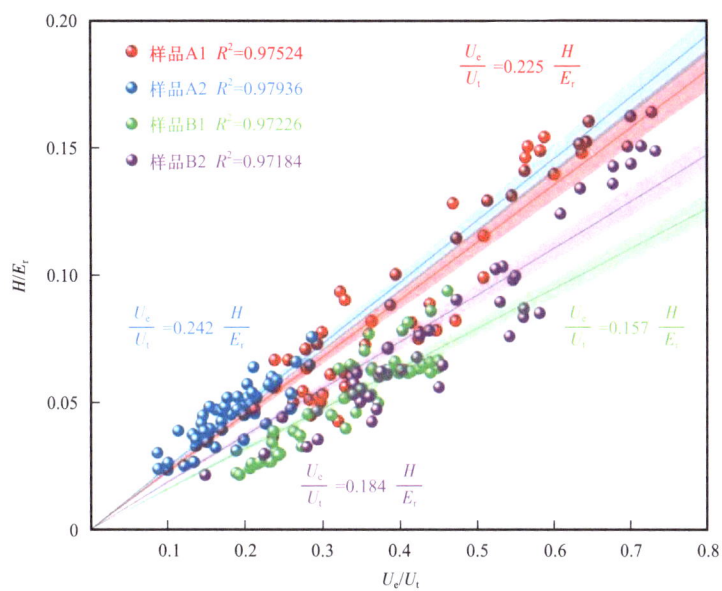

图 2.14 硬度、弹性模量和压痕能量之间的无量纲关系

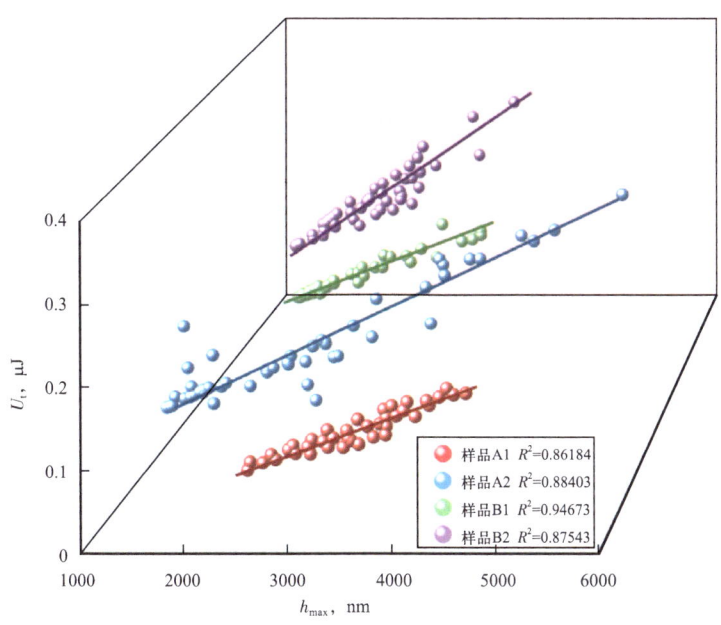

图 2.15 压痕能量与最大压痕深度的近似线性关系

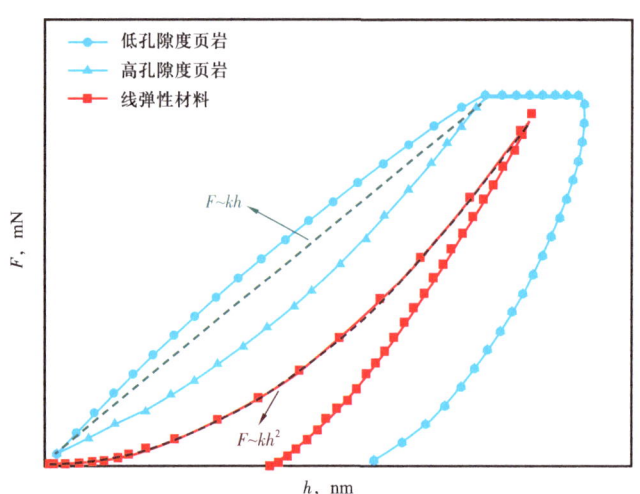

图 2.16 纹层页岩和线弹性功率硬化材料的典型压痕曲线比较

2.4 微观压痕脆性指数评价

2.4.1 压痕脆性指数的计算方法

如图 2.17 所示,将页岩样品进行氩离子抛光后,选取四个区域(网格 1—网格 4)进行点矩阵压痕实验。为了便于分析脆性指数的变化,分别对不同区域的样品开展 SEM、矿物扫描分析,明确脆性指数与矿物分布的相关关系。

图 2.17 样品采集示意图

载荷—位移曲线对应于每个压痕点,h_{max} 为最大压痕深度,h_f 为绝对卸载后的压痕深度,h_s 和 h_c 分别为压痕边缘和中心的不可恢复变形深度。

引入 Oliver-Pharr 法计算页岩的 H 和 E。H 可以通过式(2.57)计算:

$$H = \frac{P_{max}}{A_c} \tag{2.57}$$

式中 P_{max}——最大载荷，mN；

A_c——接触面积，nm²。

对于理想的 Bose 压头，A_c 可以通过式（2.58）获得：

$$A_c = 24.5 h_c^2 \quad (2.58)$$

式中 h_c——压入接触深度，nm。

E_r 的计算公式为：

$$E_r = \frac{\sqrt{\pi} S}{2\beta \sqrt{A_c}} \quad (2.59)$$

式中 E_r——压裂折减模量，GPa；

S——接触刚度，即初始卸载阶段的斜率，N/m；

β——与压头形状有关的参数，理想压头的 β 为 1.034。

K_C 采用能量法计算：

$$K_C = \sqrt{G_c E_r} \quad (2.60)$$

式中 K_C——断裂韧性，MPa·m^{1/2}；

G_c——临界能量释放速率。

在 G_c 计算中，压痕变形中的总能量 W 由弹性能 W_e 和塑性能 W_p 组成，塑性能由纯塑性能 W_{pp} 和断裂诱导能 W_f 组成。

$$W = W_e + W_p = W_e + W_{pp} + W_f \quad (2.61)$$

$$\frac{W_{pp}}{W} = 1 - \frac{1 - 3(h_f/h_{max})^2 + 2(h_f/h_{max})^2}{1 - (h_f/h_{max})^2} \quad (2.62)$$

基于以上研究，可以得到：

$$G_c = \frac{\partial W_f}{\partial A_c} = \frac{W_f}{A_c} \quad (2.63)$$

在断裂力学中，K_C 可以由固定载荷下残余压痕产生的裂纹长度来确定：

$$K_C = \frac{P_{max}}{l^{3/2}} \prod \left(\frac{E}{H}, v, \phi, \frac{l}{h_c} \right) \quad (2.64)$$

式中 l——裂纹长度，nm；

v——泊松比；

ϕ——压头的等效半锥角，(°)；

β——压头形状参数。

$$\frac{K_C l^{3/2}}{P_{\max}} = \Pi\left(\frac{E}{H}, \nu, \phi, \frac{l}{h_c}\right) \tag{2.65}$$

将式（2.63）和式（2.64）代入式（2.65）得：

$$\frac{K_C l^{3/2}}{HA_c} = \frac{K_C l^{3/2}}{H \times 24.5 h_c^2} \Pi\left(\frac{E}{H}, \nu, \phi, \frac{l}{h_c}\right) \tag{2.66}$$

$$\frac{K_C}{H l^{1/2}} = \Pi\left(\frac{E}{H}, \nu, \phi, \frac{h_c}{l}\right) \tag{2.67}$$

$$\frac{K_C^2}{H^2 l} \times \frac{H}{E} = \frac{K_C^2}{HEl} = \Pi\left(\nu, \phi, \frac{h_c}{l}\right) \tag{2.68}$$

则 B_1 可视为：

$$B_1 = \frac{HEl}{K_C^2} \tag{2.69}$$

式中　B_1——无量纲参数，用于关联硬度、弹性模量、特征长度与断裂韧性，反映材料的塑性断裂竞争机制。

在纳米压痕测试中，裂纹长度可以用高精度的电子扫描仪来测试，网格压痕导致了大量的实验工作。因此，将裂纹长度 l 替换为 h_s，h_s 为直接来自压痕实验的数据：

$$h_s = \varepsilon \frac{p_{\max}}{S} \tag{2.70}$$

式中　ε——与压头几何形状相关的常数。

边缘压痕引起变形的水平投影为裂缝长度 l，由于 h_s 与 l 的几何相似性，可得：

$$h_s \propto l \tag{2.71}$$

因此，脆性指数 β 定义为：

$$\beta = \frac{HEh_s}{K_C^2} \tag{2.72}$$

将式（2.57）、式（2.60）、式（2.63）代入式（2.72）可得：

$$\beta = \frac{EHh_s}{K_C^2} = \frac{Eh_s P_{\max}/A_c}{EW_f/A_c} = \frac{P_{\max} h_s}{W_f} = 2\frac{W_s}{W_f} \tag{2.73}$$

式中　W_s——压痕接触区域的弹性可恢复能量，J；

　　　W_f——导致压痕变形断裂的能量，J。

W_s/W_f 表示压痕点的脆性大小，进一步证明了 β。

2.4.2 微观矿物及力学参数分布

2.4.2.1 矿物含量及分布

为了获得页岩样品的矿物成分，对实验页岩样品内的碎片进行了 XRD 测试。由表 2.1 可见，页岩矿物由石英、钾长石、斜长石、方解石、白云石、黏土矿物、黄铁矿和伊利石组成。

表 2.1 页岩样品的矿物组成

矿物组成	含量，%
石英	12.5
钾长石	3.0
斜长石	21.9
方解石	23.2
白云石	25.9
黄铁矿	1.4
伊利石	7.34
高岭石	0.3
含氯矿物	0.68
高岭石—蒙脱石	3.78

值得注意的是，碳酸岩矿物占比为 49.1%，占比最大。传统的基于矿物组成的页岩脆性评价方法有两种，即基于矿物含量的脆性指数法和基于矿物硬度的脆性评价法。将碳酸岩矿物作为脆性矿物，将碳酸岩矿物从脆性评价中剔除。在本次实验中，直接使用微观力学性能来评价页岩的脆性。

如图 2.18 所示，页岩表面主要由白云石颗粒、零散的石英颗粒和长石组成。颗粒中充填了含有伊利石、绿泥石和少量黑云母的黏土，与 XRD 测试结果一致。网格 1 中石英、长石、碳酸岩矿物和黏土矿物含量分别为 13.79%、14.09%、48.16% 和 17.43%。网格 2 中石英、长石、碳酸岩矿物和黏土矿物含量分别为 9.52%、14.38%、50.72% 和 18.53%。网格 3 中石英、长石、碳酸岩矿物和黏土矿物含量分别为 12.49%、16.31%、47.26% 和 17.43%。网格 4 中石英、长石、碳酸岩矿物和黏土矿物含量分别为 8.43%、17.3%、51.52% 和 15.37%。4 个网格中，网格 1 的石英含量最大，比网格 4 高 5.36 个百分点。网格 4 的长石含量最高，比网格 1（长石含量最低）高 3.21 个百分点。网格 4 的碳酸岩矿物含量最高，比网格 3 高 4.26 个百分点。网格 2 的黏土矿物含量最高，比网格 4 高 3.16 个百分点。4 个网格中矿物含量的差异小于 6 个百分点，但矿物的分布不同，导致了页岩微观性质的差异。

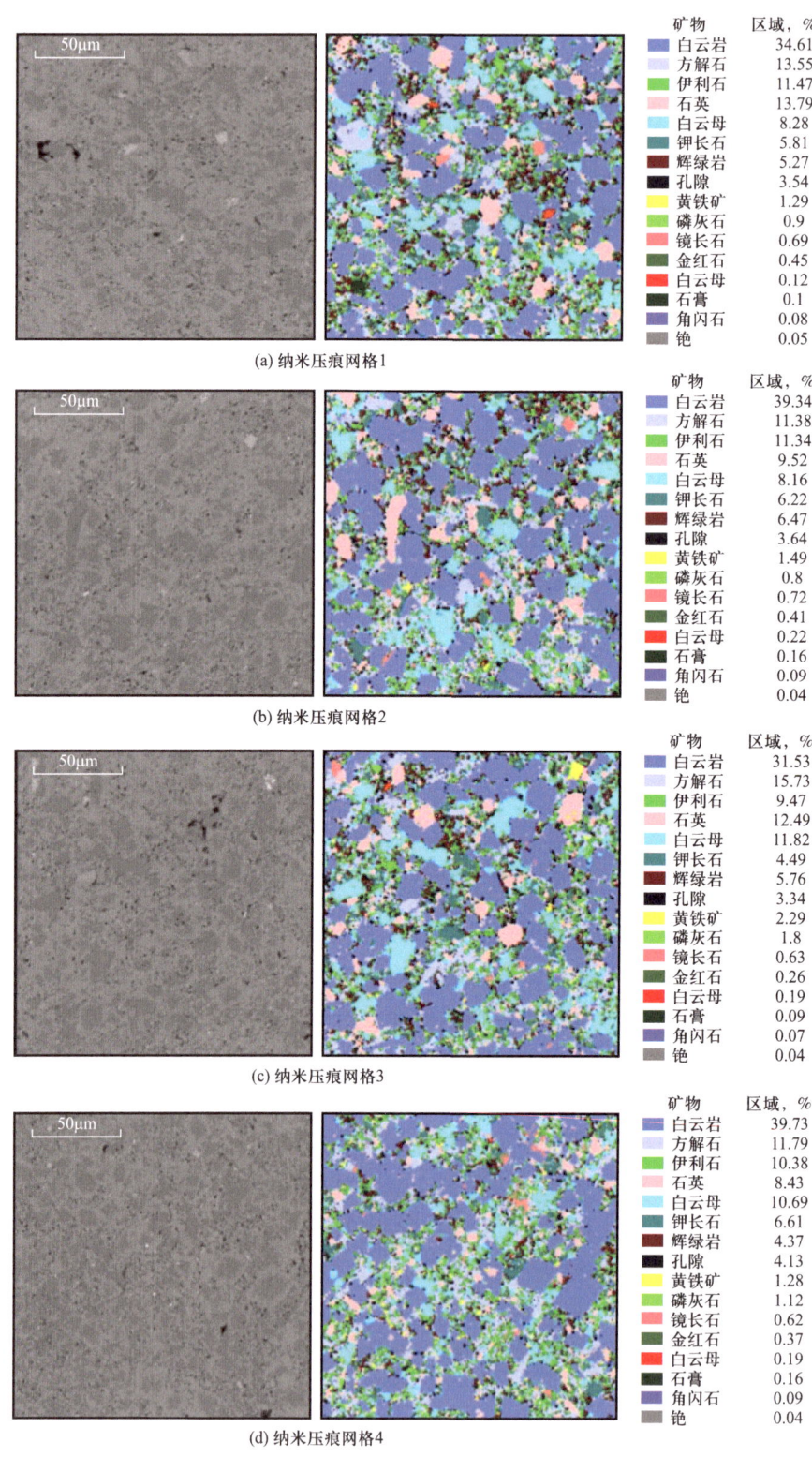

图 2.18 QEMSCAN 下矿物分布

图2.19为不同层位下页岩样品的扫描电镜图像，分别放大1200倍、2000倍、5000倍和8000倍。放大1200倍后，可以看到矿物颗粒散落在页岩表面，还有零星的有机物。此外，还可以看到明显的微孔和矿物剥落后形成的孔隙。放大2000倍后，矿物轮廓清晰，充填在矿物颗粒中间的黏土矿物清晰可见。黏土矿物中微孔更为明显，形成蜂窝状黏土矿物。放大5000倍后，矿物形态更加清晰。结合QEMSCAN获得的矿物分布，可以清晰地识别出方形白云石颗粒，但无法识别出石英、长石等颗粒。除页岩表面的初始孔隙外，还有大量块状矿物全部或部分剥落形成的孔隙。除此之外，矿物颗粒边缘还发育了微观裂缝，矿物颗粒中遍布孔隙。在8000倍的放大倍数下，矿物之间的化学键可以看得更清楚。在块状矿物颗粒的中间，充满了黏土矿物和有机物。

每个压痕点对应一条载荷—位移曲线，该曲线代表了压痕点处矿物成分的力学行为。在纳米压痕加载下，位移加载曲线呈现相似的形状。如图2.20所示，在加载阶段，随着载荷的增大，位移逐渐增大。在持续加载阶段，位移继续增大。卸载阶段弹性变形恢复，并留下残余变形 h_f。在相同的加载速率和峰值载荷下，载荷—位移曲线的变化趋势大致相似。但由于矿物的多样性，曲线略有不同，通过对曲线的分析得到力学参数。4个网格中，最大残留压痕深度分别为260nm、328nm、325nm和286nm，最小残留压痕深度分别为50nm、52nm、45nm和48nm。可以看出，h_{max} 的变化很大，这是由不同的矿物组成和页岩微观结构造成的。在曲线中可以看到明显的"突进"现象，"突进"现象较为普遍。这种突然的位移增加可能是由微纳米尺度的孔隙造成的。这些可能是原始的，也可能是压头在挤压过程中产生的微裂纹。"突进"主要发生在压痕深度较大的压痕点，压痕点多为黏土矿物。从SEM可以看出，黏土矿物中发育了许多微孔。压头在挤压过程中遇到这些孔隙时，会发生位移突变。在卸载过程中出现了弯头现象，卸载坡度发生突变。这种现象的发生可能是压头缓慢提升过程中发生相变的结果。这一现象可以通过SEM来解释，在平面上，黏土矿物作为衬底填充在大颗粒之间。然而，在纵向上，当压痕在卸载过程中经历了从基质到脆性矿物的过渡时，出现了"突进"现象。值得注意的是，压痕尺寸小于矿物粒度，弯头现象多出现在网格3和网格4处。

通过一系列纳米压痕实验（E、H、K_C）获得页岩的微观力学性质，为了更好地分析 E、H、K_C 三者之间的关系，对其正态分布进行分析。

$$y_E = \frac{A}{\sqrt{2\pi}\sigma}\exp\left[-\frac{1}{2}\left(\frac{x-\mu}{\sigma}\right)^2\right] \tag{2.74}$$

式中　σ——标准差，表示数据分布的幅度；

μ——数学期望，表示数据正态分布的位置。

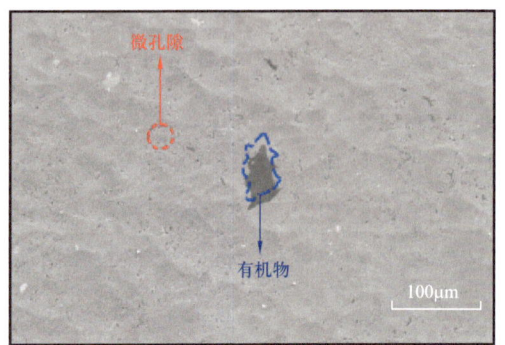
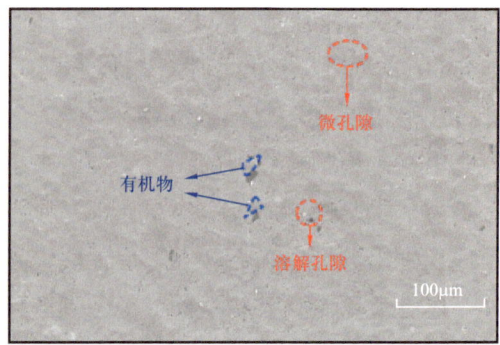

(a) 放大1200倍

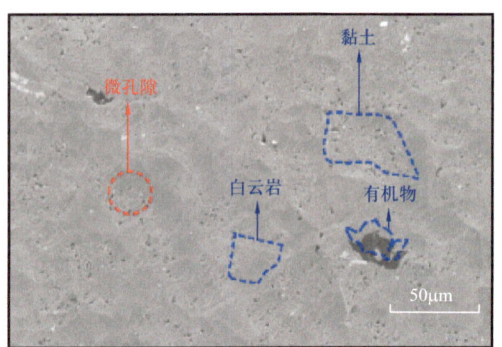
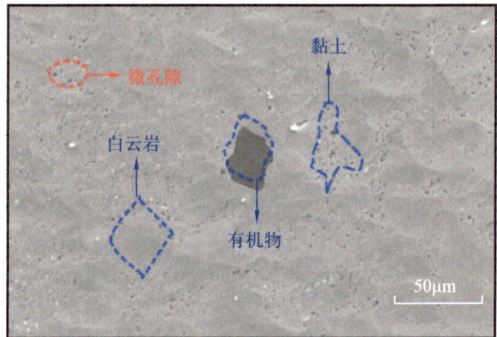

(b) 放大2000倍

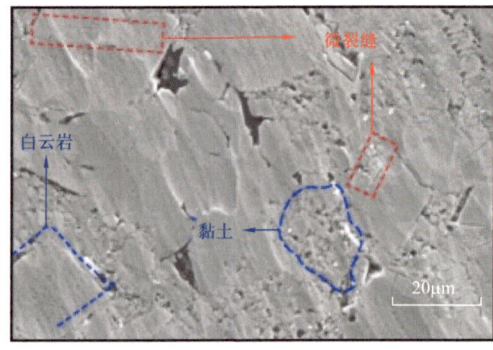
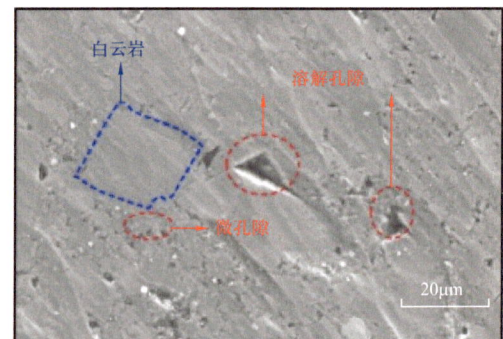

(c) 放大5000倍

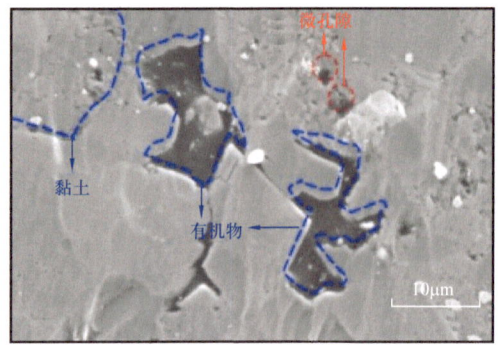
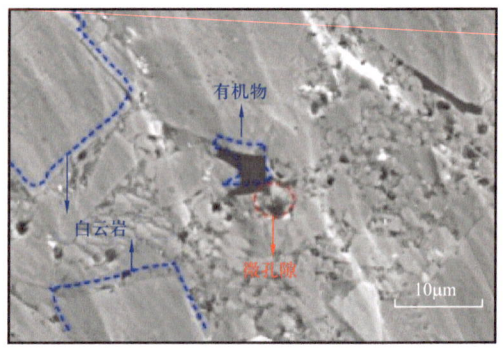

(d) 放大8000倍

图 2.19　页岩不同场 SEM 图像

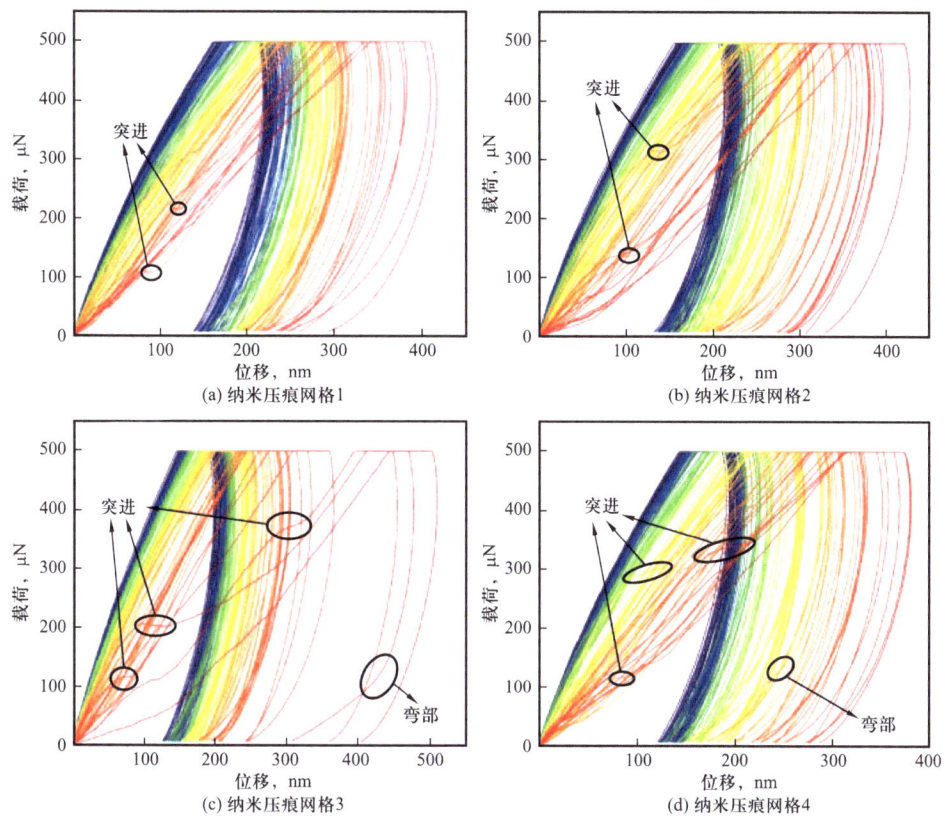

图 2.20 载荷—位移曲线

蓝色代表高弹性,红色代表低弹性

2.4.2.2 弹性模量

弹性模量 E 的频率分布如图 2.21 所示,网格 1 至网格 4 的拟合相关系数分别为 0.6759、0.5786、0.6218 和 0.5106。网格 1 至网格 4 的 E 值变化范围分别为 3.58~12.07GPa、4.45~14.24GPa、3.82~16.48GPa 和 2.74~17.16GPa。4 个网格的平均弹性模量 $\overline{E}$ 分别为 8.24GPa、8.56GPa、10.92GPa 和 10.82GPa,相应的数学期望值分别为 8.24GPa、8.54GPa、11.14GPa 和 10.95GPa。可以看出,在网格 1 中,E 在 7~10GPa 之间的压痕占 52%,在网格 3 中最大。然而,网格 4 的方差比网格 3 的方差大得多,这可以用网格 4 的离散数据来解释。

2.4.2.3 硬度

硬度 H 的频率分布如图 2.22 所示,网格 1 至网格 4 的拟合相关系数分别为 0.6087、0.4961、0.5266 和 0.5491。除网格 1 外,网格 2、网格 3 和网格 4 的其他分布均呈明显的负偏态分布,H 的浓度区域显著,均在 0.1GPa 范围内。网格 1 至网格 4 的 H 变化范围分别为 0.122~0.476GPa、0.115~0.496GPa、0.081~0.546GPa 和 0.146~0.604GPa。网格 1 至网格 4 的平均硬度 $\overline{H}$ 分别为 0.325GPa、0.342GPa、0.4GPa 和 0.396GPa。网格 1 至网格 4 的浓度范围分别为 0.4~0.5GPa、0.4~0.5GPa、0.45~0.55GPa 和 0.45~0.55GPa，压痕比例分别为 27%、48%、46% 和 40%。网格 4 的硬度分布区间最大，平均硬度最大。网格 1 至网格 4 的数学期望值分别为 0.33GPa、0.43GPa、0.47GPa 和 0.52GPa，高于黏土中高硬度矿物的数学期望值。

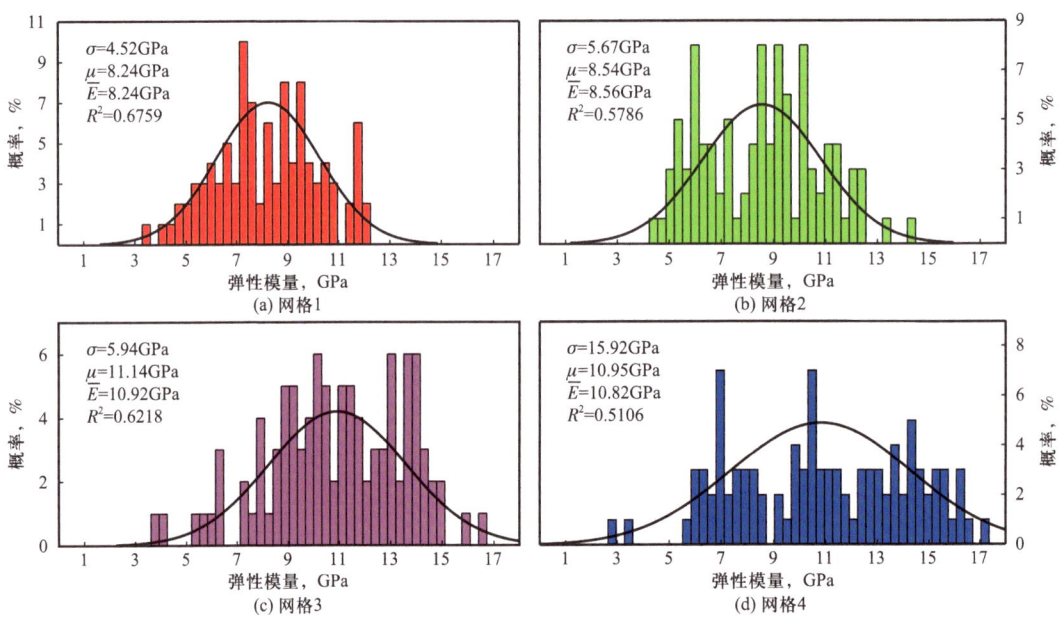

图 2.21 弹性模量频率分布直方图

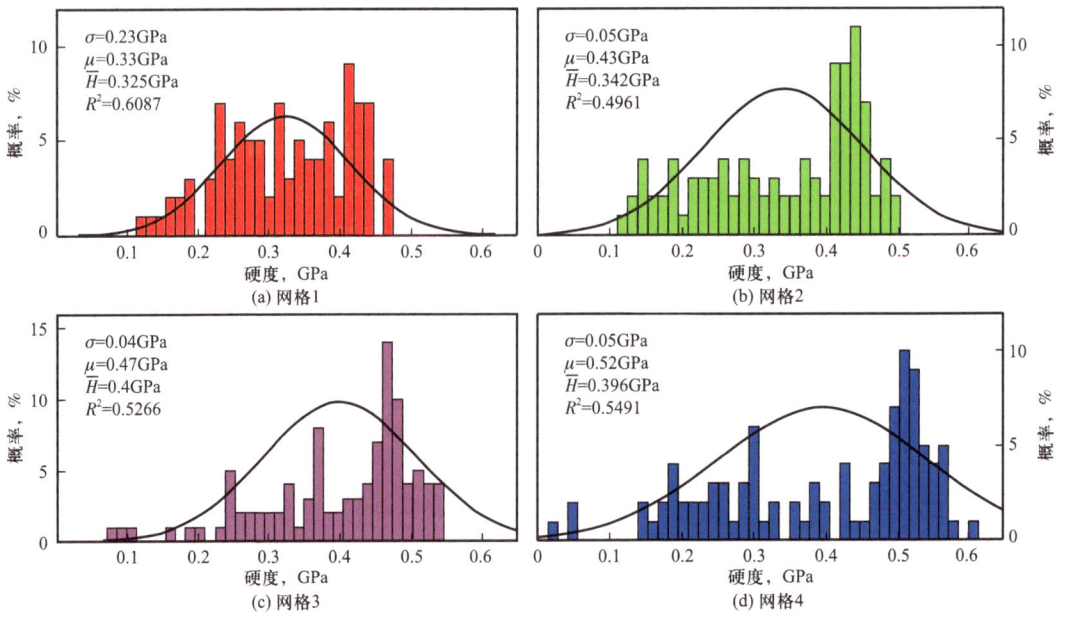

图 2.22 硬度频率分布直方图

2.4.2.4 断裂韧性

断裂韧性 K_C 的频率分布如图 2.23 所示,网格 1 至网格 4 的拟合相关系数分别为 0.6102、0.6069、0.7951 和 0.6893。网格 1 至网格 4 的 K_C 变化范围分别为 5.36~15.55GPa、5.6~15.71GPa、6.43~18.44GPa 和 4.85~21.56GPa。4 个网格的平均断裂韧性 $\overline{K}_C$ 分别为 10.41MPa·m$^{1/2}$、11.23MPa·m$^{1/2}$、13.24MPa·m$^{1/2}$ 和 12.78MPa·m$^{1/2}$,网格 3 的断裂韧性最大。4 个网格的断裂韧性数学期望值分别为 10.08MPa·m$^{1/2}$、11.31MPa·m$^{1/2}$、13.69MPa·m$^{1/2}$ 和 12.74MPa·m$^{1/2}$。网格 2 和网格 4 的断裂韧性数学期望值与平均值相同。网格 1 的断裂韧性数学期望值小于其平均值,呈正偏态分布;网格 3 的断裂韧性数学期望值大于其平均值,呈负偏态分布。

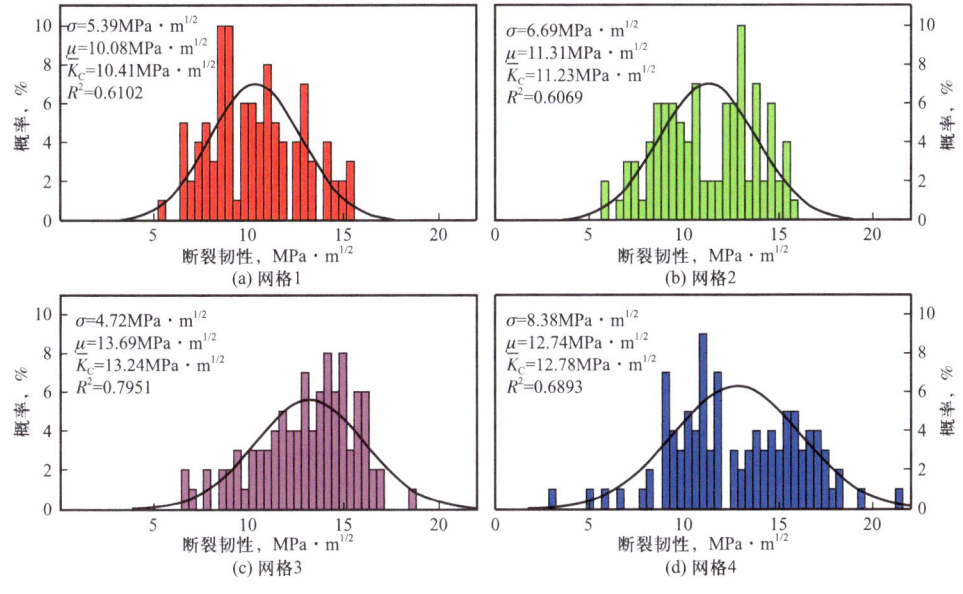

图 2.23 断裂韧性频率分布直方图

图 2.24 给出了统计后 4 个网格各种力学性能之间的关系,力学性能分布基本服从正态分布。E、H 和 K_C 的频率分布显示在对角线上。E 与 K_C 的相关系数均大于 0.8,拟合程度较高。H 的相关系数稍差,为 0.7348,但高于分散网格的相关系数。E、H 和 K_C 的平均值分别为 9.64GPa、0.365GPa 和 11.91MPa·m$^{1/2}$。

2.4.3 脆性指数的分析

可以得到 4 个网格的微脆性,它反映了压头的脆性。通过对多个压痕脆性指数的分析,如图 2.25 所示,4 个网格的脆性指数变化范围分别为 11.31~58.67、9.16~57.07、7.46~65.69 和 10.52~61.32。4 个网格的平均微脆性指数分别为 26.38、24.12、25.97 和 26.87。基于上述脆性指数分析发现,网格 4 的脆性最好。然而,由于忽略了页岩的完整性和非均质性,该分析是无效的。因此,在下文中有必要进行深入分析。

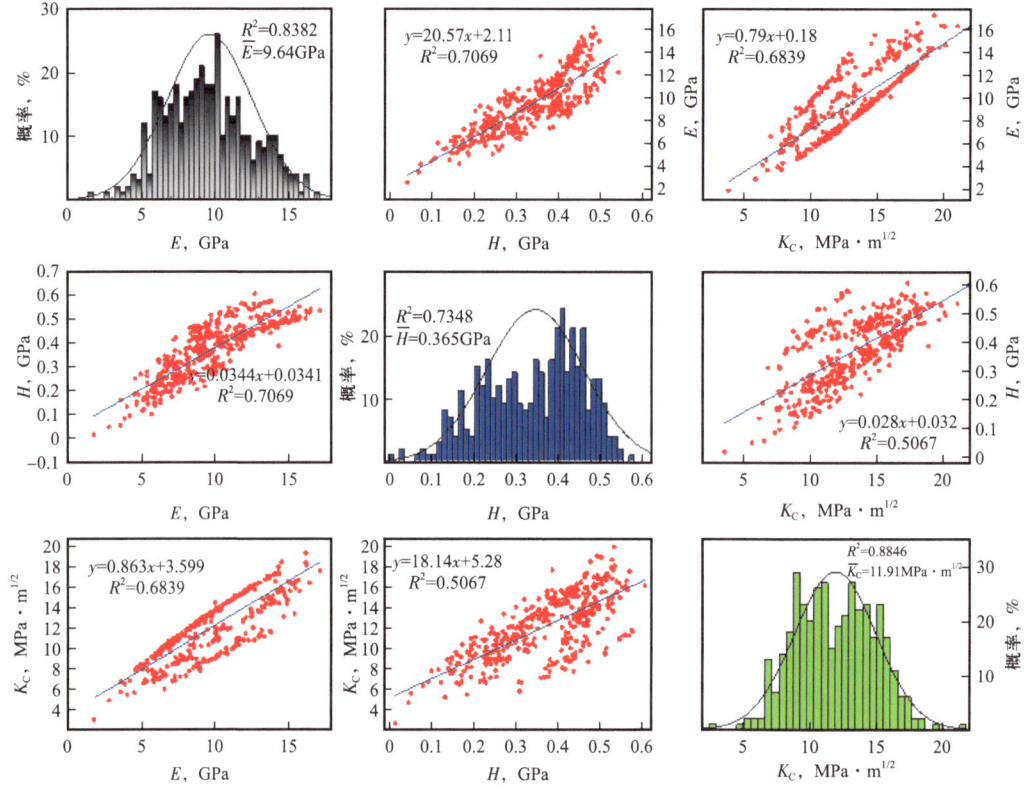

图 2.24 硬度 H、弹性模量 E 与断裂韧性 K_C 的相关性

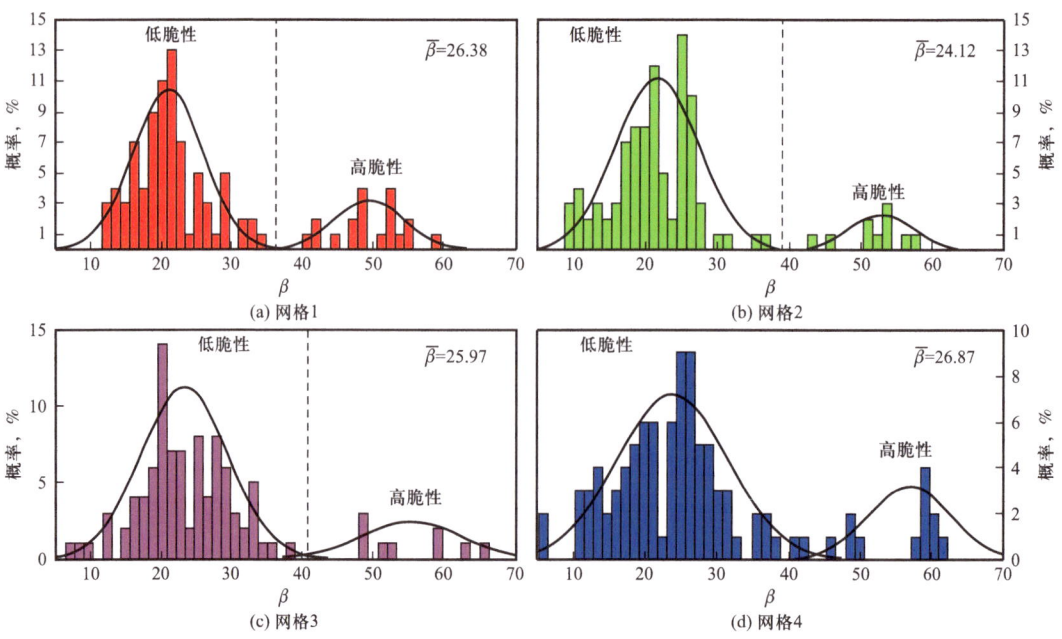

图 2.25 脆性指数 β 频率分布直方图

通过对 4 个网格脆性指数分布的考察，可以看出，脆性指数分布呈现明显的双峰分布，可分为低脆性区和高脆性区。4 个网格中低脆性区和高脆性区的边界值分别为 38、40、40 和 45。低脆性区的平均脆性指数分别为 20.96、21.05、23.09 和 23.6。高脆性区的平均脆性指数分别为 49.47、51.77、55.08 和 55.61。高脆性指数的比例分别为 19%、10%、9% 和 14%。可以看出，网格 1 的脆性指数均值较小，而高脆性指数所占比例最大，说明网格 1 的脆性为正，高于其他网格。

通过压入和压出纳米压痕头，获得了单点的微脆性指数。对单点的微脆性指标进行相关统计分析，完成脆性评价。然而，页岩是非均质性强的物质，仅通过单点分析很难代表页岩的整体特征。即使网格统计数据相同，由于网格分布的不同，微脆性也会有所不同。在本书中，通过选定的起始点沿阵列的蛇形路径移动压头。通过给定阵列长度和相邻压痕之间的间距，将脆性指数与压痕的空间位置进行匹配。这种空间分布为确定页岩表面微脆性分布提供了一种方法。

图 2.26 为参考原点软件，使用的方法为差分法。如图 2.26 左侧所示，根据脆性指数所在位置绘制热点图，观察到页岩具有较强的非均质性。网格的颜色表示脆性指数的等级。红色表示脆性指数高，在压痕网格中分散，就像石英颗粒在页岩中分散一样。高脆性压痕点的存在提高了整体脆性。然而，当两个高脆性压痕点相距较远时，裂纹很难转移到下一个点。图 2.27 右侧通过步进模糊处理得到脆性指数分布云图。当裂纹扩展到这一点时，必须扩展到高脆性区域。高脆性区相互连接，形成断裂扩展通道。

网格 1 高脆性压痕点的含量为 19%，高于其他 3 个压痕点。然而，高脆性压痕点的集中导致裂纹扩展通道数量较少。当裂纹扩展到网格 1 时，极容易被低脆性区吸收，导致裂纹扩展能力丧失。因此，网格 1 中高脆性的含量高，对脆性没有价值。网格 3 中存在少量高脆性压痕点（9%），但这些高脆性压痕点分散并相互连接，形成多条通道，有利于裂纹扩展。分析了 4 个网格的脆性指数分布。网格 1 有两个通道，网格 2 和网格 3 有 4 个通道，网格 4 有 5 个通道。因此，从脆性指数的分布来看，网格 4 的脆性最好。

在以前的研究中，同一种矿物被认为具有特定的力学性能。然而，不同的矿物胶结对其力学性能有很大的影响。采用网格压痕法进行纳米压痕实验，将压痕点置于具有各种矿物连接的网格中。将网格中主要矿物的种类与压痕实验获得的脆性指标进行了比较。图 2.27 显示了矿物与脆性指数的对应关系。网格 1 中石英含量为 14.09%，长石含量为 13.79%，碳酸盐矿物含量为 48.16%，黏土矿物含量为 17.43%。以石英为主网格中的压痕网格占 19%，基本对应高脆性区域。而以长石为主和碳酸盐为主的网格点脆性指数居中。黏土占主导地位的网格点脆性指数较低，但由于黏土矿物中存在脆性颗粒，网格点脆性指数也较高。网格 2 中石英含量为 9.52%，脆性较高，长石、碳酸盐和黏土矿物含量分别为 14.38%、18.53% 和 50.72%。网格 3 中石英、长石、碳酸盐矿物和黏土矿物含量分别为 12.49%、16.31%、47.26% 和 15.86%。高脆性含量为 9%，低于石英，这是由于部分石英被黏土包裹脆性较低所致。网格 4 中石英、长石、碳酸盐和黏土矿物的含量分别为 8.43%、17.3%、51.52% 和 15.37%，高脆性比例为 14%，远高于石英。这是因为石英颗粒体积小，大部分与碳酸盐矿物胶结，属于碳酸盐矿物的一部分，硬度高。

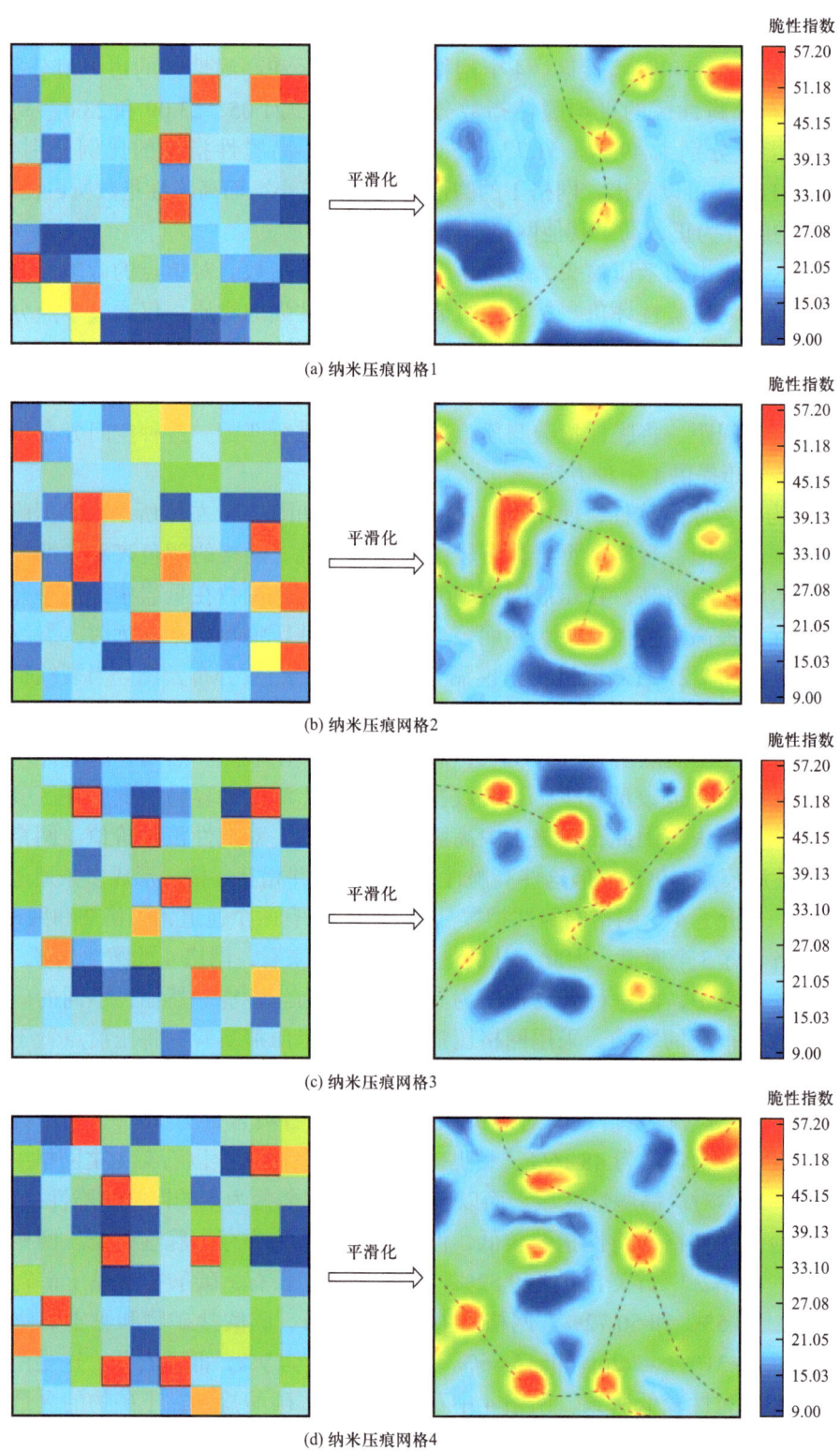

图 2.26 脆性面分布

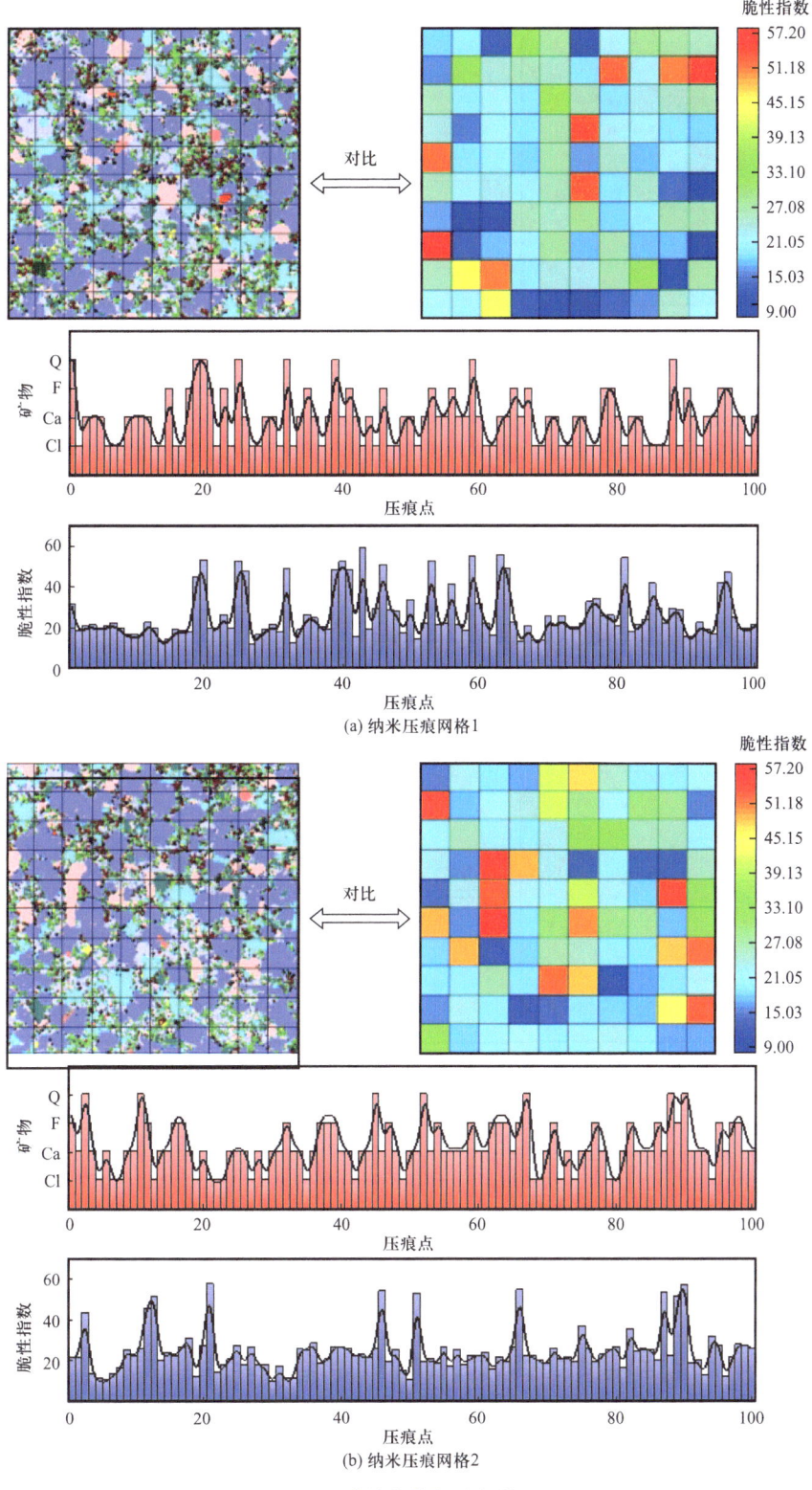

图 2.27 脆性指数与矿物的关系

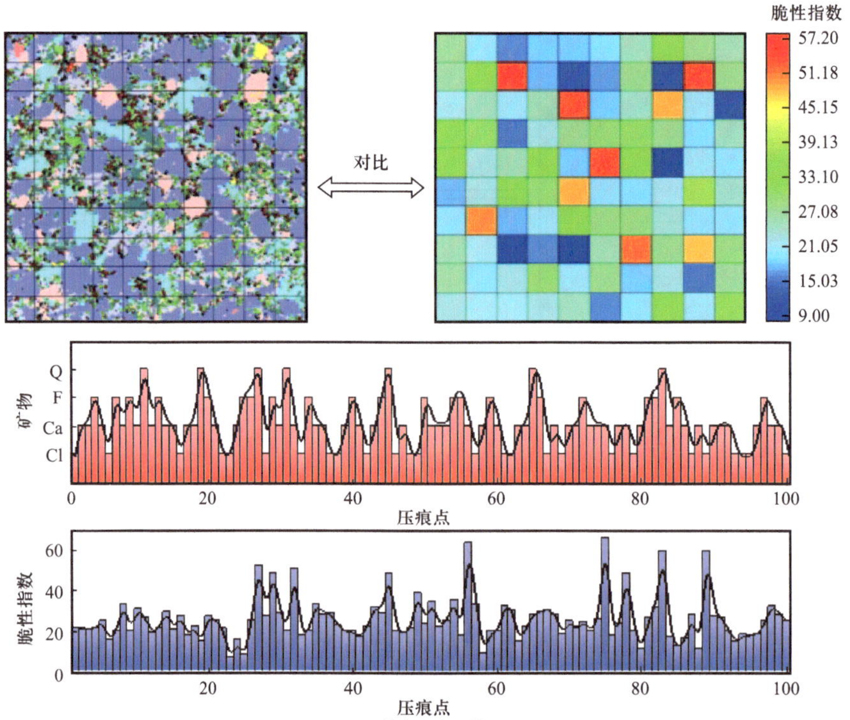

(c) 纳米压痕网格3

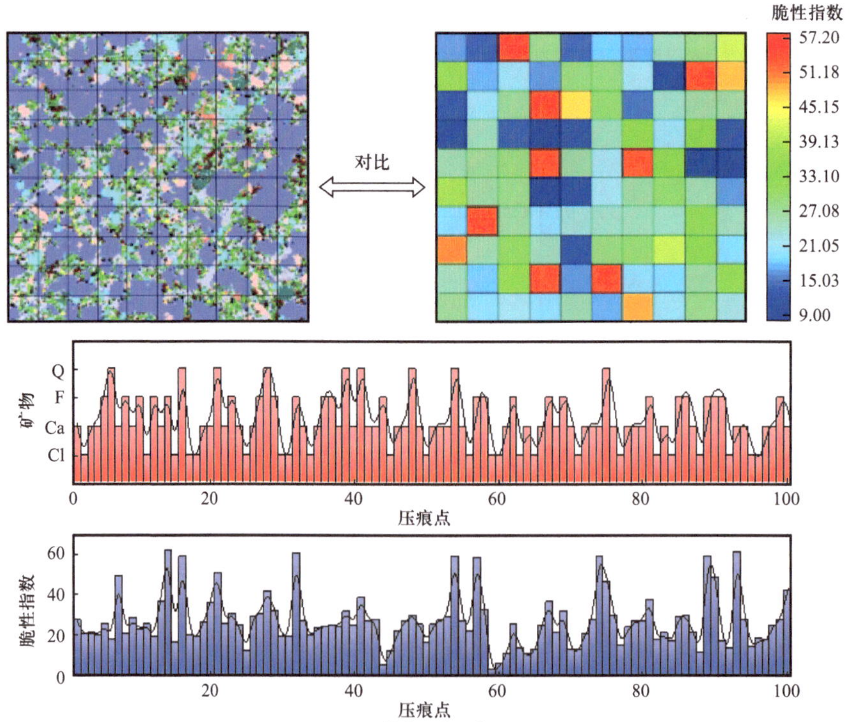

(d) 纳米压痕网格4

图 2.27　脆性指数与矿物的关系（续图）

Q—石英；F—长石；Ca—碳酸盐矿物；Cl—黏土

由此可见，石英在微观脆性评价中起着非常重要的作用。石英脆性高，与其他矿物胶结后，整体脆性得到改善。石英有不同的形状，大多数是圆形的。这些石英颗粒较大，形成于成岩作用过程中。它们与碳酸盐矿物共同沉积，并与黏土矿物胶结形成页岩。此外，还可以观察到许多石英团簇。这些微小的石英颗粒是在黏土矿物中产生的。它们可能不是在成岩作用过程中形成的，而是在黏土转化成石英过程中硅质物质沉淀形成的。这就是一些黏土矿物也表现出高脆性的原因。

参 考 文 献

[1] Simões M I, Martins A X, Antunes J M, et al. Numerical simulation study of the Knoop indentation test [C]. XI International Conference on Computational Plasticity: Fundamentals and Applications, 2011: 287-294.

[2] Bouzakis K D, Michailidis N, Hadjiyiannis S, et al. The effect of specimen roughness and indenter tip geometry on the determination accuracy of thin hard coatings stress-strain laws by nanoindentation [J]. Materials Characterization, 2002, 49 (2): 149-156.

[3] Akono A T. Energetic size effect law at the microscopic scale: Application to progressive-load scratch testing [J]. J Nanomech Micromech, 2016, 6 (2): 04016001.

[4] Yang L, Mao Y, Yang D, et al. The characteristic and distribution of shale micro-brittleness based on nanoindentation [J]. Materials, 2022, 15 (20): 7143.

[5] 韩强, 屈展, 叶正寅, 等. 基于微米力学实验的页岩Ⅰ型断裂韧度表征 [J]. 力学学报, 2019, 51 (4): 1245-1254.

[6] Bandini A, Berry P, Bemporad E, et al. Role of grain boundaries and micro-defects on the mechanical response of a crystalline rock at multiscale [J]. International Journal of Rock Mechanics and Mining Sciences, 2014, 71: 429-441.

第3章　基于纳米划痕的纹层页岩矿物力学性质

与纳米压痕实验相比，纳米划痕实验方法仅需要通过数次划痕测试就可以获得大量连续性的数据，并且在很大程度上减少了测量时间。目前，对页岩矿物成分和纹层界面过渡带分布长度的识别大多依赖于扫描电子显微镜，但这种方法只能获得表面形貌，无法进一步评估其力学性能。本章首先分析了纳米划痕破坏模式及特征参数，开展了纳米划痕的连续性测量，进行了基于划入深度、$d^2—L$ 曲线斜率、断裂韧性等力学参数的测定，建立了基于纳米划痕曲线的矿物组分识别方法，并着重介绍了纹层过渡区的厚度变化。

▶ 3.1　纳米划痕原理与方法

3.1.1　制备样品与抛光

划痕实验样品仍取自松辽盆地古龙凹陷白垩系青山口组。在约1720m的深度收集页岩岩心，并将其切割成20mm长、10mm宽、10mm高的立方体。在进行纳米划痕实验之前，用氩离子机械抛光两次，以获得光滑的表面[1]。使用Zeta-20三维表面扫描仪扫描岩石表面，以确保满足实验的粗糙度要求[2]。然后对样品进行超声波清洗，并用丙酮处理，用于纳米划痕实验，以去除铁锈等污垢[3]。图3.1显示了不同组别页岩处理后的宏观表面。

(a) 白云石结核状页岩

(b) 长英质纹层页岩

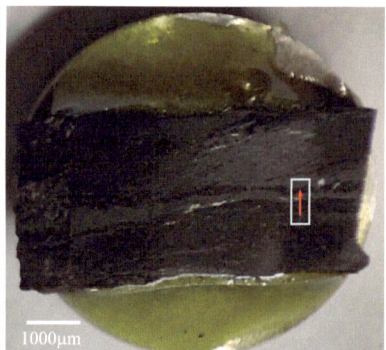
(c) 介形虫纹层页岩

图 3.1　纳米划痕实验样品

3.1.2 实验设备和方案

纳米划痕实验中使用的力学设备仍为安捷伦 Keysight G200 纳米划痕测试系统，为划痕实验过程设置 50mN 的恒定法向载荷和 30μm/s 的恒定切向载荷。在进行纳米划痕实验之前，采用 JEOL JSM 6301F 场发射扫描电子显微镜（图 3.2）观察页岩样品表面纹层界面分布以确定实验区间，并进行矿物组分分析。在纳米划痕实验后对划痕路径进行 SEM 扫描，以掌握页岩表面破坏后的形态面貌。在页岩的 SEM 与 QEMSCAN 扫描结果中，每个矿物相的分布长度可以通过计算电镜扫描图像中的像素数来量化，其计算式为：

$$\frac{N_p}{N_{100}} = \frac{h}{100} \qquad (3.1)$$

式中 N_p——长度 p 范围内的像素数；

N_{100}——100μm 范围内的像素数；

h——矿物相分布长度。

像素是电镜扫描图谱的基本单位，每个相位的像素数可以通过 Image-Pro Plus 软件进行统计，该软件具有距离测量功能，并可自动计数像素数。

考虑到测试区域对数据收集的影响，对三个具有代表性的区域进行了划痕测试。第一部分包括一个典型的伊利石富集区，主要由大量伊利石及少量磷灰石和石英组成。该区具有硬度低、延展性高、矿物结构稳定、孔隙少、成分相对均匀等特点。第二部分是伊利石富集带和白云岩结核带之间的过渡带。第三部分是白云石结核区，主要是白云石、石英和磷灰石，该区域发现的所有矿物都具有高水平的脆性和断裂韧性。在不同岩性区域进行了 8 次划痕实验，每个划痕位移为 500μm，总划痕位移为 4000μm，压头以 1μm 的间隔收集力学参数数据，这些数据足以支持本书的研究结果。

3.1.3 纳米划痕实验原理

纳米划痕的实验过程如图 3.2 所示。

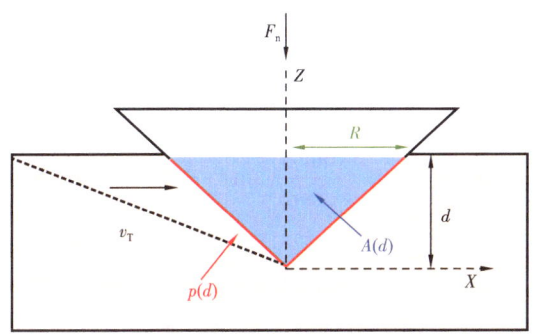

图 3.2 纳米划痕实验过程示意图

X 轴表示横向划痕的方向；Z 轴表示垂直载荷方向；v_T——横向划痕速度；F_n——划痕实验法向力；d——划入深度；$A(d)$——垂直于横向划痕方向平面的实验体积投影面积；$p(d)$——投影区域的边长；R——压头截面半径

划痕实验过程中的摩擦系数可通过式（3.2）计算：

$$\mu = \frac{F_\text{T}}{F_\text{V}} \tag{3.2}$$

划痕硬度 H 反映了材料抵抗变形的能力：

$$H = \frac{F_\text{n}}{A(d)} \tag{3.3}$$

断裂韧性是一个重要力学参数，描述了材料抵抗宏观裂纹失稳和扩展的能力。在纳米划痕测试中，断裂韧性 K_C 表示断裂发生之前材料单位面积的能量吸收能力[4]。先前的研究表明，材料在划痕实验中产生的断裂主要是由 F_T 引起的损伤[5]。Hoover 等[6]提出了一种基于划痕实验的断裂韧性测量方法，可用于表征岩石和混凝土材料的断裂韧性。

断裂韧性 K_C 可以基于式（3.4）计算，其中 d 是划入深度。当 d 值足够大时，K_C 逐渐接近表示材料断裂韧性的某个常数。已经发现，K_C 值是否能够代表页岩矿物的整体断裂韧性取决于压痕深度 d 值。只有当 d 值增加到足够大时，才能代表通过划痕实验确定材料的断裂韧性[7]。在 50mN 的载荷作用下，本书划痕实验中两组样品的压痕深度均大于 1000nm，根据线弹性断裂力学理论，页岩样品的断裂韧性 K_C，表达式如下：

$$K_\text{C} = \frac{F_\text{T}}{\sqrt{2p(d)A(d)}} \tag{3.4}$$

3.1.4 Berkovich 压头的参数修正

对于 Berkovich 压头，由于其正三棱锥性质，$p(d)$ 和 $A(d)$ 的乘积在很大程度上取决于探针的哪一侧与划痕的方向对齐。从式（3.4）可以看出，根据划痕数据计算断裂韧性需要压头探针的参数 $p(d)$ 和 $A(d)$。图3.3（a）显示了 Berkovich 压头的水平视图，图3.3（b）显示了压头在压痕深度处的三维形状，图3.3（c）中的黄色平面为滑动过程中压头在划痕方向上的投影，其中：

$$A(d) = S_{\triangle AEC} = \frac{\tan\beta}{\cos\alpha}\left[\sin\theta + \sin(60° - \theta)\right]d^2 \tag{3.5}$$

$$p(d) = AE + AC = d\left[\sqrt{1 + \frac{4\tan^2\beta\cos^2\theta}{3\cos^2\alpha}} + \sqrt{1 + \frac{4\tan^2\beta\sin^2(30° + \theta)}{3\cos^2\alpha}}\right] \tag{3.6}$$

常数 λ 和 ζ 定义如下：

$$\lambda = \frac{\tan\beta}{\cos\alpha}\left[\sin\theta + \sin(60°-\theta)\right] \quad (3.7)$$

$$\zeta = \sqrt{1 + \frac{4\tan^2\beta\cos^2\theta}{3\cos^2\alpha}} + \sqrt{1 + \frac{4\tan^2\beta\sin^2(30°+\theta)}{3\cos^2\alpha}} \quad (3.8)$$

由式（3.5）和式（3.6）可见，$A(d)$ 与 d^2 有关，$p(d)$ 则与 d 有关。此外，基于三棱锥压头在划痕方向上的投影表面，可以得出以下结论：

$$p(d) = d/\sin\alpha_1 + d/\sin\beta_1 \quad (3.9)$$

$$A(d) = (d/\tan\alpha_1 + d/\tan\beta_1)d/2 \quad (3.10)$$

$$p(d) \in \lambda d \quad (3.11)$$

$$A(d) \in \zeta d^2 \quad (3.12)$$

在式（3.11）和式（3.12）中，λ 和 ζ 是 $p(d)$ 和 $A(d)$ 相对于 d 的无量纲线性相关系数。基于上述分析，$A(d)$ 的数值与 d^2 相关，$p(d)A(d)$ 的数值取决于 d^3。

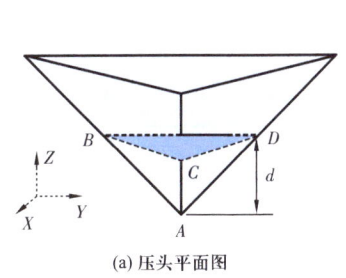
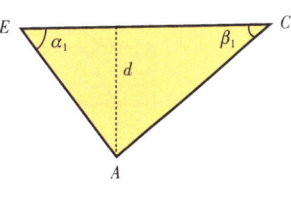

(a) 压头平面图　　(b) 压头在压痕深度内的三维形状　　(c) 划痕方向的投影面积

图 3.3　正三棱锥压头几何形状

α—页岩纹层倾角，(°)；β—划痕实验有限元模拟压头转角，(°)；δ—划痕实验路径宽度，nm

在划痕实验过程中，无法确定 Berkovich 压头是否接触到试样的表面或侧边缘。因此，在进行划痕实验之前，有必要通过对已知断裂韧性的材料进行划痕实验来校准压头参数。对于相同的 Berkovich 压头，压痕深度 d 和参数 $p(d)A(d)$ 之间的关系保持不变，与划痕材料无关。在 Berkovich 压头条件下，可以选择熔融二氧化硅作为划痕实验的参考材料，其已知室温环境下断裂韧性为 $0.6\text{MPa}\cdot\text{m}^{1/2}$，$p(d)A(d)=2.2808d^3$。$p(d)A(d)$ 和 d 之间的关系可用于计算不同材料的断裂韧性，进而可用于从式（3.13）中获得 $p(d)A(d)$ 和 K_C 之间的关系。

$$p(d)A(d) = \frac{F_T}{2K_C^2} \quad (3.13)$$

3.2 纳米划痕破坏模式及力学表征

上文表述了纳米划痕实验的原理和压头校准方法，分析了三棱锥压头对收集到的力学参数的影响。本节开展了纳米划痕实验的结果分析，主要研究了不同矿物分布区域的破坏模式和力学参数变化。通过扫描电子显微镜分析破坏模式可以对矿物的弹塑性力学特征进一步讨论。

3.2.1 纳米划痕形貌及破坏模式分析

在划痕实验中不同岩性矿物的破坏模式如图3.4所示，在塑性矿物胶结不良的情况下，划痕实验会导致基质晶粒的黏膜破坏，破碎的岩屑在残留划痕的侧面积聚。脆性矿物在划痕过程中不会出现明显的碎屑堆积，当压头经过某处微裂缝时，积累的应变能释放造成岩屑崩出而留下坑洼。随着划入深度增加，脆性破坏造成微观尺度岩石断裂，裂纹从压头尖端传播，岩石碎片崩裂分离，留下一组尖锐锯齿状划痕路径。

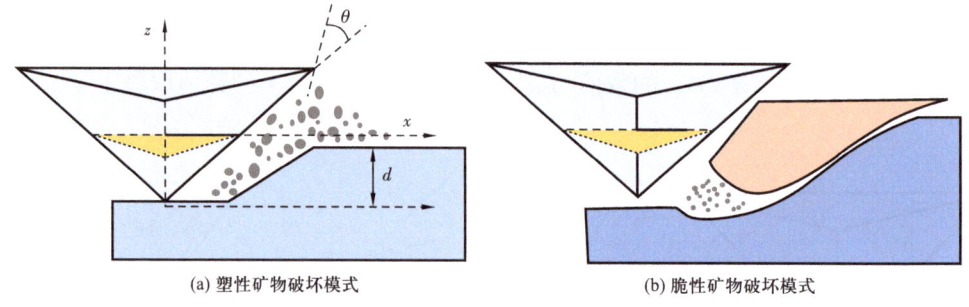

图3.4 不同岩性矿物的破坏模式

θ—等效半锥角

图3.5为纹层页岩8组样品的SEM扫描结果，1#和2#样品主要分布着伊利石和绿泥石等塑性矿物，零星分布的石英和黄铁矿进一步提高了非均质性。1#和2#样品划痕区域破坏模式主要为塑性破坏，偶尔出现点状的脆性破坏。压头穿过塑性矿物后，碎屑堆积在残余划痕的一侧，而脆性矿物则会出现不均匀的点状崩裂和锯齿状破碎。3#和4#样品为伊利石富集区到白云石结核的过渡区，划痕路径前半部分区域主要分布着伊利石矿物，后半部分为白云石、石英和钠长石等脆性矿物混合区域。划痕路径从伊利石富集区的塑性破坏逐渐随着压头滑动到白云石结核区产生脆性破坏。5#和6#样品的白云石大范围分布对划痕实验过程中采集到的力学参数产生重要影响。由于白云石、石英和磷灰石都是硬度较高的矿物，它们可能导致页岩整体的硬度较高，而零星夹杂的黄铁矿可能会导致局部区域的硬度增加，从而在划痕实验中形成更为复杂的划痕曲线。

7#样品的SEM扫描结果显示，长英矿物纹层页岩划痕路径前半部分区域主要分布着伊利石矿物，后半部分为白云石、石英和钠长石等脆性矿物混合区域。8#样品的扫描结果显示，介形虫纹层页岩划痕路径前半部分区域为伊利石富集区，零星分布着钠长石和石英等脆性矿物，后半部分为方解石、石英和钠长石的脆性矿物混合区域。纹层页岩矿物颗粒胶结性较差，微裂缝和孔隙较为发育，伊利石等塑性矿物的破坏模式使用黄色椭圆标注，红色和蓝色椭圆标注了脆性矿物的点状破裂和锯齿状破坏模式。在划痕实验中，非均质矿物的分布可能导致划痕实验中的摩擦和破坏模式发生变化，表面矿物组分的准确识别对研究页岩的力学性质具有重要意义。

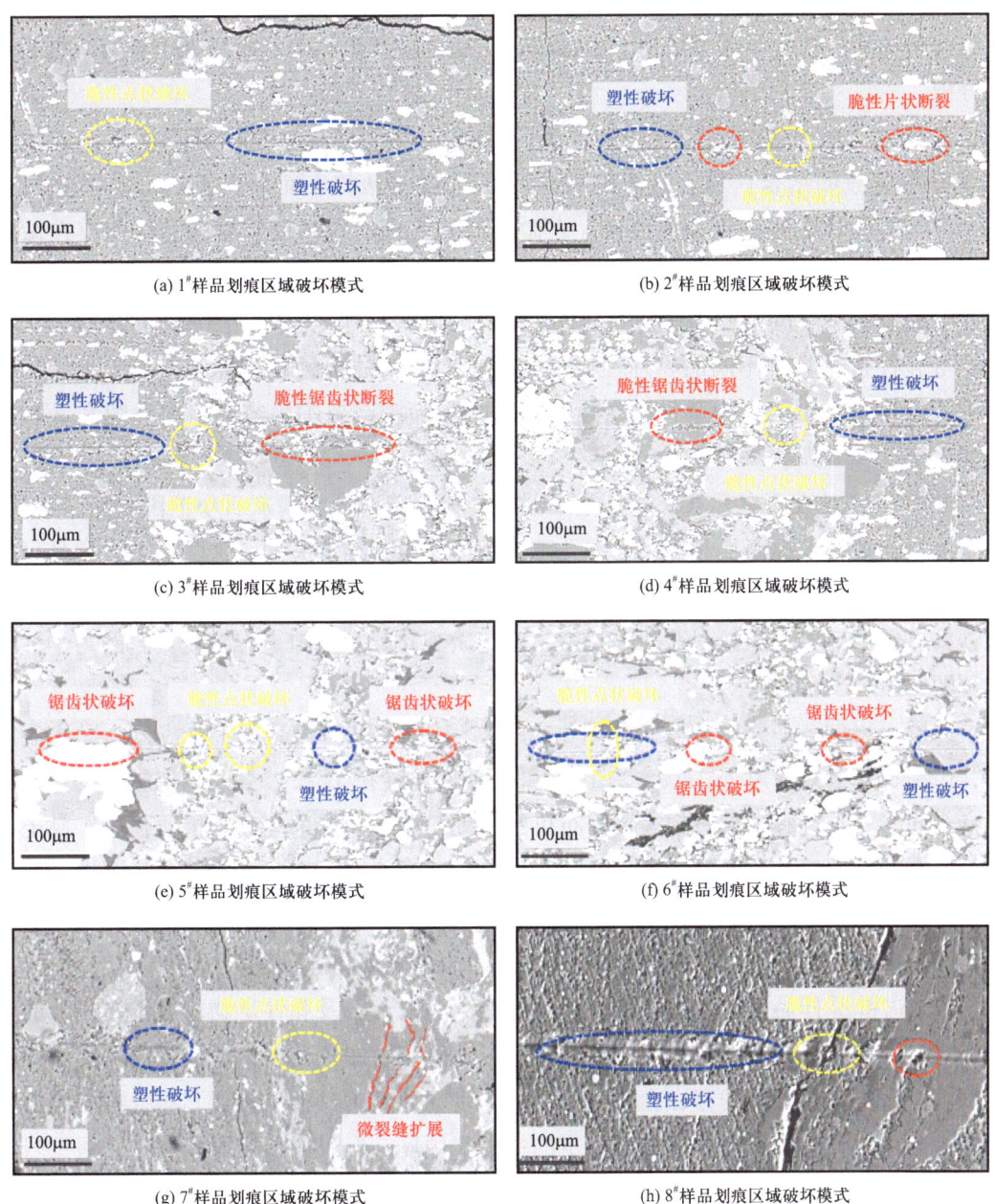

图 3.5 纹层页岩划痕表面形貌

3.2.2 纹层页岩矿物分布

纹层页岩的 QEMSCAN 矿物成分扫描结果如图 3.6 所示，1# 和 2# 两块页岩样品中伊利石分布广泛，而黄铁矿、白云石、磷灰石和石英零星夹杂其中，可能对页岩的微观结构和孔隙特征产生影响。伊利石可能形成连续的基质，具有致密的基质结构，而零星夹杂的脆性矿物可能形成微观颗粒间隙和裂隙，影响孔隙结构和渗透性。不同类型的孔隙结构可能对页岩的渗透性和储层性质产生影响。页岩矿物的分布情况可能造成复杂的微观结构和孔隙特征，对孔隙结构、渗透性和储层性质产生影响，需要进一步的研究和实验分析。

根据电子扫描显微镜观察到的结果，3#、4#、7# 和 8# 样品是伊利石富集区向脆性矿物分布过渡的结合区域。这意味着这两块页岩样品的表面存在伊利石矿物和白云石、石英等脆性矿物的界面过渡区。在微观结构方面，这两块页岩样品可能存在微孔隙基质。伊利石富集区可能形成致密的基质结构，而白云石、石英等脆性矿物结合区可能形成微观颗粒间隙和裂隙。在界面过渡区的力学性质方面，由于伊利石和白云石、石英等脆性矿物具有不同的物理性质，因此它们之间的接触界面可能存在一定的岩性影响，进一步对页岩的力学性质产生影响，如界面胶结范围内容易生成孔隙和微裂缝扩展。

5# 和 6# 样品表面白云石矿物大范围分布，夹杂着石英和磷灰石小范围分布。此外，零星夹杂的黄铁矿提高了非均质性和孔隙分布。在微观结构方面，这两块页岩样品可能存在微孔隙基质。白云石、石英和磷灰石的分布形成了复杂的微观结构，而零星夹杂的黄铁矿可能导致更多的微观孔隙和裂隙，这些微观孔隙和裂隙更容易对页岩的力学性质和抗断裂性能产生影响。

纹层页岩的各矿物组分含量如图 3.7 所示。1#、2# 和 8# 样品中主要成分为黏土质矿物，伊利石含量分别为 75.14%、79.13% 和 67.76%，使得 1# 和 2# 样品具有较强的塑性和黏性。同时，石英和磷灰石的零星分布可能有助于增加页岩的硬度和抗压强度。黏土质页岩具有较高的塑性，抗断裂能力较弱。3# 和 7# 样品主要成分为黏土质矿物和碳酸盐矿物，伊利石含量分别为 37.13% 和 36.68%。由于伊利石的含量较高，使得 3# 和 7# 样品塑性较强，石英和磷灰石含量的提高有助于增加页岩的硬度和抗压强度。

4#、5# 和 6# 样品为碳酸盐质纹层，主要成分为白云石及脆性矿物，由于白云石的含量较高，可能使得样品具有一定的韧性。同时，磷灰石的存在增加了页岩的硬度和抗断裂性能。石英和黄铁矿的存在会提升页岩的强度，但其含量相对较低。综合考虑各类矿物的组分含量，纹层页岩可能具有一定的韧性和硬度，但仅凭扫描电镜无法判断页岩的力学表现，具体的力学性质还需要进一步的实验和测试来全面评估。

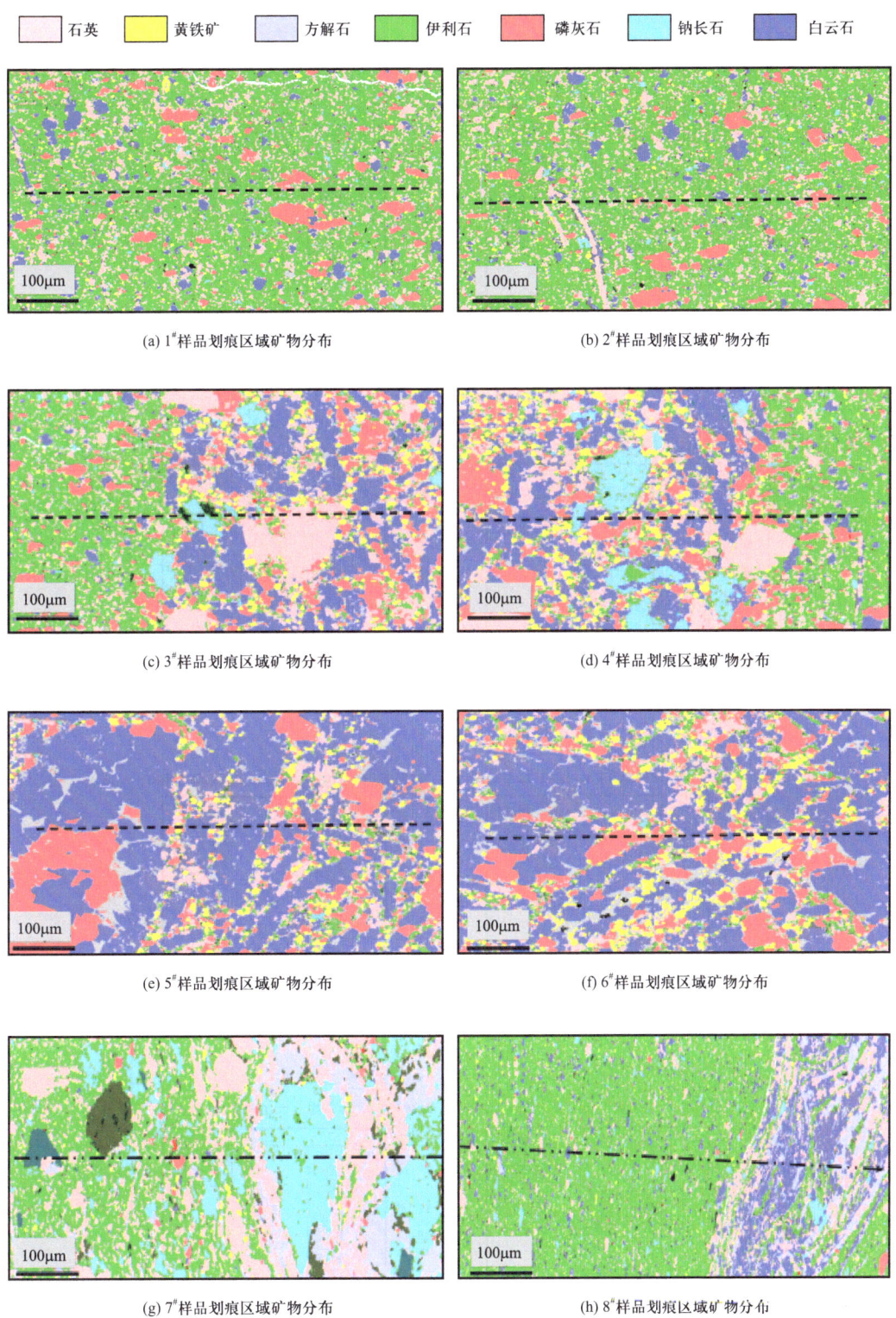

图 3.6 QEMSCAN 矿物成分扫描结果

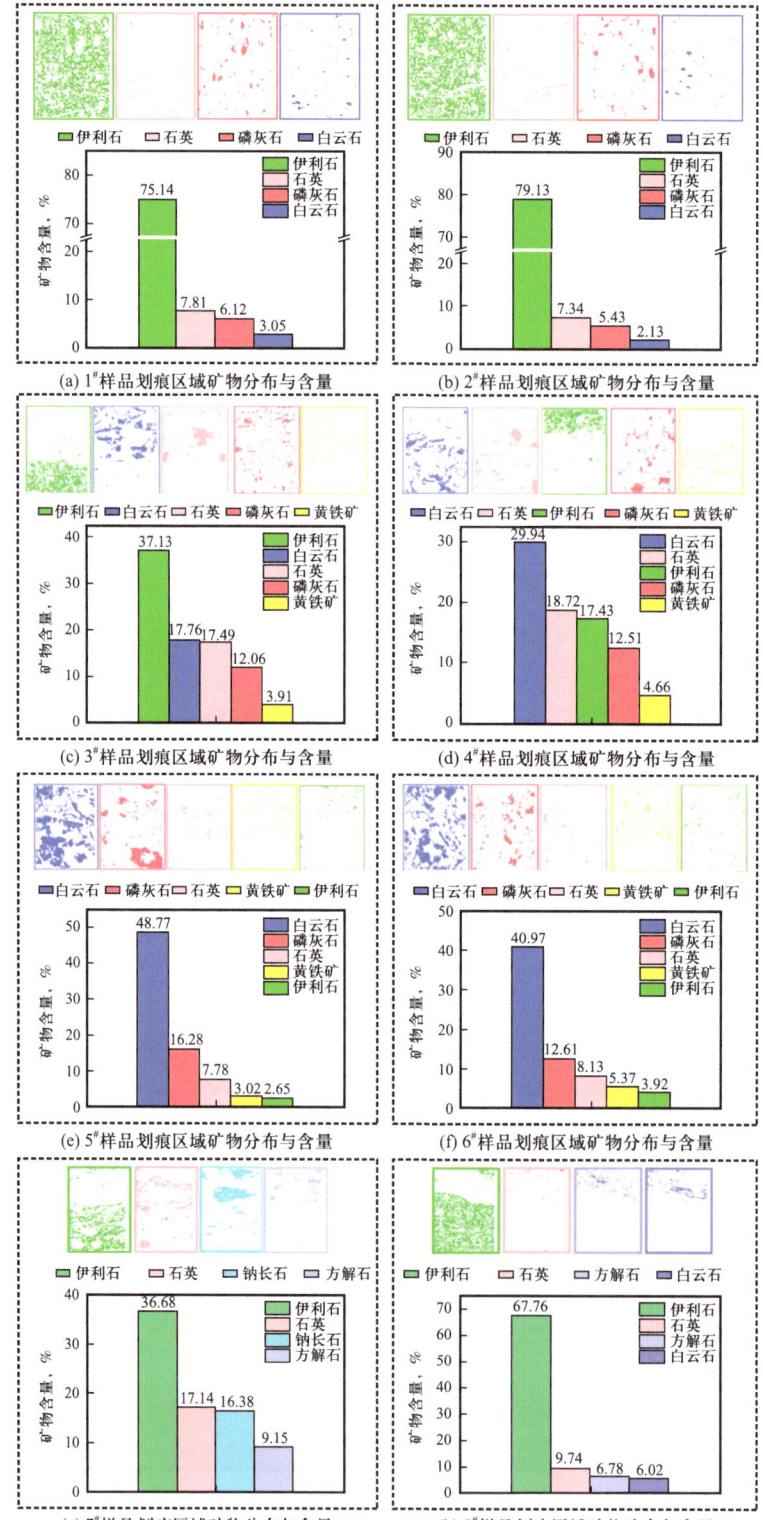

图 3.7 划痕区域内单点矿物分布与含量

3.2.3 微观力学性质表征

纳米划痕可用于测试材料表面硬度、划入深度和断裂韧性等力学参数,进一步评估材料的抗变形和抗断裂能力。通过对纳米划痕力学性质的表征,可以更全面地了解页岩材料的力学性能,为水力压裂方案的设计和工艺应用提供重要参考。

3.2.3.1 恒定载荷下的划入深度分析

在恒定法向载荷的划痕实验中,较大的划入深度通常表示材料较软或者容易破坏碎裂,而较小的划入深度则表明材料较硬或者具有较好的抗变形能力。本书中 1# 至 8# 共 8 组不同区域样品的划入深度曲线如图 3.8 所示。在 1# 和 2# 样品划痕区域的矿物分布中,质地较软的伊利石占据了 75% 以上,导致在这两块样品的划入深度均在 2500nm 以上。划入深度曲线上的划入深度数据可以作为有效数据分析矿物性质,曲线上的数个峰值较低的特征峰是因为黄铁矿等较硬矿物的出现,这与 QEMSCAN 矿物扫描分布相一致。

3# 至 8# 样品伊利石纹层和脆性矿物纹层交错分布,白云石、磷灰石、石英和方解石与伊利石相互融合,脆性矿物含量较高。此外,由于划痕路径上的黄铁矿和石英等较硬矿物存在,给划入深度曲线赋予了极有代表性的峰值起落。3# 至 8# 样品划痕区域相比于伊利石纹层矿物硬度明显上升,相同的法向载荷作用下划入深度减小很多,划入深度均为 1000~1500nm。相比于黏土质分布区域划痕路径上大部分的伊利石分布,3# 和 4# 以及 7# 和 8# 样品划痕区域为页岩的矿物分布过渡区域,属于岩性变化区,力学性质不稳定。划痕路径的前半部分为伊利石等塑性矿物分布区域,而后半部分则为页岩脆性矿物混杂区域。该区域的曲线振幅随着实验进行变化剧烈,在划痕实验前期划入深度波动不明显,而后期划入深度剧烈增加。

3.2.3.2 纹层页岩微观断裂韧性分析

断裂韧性是描述材料抵抗断裂能力的重要参数,图 3.9 中显示了 1# 至 8# 样品划痕区域的断裂韧性曲线,不同区域的矿物成分对页岩的断裂韧性有着明显的影响。在 1# 和 2# 样品划痕区域,由于伊利石等塑性矿物含量高,平均断裂韧性分别为 $0.24\text{MPa} \cdot \text{m}^{1/2}$ 和 $0.20\text{MPa} \cdot \text{m}^{1/2}$,表明这两个区域的页岩在承受外部应力时相对容易发生断裂,其抵抗裂缝扩展的能力较低。

3# 和 4# 样品划痕区域为伊利石和白云石结核区的岩性过渡区域,平均断裂韧性分别为 $0.41\text{MPa} \cdot \text{m}^{1/2}$ 和 $1.05\text{MPa} \cdot \text{m}^{1/2}$。相比于伊利石富集区,这两个区域的平均断裂韧性有所提高,这可能是由于白云石的存在增强了页岩抵抗裂缝扩展的能力。5# 和 6# 样品划痕区域为白云石结核区域,平均断裂韧性分别为 $1.03\text{MPa} \cdot \text{m}^{1/2}$ 和 $1.79\text{MPa} \cdot \text{m}^{1/2}$。尽管这两个区域有大量微孔隙和裂缝的存在,但石英和白云石的大范围分布使得页岩的平均断裂韧性相对较高。在 7# 和 8# 样品划痕区域分别为长英和介形虫纹层的界面过渡区,平均断裂韧性分别为 $0.78\text{MPa} \cdot \text{m}^{1/2}$ 和 $0.38\text{MPa} \cdot \text{m}^{1/2}$。长英矿物纹层页岩由于脆性矿物含量高,其平均断裂韧性要比介形虫纹层页岩高很多,这说明脆性矿物对页岩的断裂韧性有着重要影响。

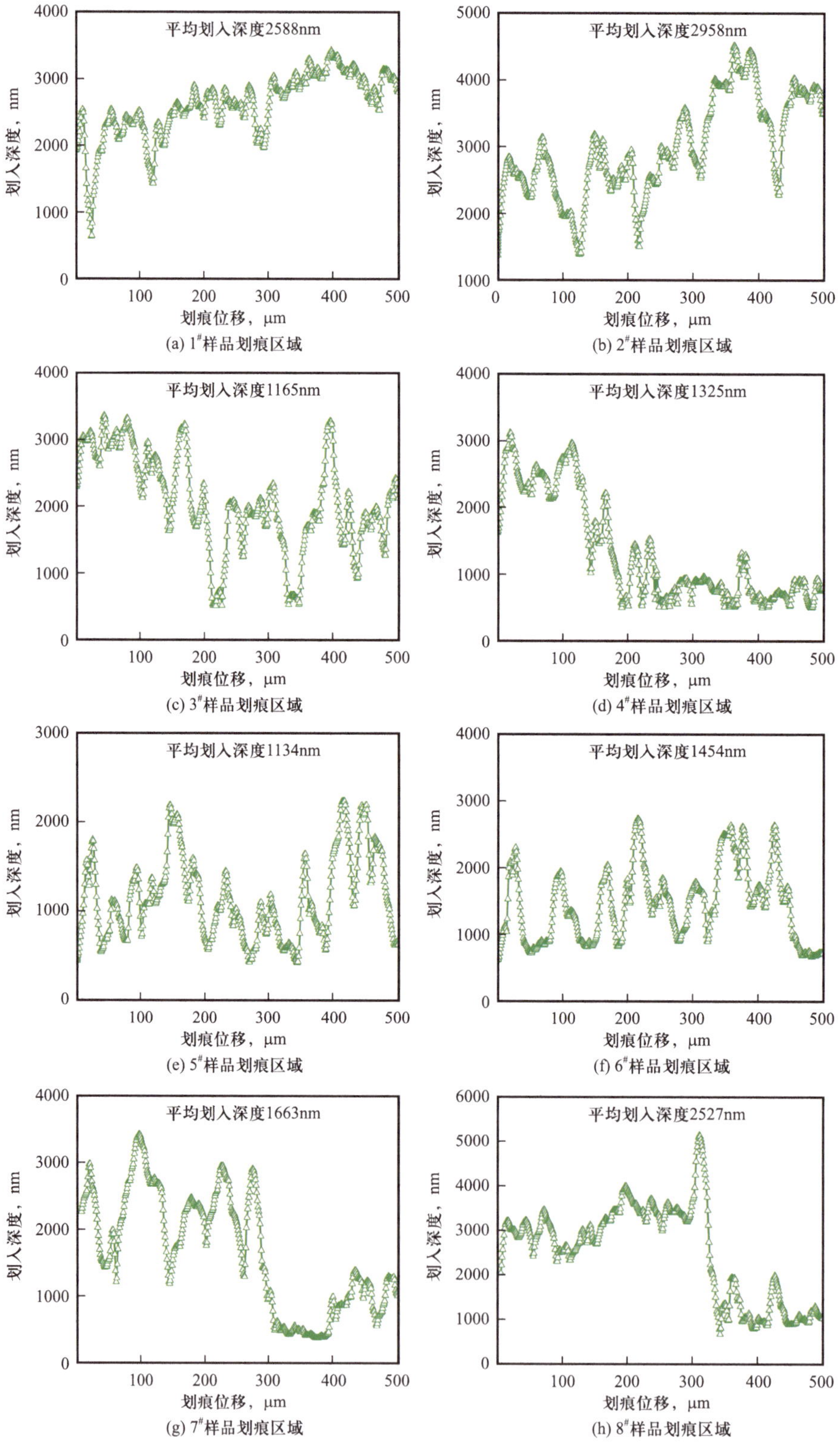

图 3.8 页岩表面划入深度曲线

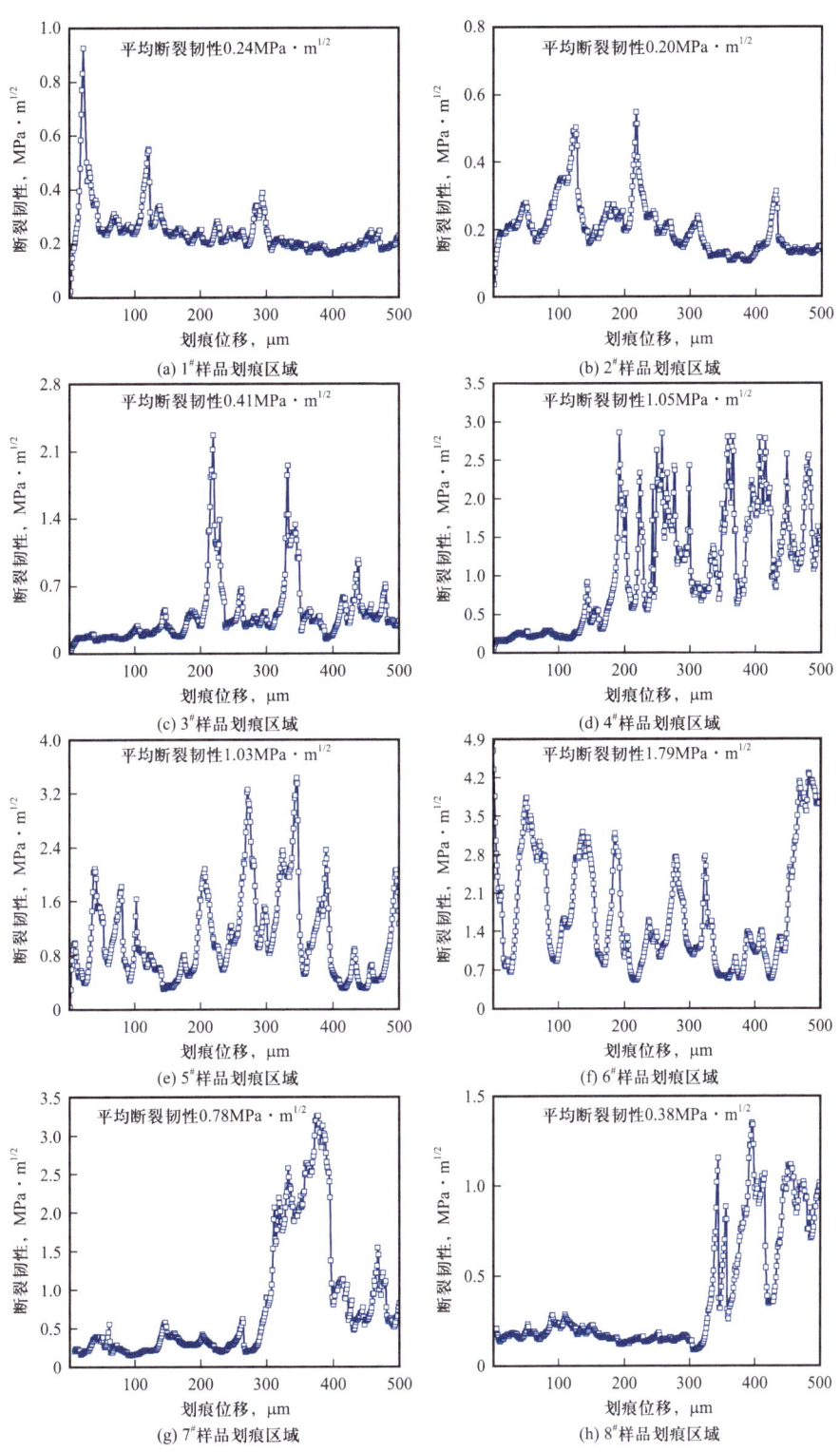

图3.9 1#至8#样品划痕区域断裂韧性曲线

3.2.3.3 纹层页岩纳米划痕硬度分析

硬度是矿物和岩石的关键物理特征之一，它表明岩石对穿透、划痕或永久变形的抵抗能力。根据划痕实验所收集的数据，对页岩区域划痕路径上矿物分布的硬度进行讨论与分析。划痕区域硬度曲线如图 3.10 所示，与图 3.9 中的断裂韧性曲线相比，曲线特征峰所在区域具有相同之处，峰值对应的划痕位移也基本一致。1# 和 2# 样品伊利石大范围分布，该区域划痕路径上平均硬度为 0.75GPa。在有效划痕位移为 125μm 处，划入距离与硬度分布曲线达到第一个最高峰值。通过对 QEMSCAN 电镜扫描结果进行对比，发现该处划痕经过位置正好为一小块黄铁矿分布区域。黄铁矿属于较高硬度矿物，其硬度一般在 6GPa 左右。在该处黄铁矿分布区域硬度曲线最高峰值只有 3.5GPa，这可能是因为黄铁矿的分布面积较小，并且黄铁矿物与伊利石相互交融，使得划痕压头收集到的数据是两种矿物融合分布后的性质。

对于 3#、4#、7# 和 8# 样品，在 125~220μm 的划痕路径上，矿物基本上为纯伊利石分布，使得该部分区域的硬度在 0.12GPa 左右。在划痕路径为 220μm 处，硬度曲线出现了第二个峰值 0.4GPa，经过扫描电子显微镜观察可知，该区域伊利石范围内分布着少量黄铁矿。在 220~320μm 的划痕路径上，矿物硬度呈现先减少后增加的趋势。通过对矿物分布进行对比，发现该划痕路径上伊利石分布减少，脆性矿物的分布面积逐渐增大。对于 5# 和 6# 样品，在 320~600μm 的划痕路径上白云石、伊利石和石英交错分布，使得该划痕路径上硬度在 1.5~4.5GPa 之间来回跳跃。对不同矿物分布区域的硬度进行综合讨论分析，对微观尺度上分析纹层非均质页岩的力学性质具有重要意义。

3.2.3.4 划痕硬度与断裂韧性间无量纲关系

硬度和断裂韧性是表征页岩裂缝扩展能力的重要指标，它们之间存在着一种特定的无量纲关系，这种关系可以用一个无量纲系数来描述，该系数的大小可以侧面反映出页岩裂缝扩展的能力。图 3.11 显示了 1# 至 8# 样品划痕区域的硬度和断裂韧性的无量纲关系拟合结果，拟合系数均大于 0.9，说明划痕硬度和断裂韧性之间存在稳定的相关关系。在 1# 和 2# 样品划痕区域，由于伊利石等塑性矿物含量高，相关系数分别为 0.74118 和 0.56992。在伊利石纹层分布范围内，页岩硬度和断裂韧性之间的关系较弱。3# 和 4# 样品划痕区域是伊利石和白云石结核区的岩性过渡区域，相关系数分别为 0.93461 和 1.0746。相比于伊利石富集区，这两个区域的相关系数有所提高。这表明在这两个区域中，页岩硬度和断裂韧性之间的关系较为紧密。

5# 和 6# 样品划痕区域是白云石结核区域，该范围内矿物脆性较高，但是伴随着大量的微孔隙和裂缝，相关系数分别为 1.0661 和 0.92588，这表明页岩硬度和断裂韧性之间的相关系数不仅受到矿物脆性的影响，还受到微孔隙和裂缝的影响。7# 和 8# 样品划痕区域分别为长英和介形虫纹层的界面过渡区，相关系数分别为 1.24345 和 0.84046。长英矿物纹层页岩由于脆性矿物含量高，硬度和断裂韧性要比介形虫纹层页岩高很多，相关系数也较大。

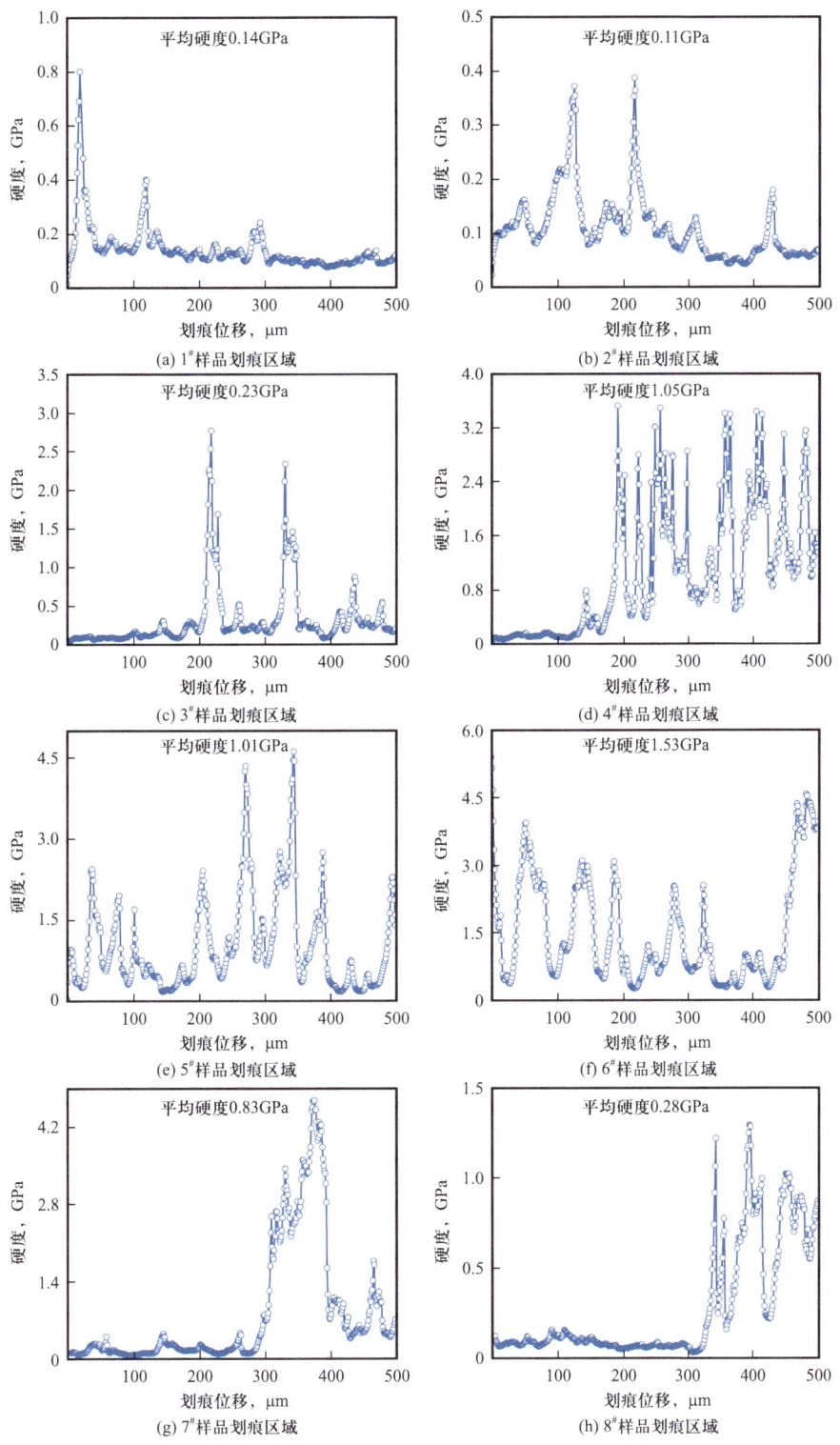

图 3.10 1# 至 8# 样品划痕区域硬度曲线

(a) 1#样品划痕区域

(b) 2#样品划痕区域

(c) 3#样品划痕区域

(d) 4#样品划痕区域

(e) 5#样品划痕区域

(f) 6#样品划痕区域

(g) 7#样品划痕区域

(h) 8#样品划痕区域

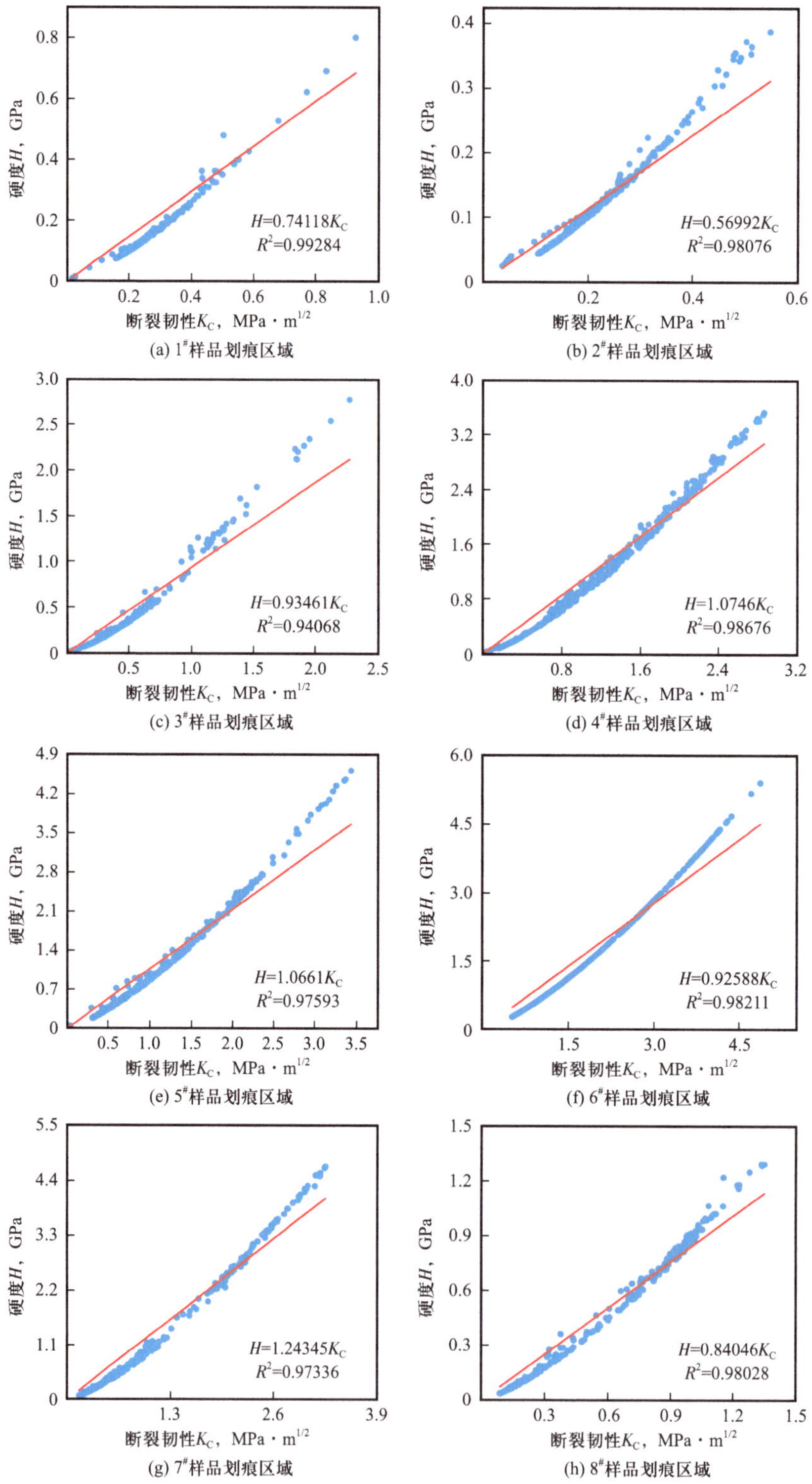

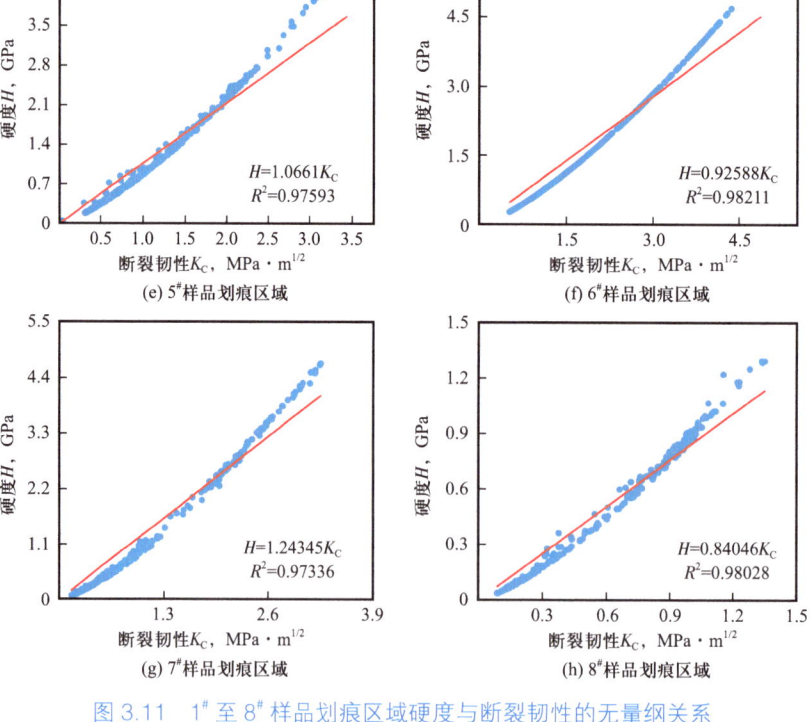

图 3.11　1# 至 8# 样品划痕区域硬度与断裂韧性的无量纲关系

3.3 矿物组分识别方法

3.3.1 基于划入深度识别矿物组分

根据划入深度识别矿物组分的可行性取决于矿物的岩性，脆性矿物和塑性矿物在划痕实验中的划入深度有着明显的区别。在划痕实验中，脆性矿物硬度较大，在实验过程中不容易发生变形，产生的划痕较浅。塑性矿物由于硬度较小，具有一定的柔韧性和延展性，则会产生较深的划痕。通过划入深度可以初步识别矿物成分，同时结合 SEM 和 QEMSCAN 扫描结果进行综合分析，以确保准确性。

根据先前学者的研究，单个矿物相划入深度的频率分布大致遵循高斯分布。图 3.12 显示了各组样品对压入深度的统计和拟合，单个矿物相的深度分布根据高斯趋势线进行分组。在 50mN 的垂直力下，黄铁矿的划入深度为 0～575nm，石英矿物为 625～875nm，白云石为 925～1575nm，磷灰石为 1625～2025nm，伊利石为 2075～3375nm。对划入深度数据的统计显示，$1^\#$ 和 $2^\#$ 样品的伊利石含量分别为 81.54% 和 86.84%，与扫描电镜的结果相比，根据划入深度识别出的伊利石含量更高。这可能是由于微孔和裂纹导致传感器收集的较大划入深度值频次较高，无法准确识别较软的矿物和微裂缝。根据 QEMSCAN 扫描结果，在 $3^\#$ 样品划痕区域伊利石矿物分布最广，伊利石矿物成分占 37.13%，而根据划入深度，53.13% 的矿物成分被鉴定为伊利石。$4^\#$ 样品划痕区域的 QEMSCAN 结果显示含有 17.43% 的伊利石矿物成分，而根据圈定深度确定的伊利石矿物成分为 35.24%。与 QEMSCAN 电子显微镜的扫描结果相比，由划入深度值确定的伊利石矿物组成的比例较大。这可能是由于伊利石和白云石结核区之间存在着界面过渡区，形成了更为复杂的微裂纹和孔隙。

纹层页岩碳酸盐质纹层富含白云石、磷灰石和石英，而少量黄铁矿的存在大大增加了岩石的不均匀性，脆性断裂主导了 $5^\#$ 和 $6^\#$ 样品划痕区域矿物的破坏。在 QEMSCAN 结果中，白云石在 $5^\#$ 和 $6^\#$ 样品划痕区域最为丰富，分别为 48.77% 和 40.79%。在 $5^\#$ 和 $6^\#$ 样品的划入深度统计中，白云石含量分别为 46.08% 和 47.83%，与 QEMSCAN 结果接近。值得注意的是，QEMSCAN 扫描结果中 $5^\#$ 和 $6^\#$ 样品划痕区域的伊利石含量分别为 2.65% 和 3.92%，而划入深度统计发现，$5^\#$ 和 $6^\#$ 样品划痕区域的伊利石含量分别为 8.85% 和 9.23%，这与 SEM 识别出的矿物分布扫描结果不符。在 $7^\#$ 和 $8^\#$ 样品划痕区域内，也出现了根据划入深度识别出的伊利石含量大于 QEMSCAN 扫描的情况。页岩富含微孔和裂缝，无法准确区分大的划入深度是由黏土矿物还是微裂缝和孔隙造成的。在工程应用中，通过划入深度来判断矿物成分是简单方便的，但在识别黏土等较软矿物时容易受到微裂缝的影响，从而造成一些误差。

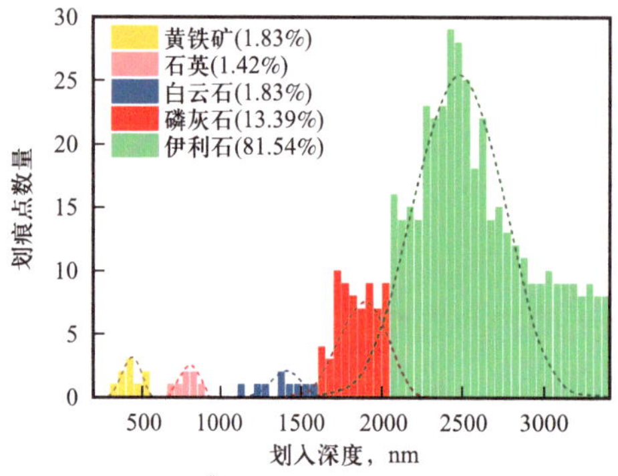

图 3.12 基于划入深度的矿物组分识别结果

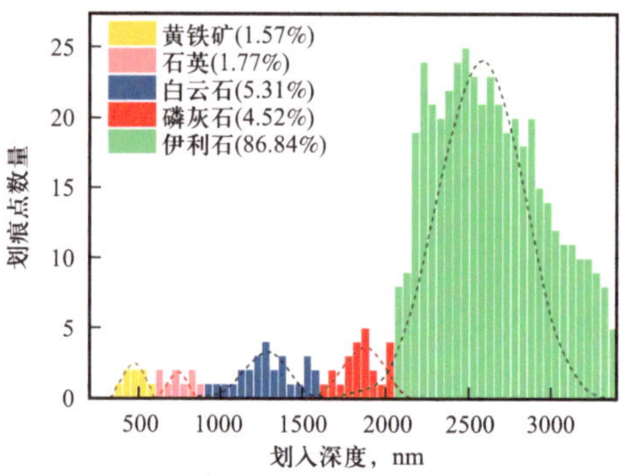

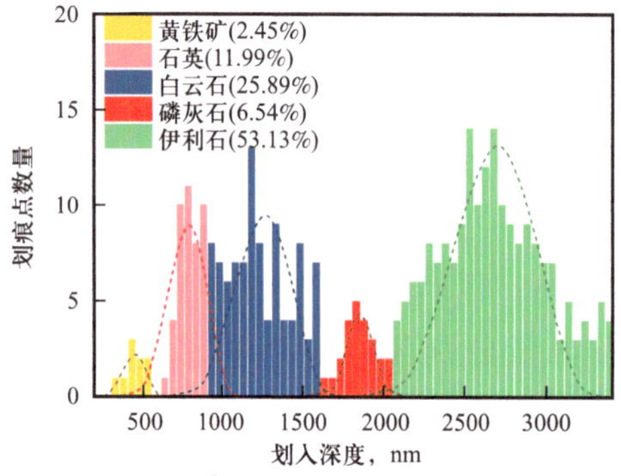

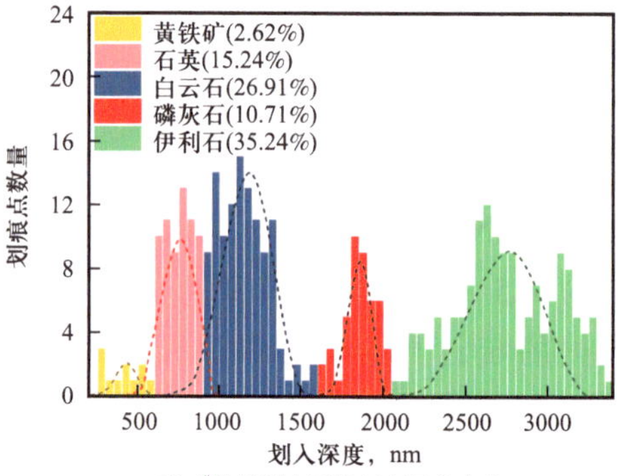

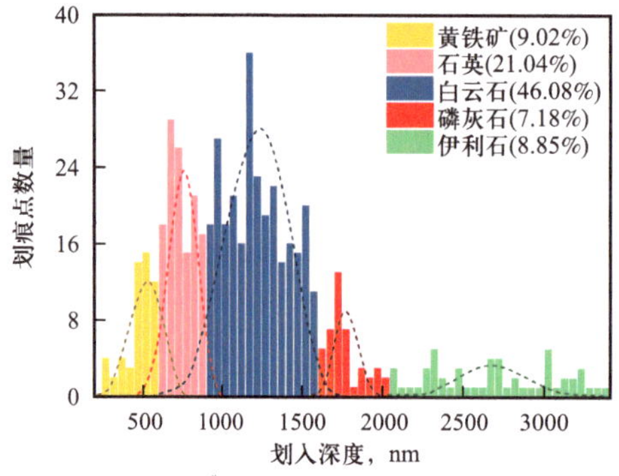

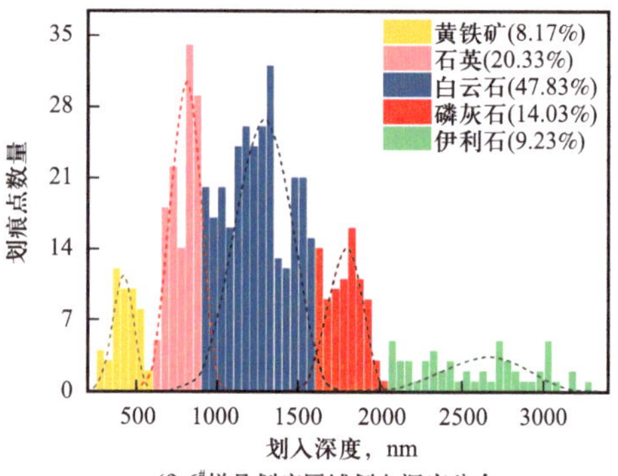

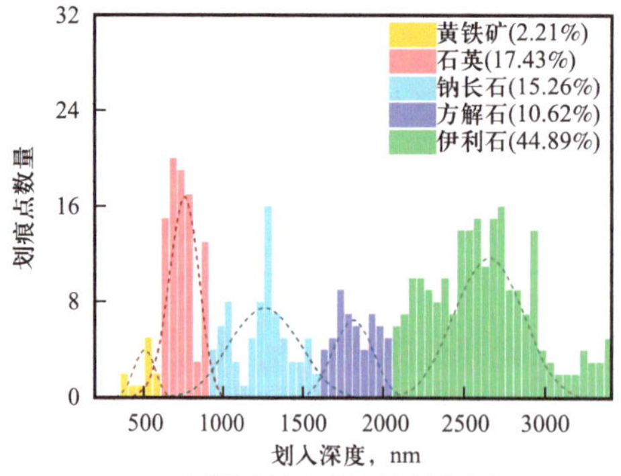

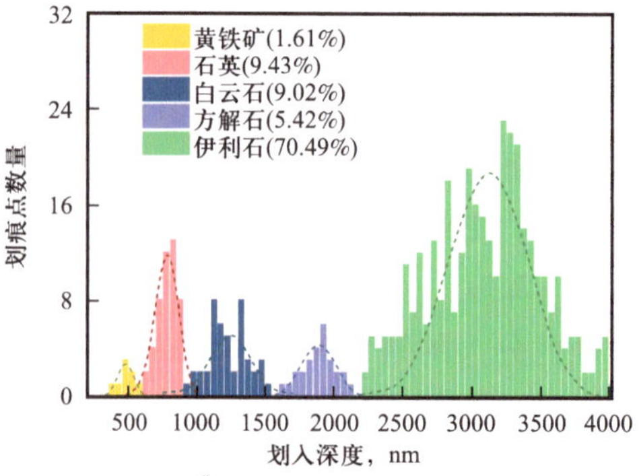

3.3.2 基于 d^2—L 曲线斜率识别矿物组分

根据摩擦学定义，摩擦系数 COF 可以表示为切向力 F_T 与垂直力 F_n 的比值：

$$\text{COF} = F_T/F_n \tag{3.14}$$

通过量纲分析，可以得到：

$$[F_T] = \text{MLT}^{-2} \tag{3.15}$$

$$[H] = \text{ML}^{-1}\text{T}^{-2} \tag{3.16}$$

$$[\mathrm{d}F_T/\mathrm{d}L] = \text{MT}^{-2} \tag{3.17}$$

$$[(\mathrm{d}F_T/\mathrm{d}L)/\mathrm{d}H] = \Pi L = [\mathrm{d}d^2/\mathrm{d}L] \tag{3.18}$$

在纳米划痕实验过程中，F_n 是恒定的垂直加载力，摩擦系数的变化仅与从压头尖端获得的切向力 F_T 有关。在划痕实验中，MT^{-2} 在相同压头实验条件下是恒定常数。通过量纲分析的推导，d^2—L 曲线的斜率是一个与摩擦系数、硬度和划入深度有关的参数，它与矿物的力学行为密切相关。利用 d^2—L 曲线的斜率来定量识别矿物分布是一种理论上可行的方法。

由于页岩中存在大量的微裂纹和孔隙，当压头穿过这些微裂纹时，也会导致划入深度显著增加。为了减少微裂纹引起的矿物识别误差，根据摩擦系数曲线的波动幅度可以进一步确定划入深度大幅增加的原因，从而消除异常数据。图 3.13 对应于 8 个样品划痕区域中的 COF 和 d^2 的变化。在 1# 和 2# 样品划痕区域内，COF 曲线略有波动，并保持在稳定的总体分布内，这是由于伊利石富集区的高塑性和整体力学性能的韧性。由于塑性矿物和脆性矿物的混合分布，d^2—L 曲线显示出斜率较大的转折，划入深度减小。由于脆性矿物的破坏模式，当压头穿过脆性矿物时，切向力呈现上升趋势。3# 和 4# 样品划痕区域中的摩擦系数曲线在前半部分显示出小的波动，但在通过过渡区域后，数值显示出剧烈的波动和分散的快速增加。7# 和 8# 样品划痕区域也拥有塑性矿物和脆性矿物富集区的过渡阶段，同样出现了两部分曲线的离散程度两极分化。在通过界面过渡区后，压头划入白云石结核区，各种脆性矿物的离散分布导致摩擦系数曲线表现出强烈的不稳定性。压头通过岩性过渡区后，脆性矿物结核带内的岩性基本稳定。5# 和 6# 样品划痕区域的 COF 曲线波动减小，数据波动程度略大于伊利石矿物分布。

对于 1# 至 6# 样品划痕区域，矿物可分为伊利石、磷灰石、白云石、石英、黄铁矿五大类，7# 和 8# 样品白云石含量小，但是出现了钠长石和方解石的分布区域。在对每个区域的 d^2—L 斜率进行统计分析后，图 3.14 显示了三个划痕区域的矿物组分的箱形图分布。表 3.1 显示了与不同矿物相对应的 d^2—L 斜率的分布范围。值得注意的是，受高伊利石含量的影响，伊利石分布区白云石矿物的斜率始终为正。然而，由于过渡带和白云石结核带中脆性矿物的含量增加，压头接触到石英等较硬矿物后，白云石或方解石矿物的斜率显示负值。此外，由于陆相页岩表面的矿物分布更加离散，丰富的微裂缝和孔隙都导致了 d^2—L 曲线的连续跳跃，根据该方法测量的矿物分布与 QEMSCAN 扫描结果存在较大差异。

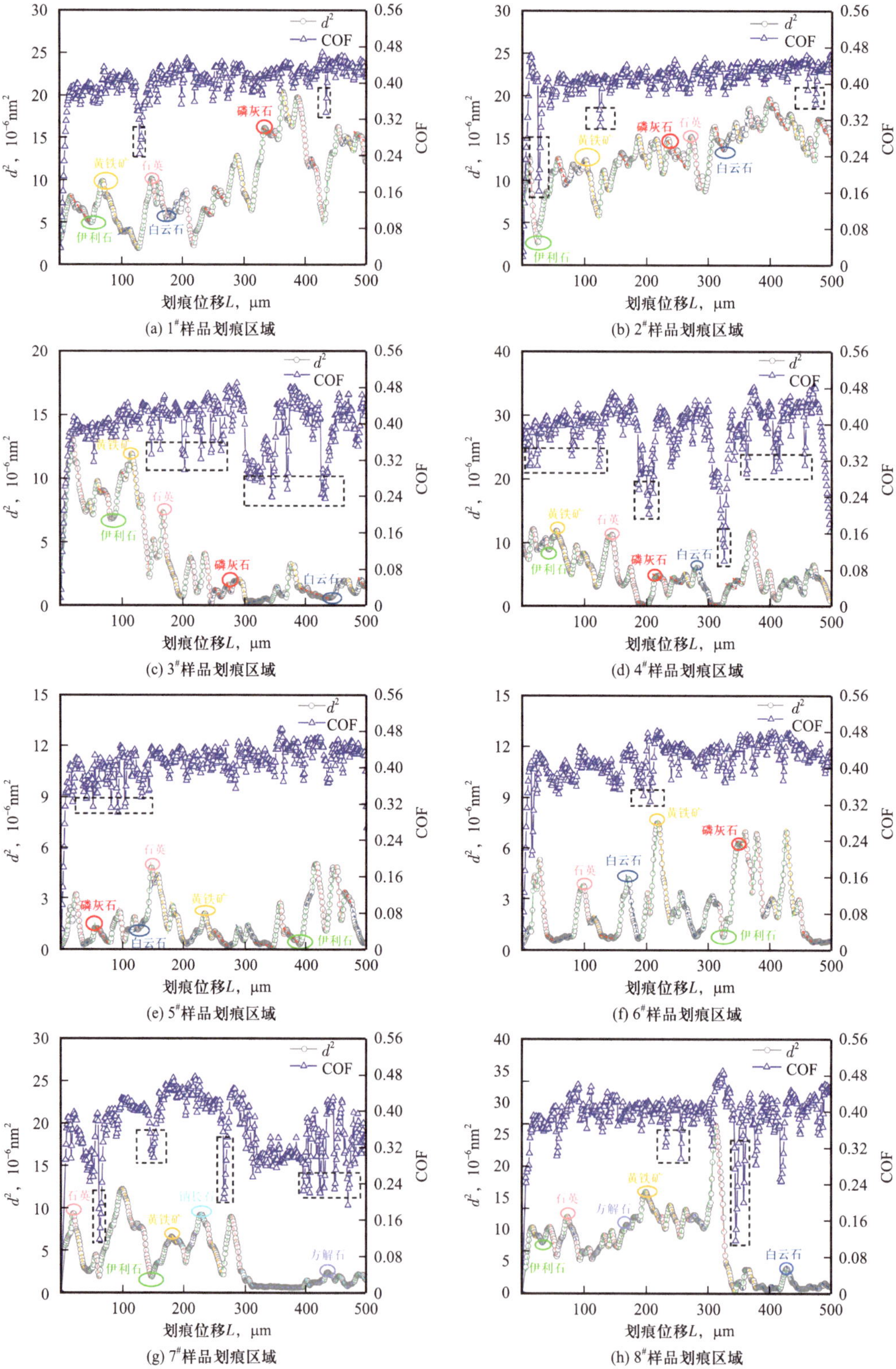

图 3.13 d^2—L 和 COF—L 曲线

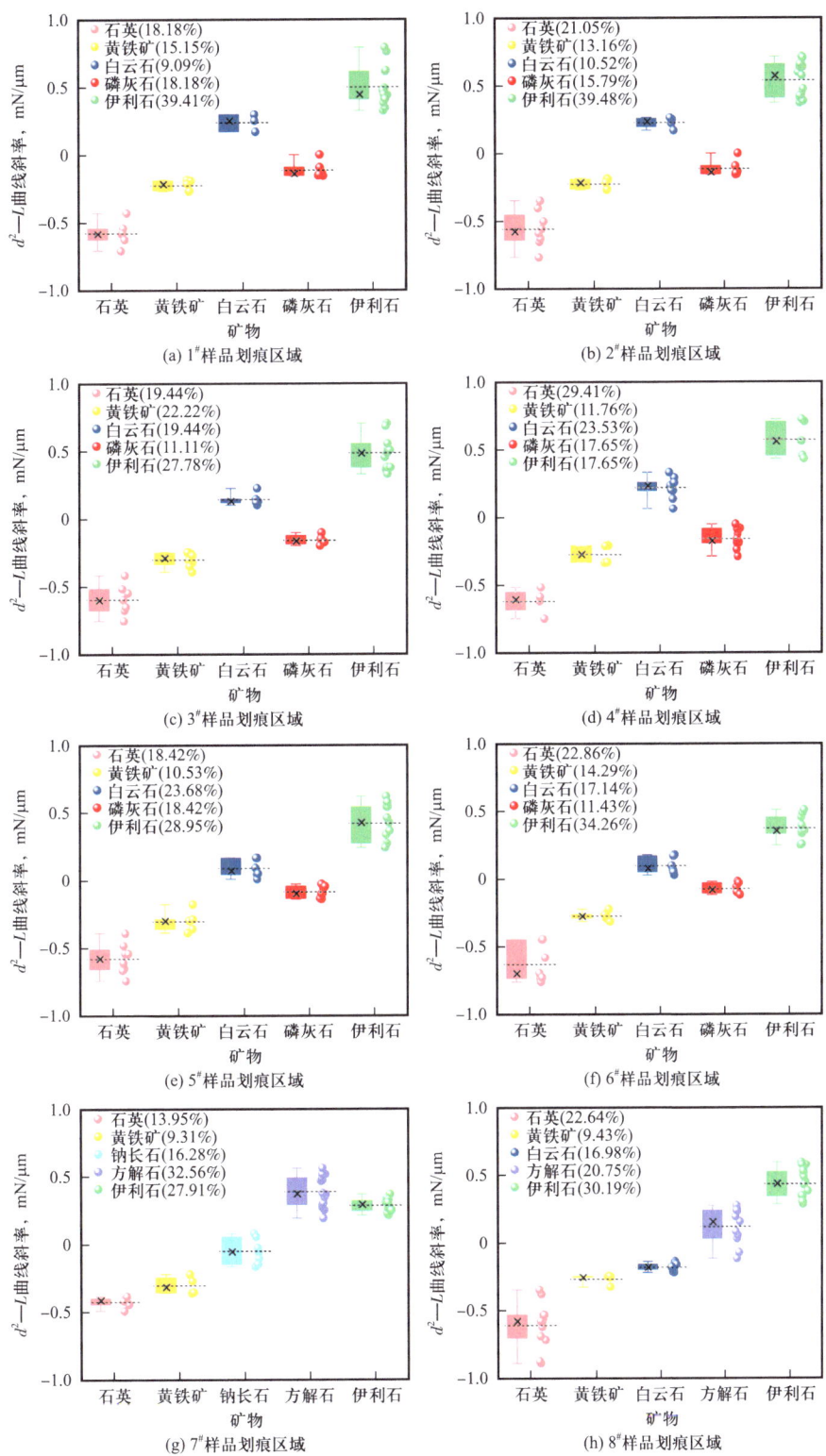

图 3.14　$1^{\#}$ 至 $8^{\#}$ 样品划痕区域内各矿物的 $d^2—L$ 曲线斜率箱形图

表 3.1　$1^\#$ 至 $8^\#$ 样品划痕区域内各矿物的 d^2—L 曲线斜率分布

矿物	d^2—L 曲线斜率, mN/μm			
	$1^\#$	$2^\#$	$3^\#$	$4^\#$
石英	$-0.71 \sim -0.43$	$-0.76 \sim -0.34$	$-0.62 \sim -0.42$	$-0.59 \sim -0.41$
黄铁矿	$-0.27 \sim -0.18$	$-0.27 \sim -0.17$	$-0.39 \sim -0.25$	$-0.39 \sim -0.30$
白云石	$0.17 \sim 0.30$	$0.16 \sim 0.27$	$-0.12 \sim 0.19$	$-0.16 \sim 0.08$
磷灰石	$-0.15 \sim 0.01$	$-0.15 \sim 0.01$	$-0.28 \sim 0.2$	$-0.29 \sim 0.21$
伊利石	$0.32 \sim 0.78$	$0.37 \sim 0.71$	$0.23 \sim 0.57$	$0.20 \sim 0.55$
矿物	d^2—L 曲线斜率, mN/μm			
	$5^\#$	$6^\#$	$7^\#$	$8^\#$
石英	$-0.36 \sim -0.30$	$-0.37 \sim -0.30$	$-0.49 \sim -0.38$	$-0.89 \sim -0.35$
黄铁矿	$-0.29 \sim -0.20$	$-0.29 \sim 0.21$	$-0.36 \sim -0.22$	$-0.33 \sim -0.25$
白云石	$-0.09 \sim 0.08$	$0.03 \sim 0.08$	$-0.16 \sim 0.08$①	$-0.22 \sim -0.14$
磷灰石	$-0.16 \sim 0.10$	$-0.19 \sim 0.1$	$-0.05 \sim 0.11$②	$-0.12 \sim 0.27$②
伊利石	$0.10 \sim 0.35$	$0.12 \sim 0.39$	$0.21 \sim 0.37$	$0.28 \sim 0.59$

① 钠长石的 d^2—L 曲线斜率分布。
② 方解石的 d^2—L 曲线斜率分布。

3.3.3　基于断裂韧性识别矿物组分

由于陆相页岩的非均质性，需要足够的数据进行统计分析，才可获得各类矿物相的断裂韧性。在这项研究中，共获得了 4000 个划痕数据，并对相应的断裂韧性分布进行了统计分析，如图 3.15 所示。据报道，每个相的断裂韧性分布与高斯分布一致。这是因为压头以均匀的速度穿过含有矿物的区域，因此从分布在特定区域的矿物中收集的断裂韧性将首先到达富含矿物的区域的边缘，然后到达矿物分布的中心，最后压头穿过矿物移动到矿物分布的另一个区域。陆相页岩具有较强的非均质性，在不同矿物的频率分布中存在许多混沌峰。通过将趋势线拟合到数据的高斯峰值曲线，可以基于每个相的断裂韧性的高斯峰值线来识别不同矿物组分。

划痕技术在相位识别中的适用性标准是确保划入深度与相位特征大小的比率应小于 0.1，这是为了避免相位重叠对测量的影响。在 50mN 的法向载荷下，获得的最大划入深度约为 5000nm。本书中提出的划痕方法对矿物鉴定是有效的，因为它避免了不同相对测

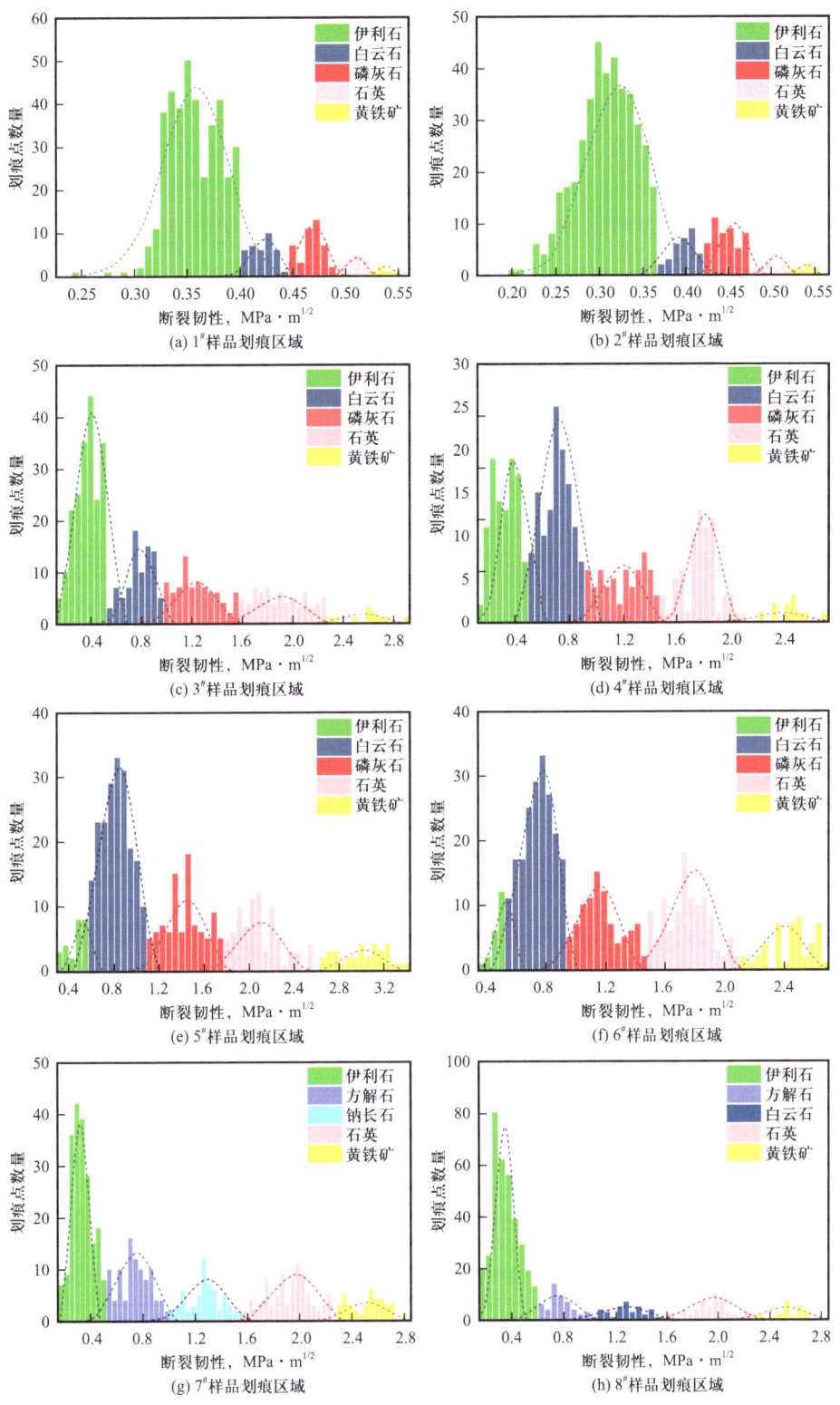

图 3.15 1#至 8#样品划痕区域断裂韧性分布

量值重叠的影响。d^2—L 曲线的斜率可用于识别不同的相位。在复杂的矿物成分中，斜率的正负值取决于先前矿物和微裂纹的力学性质，孔隙也会导致识别结果的误差。与划入深度法和斜率法不同，每个相的断裂韧性及其断裂韧性的频率分布是独立于复杂的矿物成分和微孔来计算的。该方法鉴定的矿物成分更接近 QEMSCAN 的结果，是一种可靠的矿物成分鉴定方法。

单个矿物相的断裂韧性分布如图 3.16 所示，其中伊利石分布带内各相的断裂韧性较弱。压头进入过渡区和白云石结核区，逐渐进入较硬岩性分布区，断裂韧性总体提高。表 3.2 显示了不同矿物成分区域中各相的断裂韧性分布范围，富含伊利石区域的矿物断裂韧性较低。尽管在 QEMSCAN 结果中，石英和黄铁矿等高硬度材料散布在伊利石分布区，但它们没有表现出较强的断裂韧性。已有文献表明，页岩形成过程中的塑性矿物变质作用改变了这些较硬矿物的岩性，导致石英和磷灰石等矿物表现出与伊利石相似的弱力学性能。

表 3.2　1# 至 8# 样品划痕区域内各矿物的断裂韧性分布

矿物	断裂韧性，MPa·m$^{1/2}$			
	1#	2#	3#	4#
黄铁矿	0.52～0.56	0.53～0.56	2.37～2.88	2.22～2.63
石英	0.47～0.51	0.49～0.52	1.61～2.25	1.52～2.05
白云石	0.36～0.42	0.40～0.45	1.02～1.55	0.53～0.90
磷灰石	0.42～0.47	0.45～0.49	0.55～0.96	0.94～1.49
伊利石	0.15～0.36	0.23～0.40	0.25～0.50	0.15～0.48

矿物	断裂韧性，MPa·m$^{1/2}$			
	5#	6#	7#	8#
黄铁矿	2.67～3.31	1.98～2.66	2.31～2.78	2.38～2.75
石英	1.80～2.54	1.51～2.08	1.59～2.26	1.59～2.23
白云石	0.61～1.07	0.96～1.46	1.02～1.53[①]	1.05～1.51
磷灰石	1.12～1.74	0.56～0.92	0.55～0.96[②]	0.63～0.97[②]
伊利石	0.32～0.56	0.38～0.51	0.15～0.45	0.03～0.57

① 钠长石的断裂韧性分布。
② 方解石的断裂韧性分布。

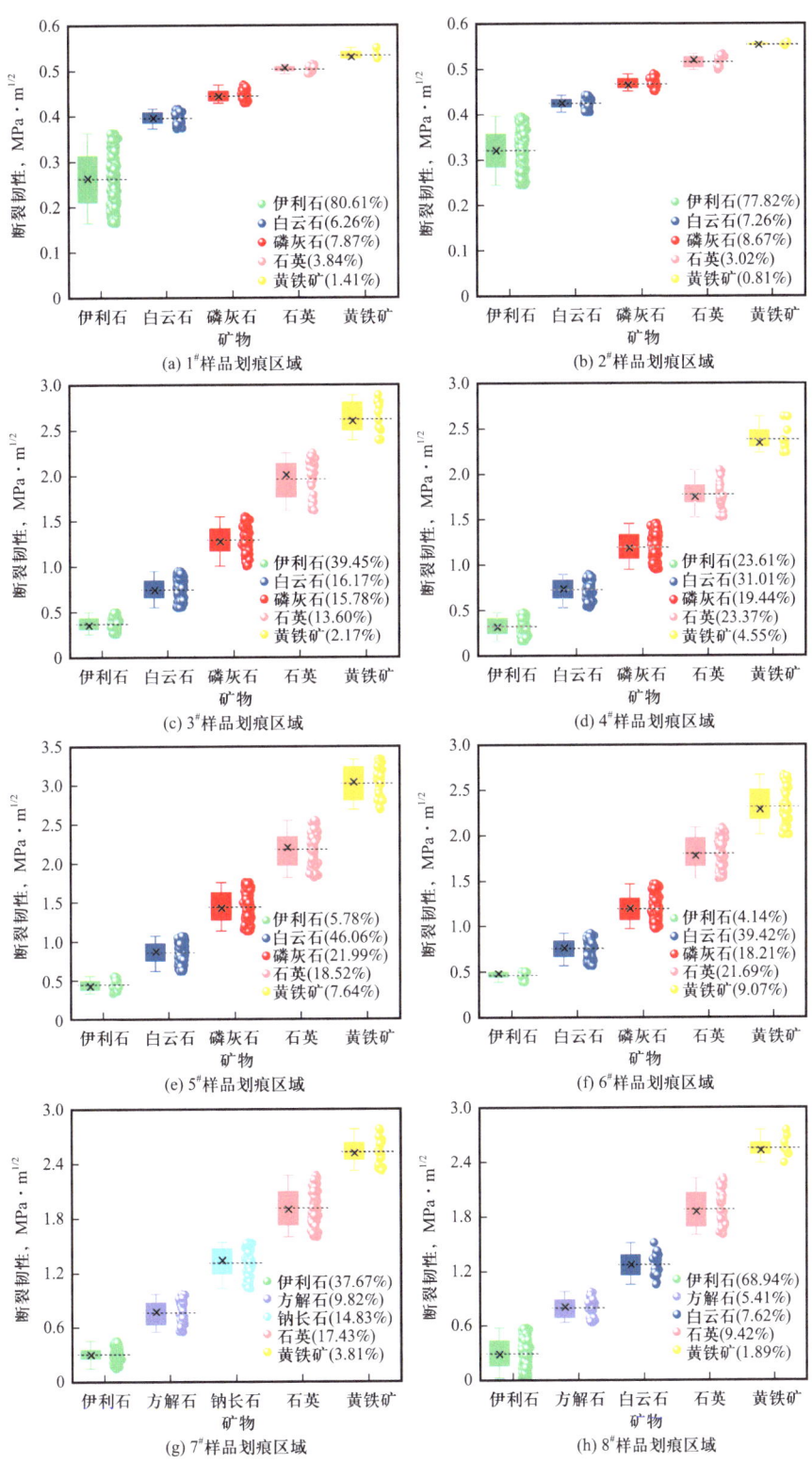

图 3.16 1#至 8#样品划痕区域各矿物的断裂韧性箱形图

3.3.4 矿物组分识别方法对比分析

表 3.3 显示了不同方法对伊利石矿物的识别结果汇总，基于划入深度的伊利石矿物识别结果很明显大于其他三种方法，这是由于划入深度法虽然较为便捷，省去了数据处理的时间，但很难区分裂缝和软矿物。表 3.4 显示了不同方法对石英矿物的识别结果汇总，基于划入深度的伊利石矿物识别结果很明显大于其他三种方法，d^2—L 曲线斜率法对石英矿物的识别结果明显要远大于其他三种方法的识别结果，尤其是在 1# 和 2# 样品中。这是由于在伊利石分布区域，压头划过比伊利石硬度大的矿物，d^2—L 曲线斜率都会出现较大幅度的上升，而且石英等较硬矿物在伊利石富集区域受到塑性矿物岩性的影响，其硬度会发生变化，导致无法准确识别石英矿物和其他硬矿物。d^2—L 曲线斜率虽然可以识别矿物成分，但是其准确性受页岩非均质性的影响较大。

表 3.3 伊利石矿物的识别结果汇总

样品编号	伊利石含量，%			
	划入深度法	d^2—L 曲线斜率法	断裂韧性法	QEMSCAN 法
1#	81.54	39.41	80.61	75.14
2#	86.84	39.48	77.82	79.13
3#	53.13	27.78	39.45	37.13
4#	35.24	17.65	23.61	14.43
5#	8.85	28.95	5.78	2.65
6#	9.23	34.26	4.14	3.92
7#	44.89	27.91	37.67	36.68
8#	70.49	30.19	68.94	67.76

表 3.4 石英矿物的识别结果汇总

样品编号	石英含量，%			
	划入深度法	曲线斜率法	断裂韧性法	QEMSCAN 法
1#	1.42	18.18	3.84	7.81
2#	1.77	21.05	3.02	7.34
3#	11.99	19.44	13.60	17.49
4#	15.24	29.41	23.37	18.72
5#	21.04	18.42	18.52	7.78
6#	20.33	22.86	21.69	8.13
7#	17.43	13.95	17.43	17.14
8#	9.43	22.64	9.42	9.74

表 3.5 显示了不同方法对碳酸盐矿物的识别结果汇总，d^2—L 曲线斜率法识别出的碳酸盐矿物仍然要大于其他三种方法，这是由于碳酸盐矿物在伊利石富集区域曲线斜率为正值，而在脆性矿物结核区域内曲线斜率为负值，无法准确识别碳酸盐矿物的组分含量。图 3.17 展示了 4 种方法对纹层页岩矿物识别结果汇总，断裂韧性法和 QEMSCAN 法识别矿物含量的曲线较为接近，QEMSCAN 法可以大范围地扫描矿物，但是无法获取样品的力学性质，断裂韧性方法避免了孔隙和裂纹的影响，并通过其抗断裂能力准确识别矿物。在实际应用过程中应结合扫描电镜和纳米划痕的方法，在识别矿物的同时采集力学参数，有助于更快速高效地对页岩储层矿物和力学性质进行评价。

表 3.5 碳酸盐矿物的识别结果汇总

样品编号	碳酸盐矿物含量，%			
	划入深度法	曲线斜率法	断裂韧性法	QEMSCAN 法
1#	1.83	9.09	6.26	3.05
2#	5.31	10.52	7.26	2.13
3#	25.89	19.44	16.17	17.76
4#	26.91	23.53	31.01	29.94
5#	46.08	23.68	46.06	48.77
6#	47.83	17.14	39.42	40.97
7#	10.62	32.56	9.82	9.15
8#	9.02	20.75	7.62	6.02

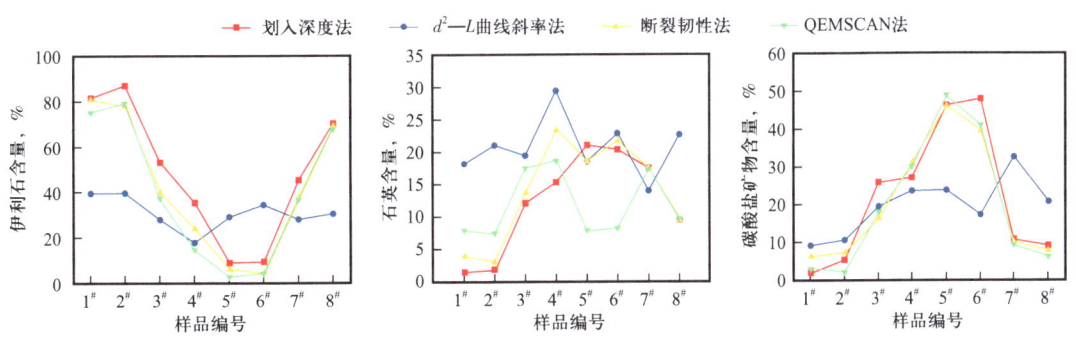

图 3.17 4 种方法对纹层页岩矿物识别结果汇总

3.4 纹层过渡区厚度识别

3.4.1 矿物分布长度定量

利用 SEM 和 QEMSCAN 观察了过渡带内矿物的分布，发现断裂韧性曲线的峰值位置与 QEMSCAN 图像中的矿物成分有一定的对应性。3# 和 4# 样品的纹层过渡区

（BITZ）分布长度通过电子扫描显微镜和断裂韧性参数的识别结果如图3.18所示。通过QEMSCAN确定了界面过渡带周围的岩性分布，并使用Image-Pro Plus软件根据SEM结果进行像素识别，定量了伊利石和白云石带的分布长度，在3#样品中，伊利石和白云石矿物的分布长度分别为194.25μm和305.75μm。基于断裂韧性参数的BITZ分布长度，伊利石区域为144.31μm，白云石结核区域为333.73μm。在4#样品中，电子显微镜测量的伊利石和白云石结核带的分布长度分别为150.72μm和349.28μm。基于断裂韧性参数对页岩BITZ分布长度定量结果，伊利石区域为120.21μm，白云石结核区域为325.76μm。

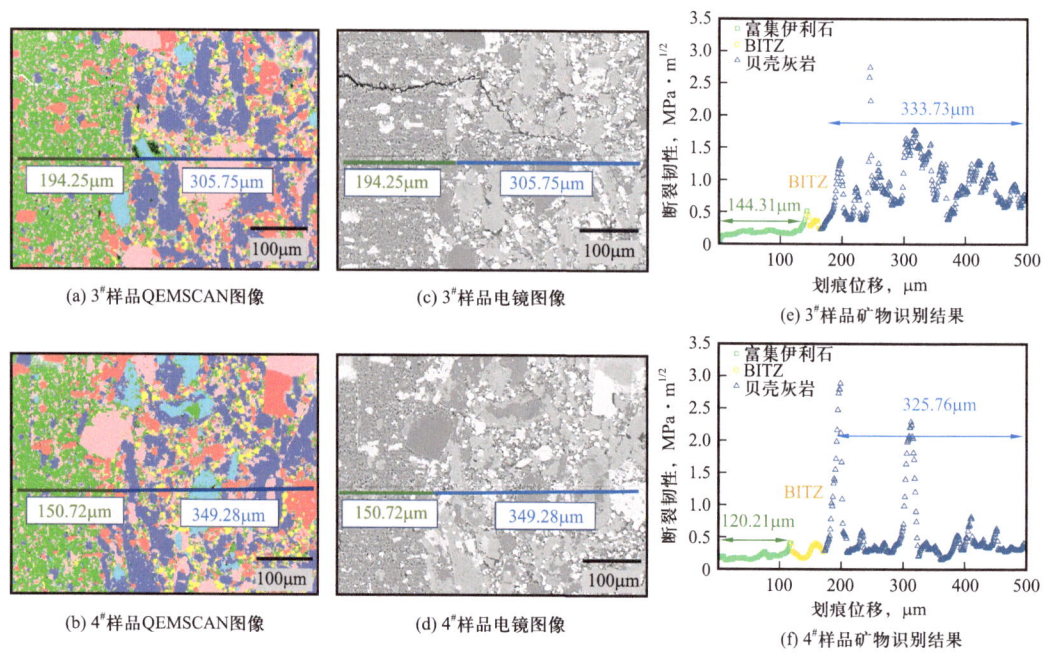

图3.18 3#和4#样品矿物分布长度的识别结果

从以上分析可以清楚地看出，通过SEM和QEMSCAN量化的伊利石和白云石的矿物分布长度与通过断裂韧性量化的结果有明显区别。这是由于SEM和QEMSCAN无法准确识别断裂韧性发生变化的BITZ区域，尽管该区域的矿物形态没有变化。根据压头尖端收集的力学参数数据对不同矿物的分布进行分类是一个更准确的结果。

7#和8#样品分别为长英质纹层页岩和介形虫纹层页岩，QEMSCAN扫描结果如图3.19和图3.20所示，其矿物成分仍然主要由石英矿物、碳酸盐矿物、磷酸盐矿物和黏土矿物组成，还含有少量白云母、黄铁矿以及非晶物质等难以区分的矿物。基于像素法对QEMSCAN扫描结果中矿物的分布长度进行定量分析，长英质纹层页岩塑性矿物和脆性矿物分布区长度分别为291.34μm和208.66μm，介形虫纹层页岩塑性矿物和脆性矿物分布区长度分别为331.53μm和168.47μm。同时根据断裂韧性曲线波动区间对矿物分布区长度进行了定量，长英质纹层页岩塑性矿物和脆性矿物分布区长度分别为279.12μm和193.78μm，介形虫纹层塑性和脆性矿物分布区长度分别为316.57μm和155.32μm。

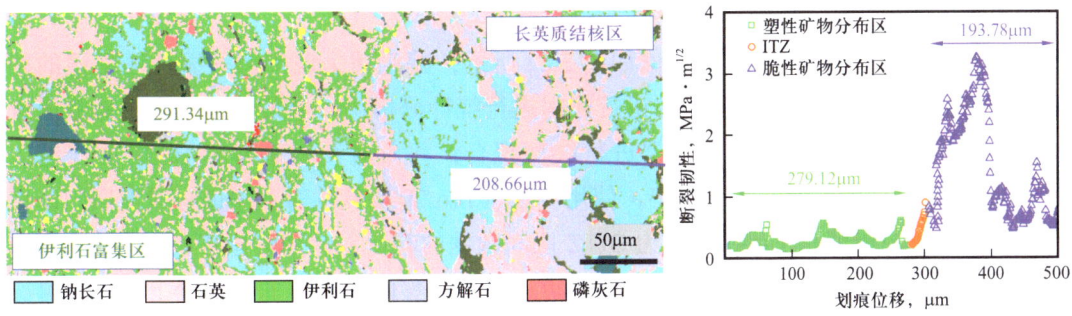

图 3.19 长英质纹层页岩矿物分布长度定量结果

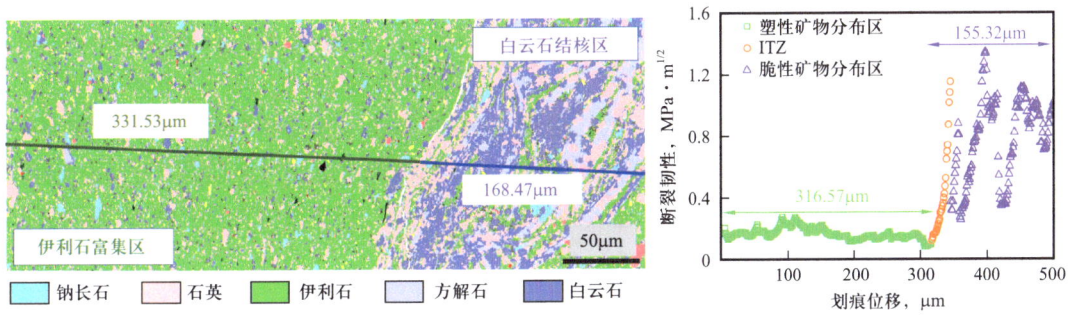

图 3.20 介形虫纹层页岩矿物分布长度定量结果

从图 3.19 和图 3.20 可以看出，扫描电子显微镜所测定的塑性矿物分布长度大于断裂韧性的定量结果。这一现象是因为 QEMSCAN 通过采集样品表面的单点元素组成信息，然后将该元素组成信息与已有矿物数据库进行比对，以确定单点的矿物类型。然而，在塑性矿物向脆性矿物过渡的区域内，扫描电子显微镜无法准确识别界面过渡区，虽然界面过渡区附近塑性矿物的表面形态没有明显变化，但其力学特性已受到脆性矿物的影响。显然，使用电镜扫描的方法不能准确识别出界面过渡区附近矿物的分布长度，使用断裂韧性作为矿物分布的定量依据更具有可信性。

3.4.2 传统 ITZ 识别方法升级

如图 3.21 所示，对于混凝土材料，可以基于摩擦系数（COF）曲线确定 ITZ 边界的不连续数据并进行线性拟合，使用区间线性拟合线与摩擦系数均值线交点在 X 轴的投影长度来确定 ITZ 厚度。陆相页岩具有强非均质性特征，在界面过渡区内通常包括多种矿物，其力学性质相互影响，摩擦系数曲线波动幅度较大。通过对摩擦系数曲线波动特征点的提取，提出了一种定量页岩 BITZ 分布

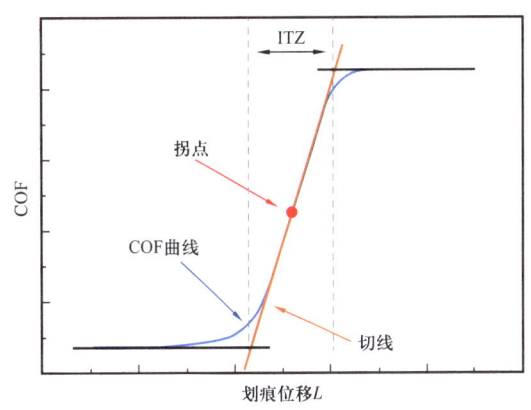

图 3.21 混凝土材料 ITZ 定量方法

范围的新方法。

页岩的岩性过渡区域 COF 数据如图 3.22 所示,其波动呈现平稳—振荡—平稳的趋势。对振荡数据内部两点间斜率的正负区间进行统计分析,如果某个区域内相邻数据点的斜率正负值相同,则对该段数据进行线性拟合,并命名其斜率为 k_i。COF 曲线进入 BITZ 区域之前呈现单调递减的趋势,使用 Origin Pro 2023 软件对数据进行线性回归,拟合区间结束时的极值点(k_1=0)作为 BITZ 区间数据的起点 L_1。划痕位移 $L>L_1$ 后,认为划痕压头已进入界面过渡区范围。经过 L_1 点后的短位移内,COF 曲线迅速上升,并再次快速下降,该范围内极值点(k_2=0)对应位移为 L_2,在 L_1—L_2 位移范围内认为是压头划入 BITZ 的初期阶段。当划痕位移 $L>L_2$ 时,COF 曲线呈现先减小后增大的趋势,该范围内极值点(k_3=0)对应位移为 L_3。在压头通过 L_3 位移后,COF 曲线呈现先增加后减小的趋势并停止剧烈波动,该范围内极值点(k_4=0)对应的位移为 L_4。此时划痕实验压头已通过岩性过渡区域进入脆性矿物分布区。根据 COF 曲线波动幅度和线性回归拟合的斜率变化趋势,L—COF 曲线可划分为塑性矿物富集区、BITZ 的初始过渡阶段、过渡中期阶段、过渡后期阶段,以及通过 BITZ 进入脆性矿物分布区。摩擦系数曲线的相应振动区间为 0—L_1、L_1—L_2、L_2—L_3、L_3—L_4 和 L_4—∞。

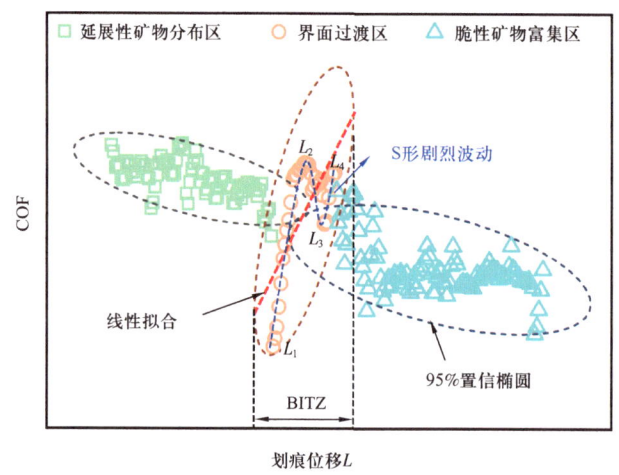

图 3.22　陆相页岩 BITZ 分布长度定量方法

3.4.3　力学参数法的 BITZ 厚度识别

如图 3.23 所示,松辽盆地陆相页岩在宏观尺度上呈现多层结构特征,在细观尺度裂缝扩展中,裂缝通过页岩纹层界面 BITZ 时发生了明显的转折,裂缝扩展长度与 BITZ 的力学参数相关。在微观尺度上,裂纹扩展到 BITZ 区域后,界面处裂纹扩展的形态发生显著变化。采用 4 组纹层界面过渡区较为明显的页岩试样,即 3.6 中的 3#、4#、7# 和 8# 样品。根据纳米划痕实验结果,讨论了各种力学参数用来量化页岩纹层界面过渡区分布长度的适用性和准确性。

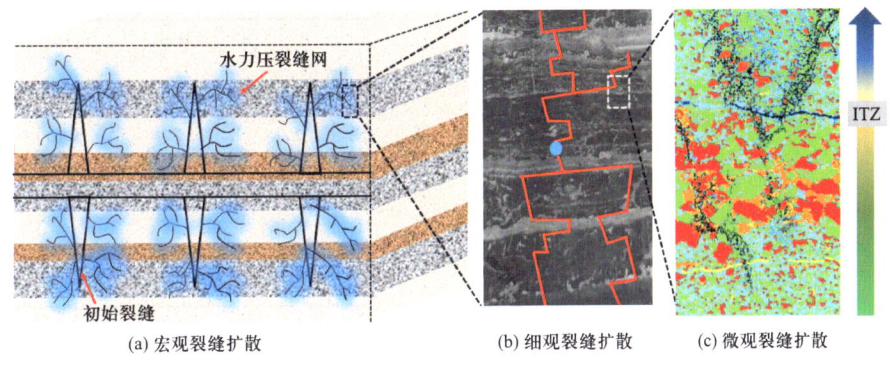

(a) 宏观裂缝扩散　　　　　(b) 细观裂缝扩散　　　(c) 微观裂缝扩散

图 3.23　松辽盆地页岩水力压裂裂缝扩展特征

3.4.3.1　基于摩擦系数法的页岩 BITZ 厚度识别

初步对 BITZ 区间内的摩擦系数曲线进行划分后，对 L_1—L_4 区间内的摩擦系数数据进行线性回归以确定纹层 BITZ 厚度。为减小区间内数据的离散性对 BITZ 厚度评估的影响，使用 95% 置信度的置信椭圆覆盖离散的数据，拟合线和置信椭圆的交点在水平方向上的投影长度被用作页岩纹层的最终 BITZ 厚度。页岩样品的摩擦系数曲线如图 3.24 所示，曲线波动较为剧烈，由于摩擦系数受到表面粗糙度和孔隙的影响，在塑性矿物和脆性矿物分布区域内摩擦系数没有较为明显的区分度。使用改进后的方法对页岩纹层界面过渡区厚度进行量化，3# 和 4# 样品的界面过渡区分布长度分别为 37.43μm 和 79.02μm，线性拟合置信水平分别为 $R^2=0.20249$ 和 0.17939。7# 样品的 BITZ 厚度为 49.81μm，相关系数 $R^2=0.45754$，8# 样品的 BITZ 厚度为 47.06μm，相关系数 $R^2=0.15038$。从拟合结果可知，根据摩擦系数定量页岩 BITZ 厚度的拟合置信度较低，结果很可能不准确。

3.4.3.2　基于断裂韧性法的页岩 BITZ 厚度识别

根据摩擦系数可以对页岩 BITZ 厚度进行定量，但划痕实验收集到的摩擦系数在很大程度上取决于样品的表面粗糙度。由于陆相页岩微孔隙发育和强非均质性特征，尽管样品已抛光以满足实验要求，但其摩擦系数数据相对离散，BITZ 区间内数据的线性回归相关系数较低。已有研究表明，可以使用弹性模量或硬度等性能来量化界面过渡区的厚度。断裂韧性作为一种重要的力学性质，尚未用于量化页岩纹层 BITZ 厚度，页岩纹层附近塑性矿物和脆性矿物的断裂韧性差异较大，这是识别 BITZ 厚度的基础。纹层页岩界面过渡区样品的断裂韧性曲线如图 3.25 所示，对于 3# 和 4# 样品划痕区域，BITZ 范围内的断裂韧性数据曲线仍显示出明显的 S 形波动趋势。BITZ 的定量长度分别为 34.67μm 和 80.93μm，线性回归置信水平 R^2 分别为 0.23472 和 0.19586。与摩擦系数曲线相比，断裂韧性数据的连续性在 S 形区间有所提高，R^2 略有增加。

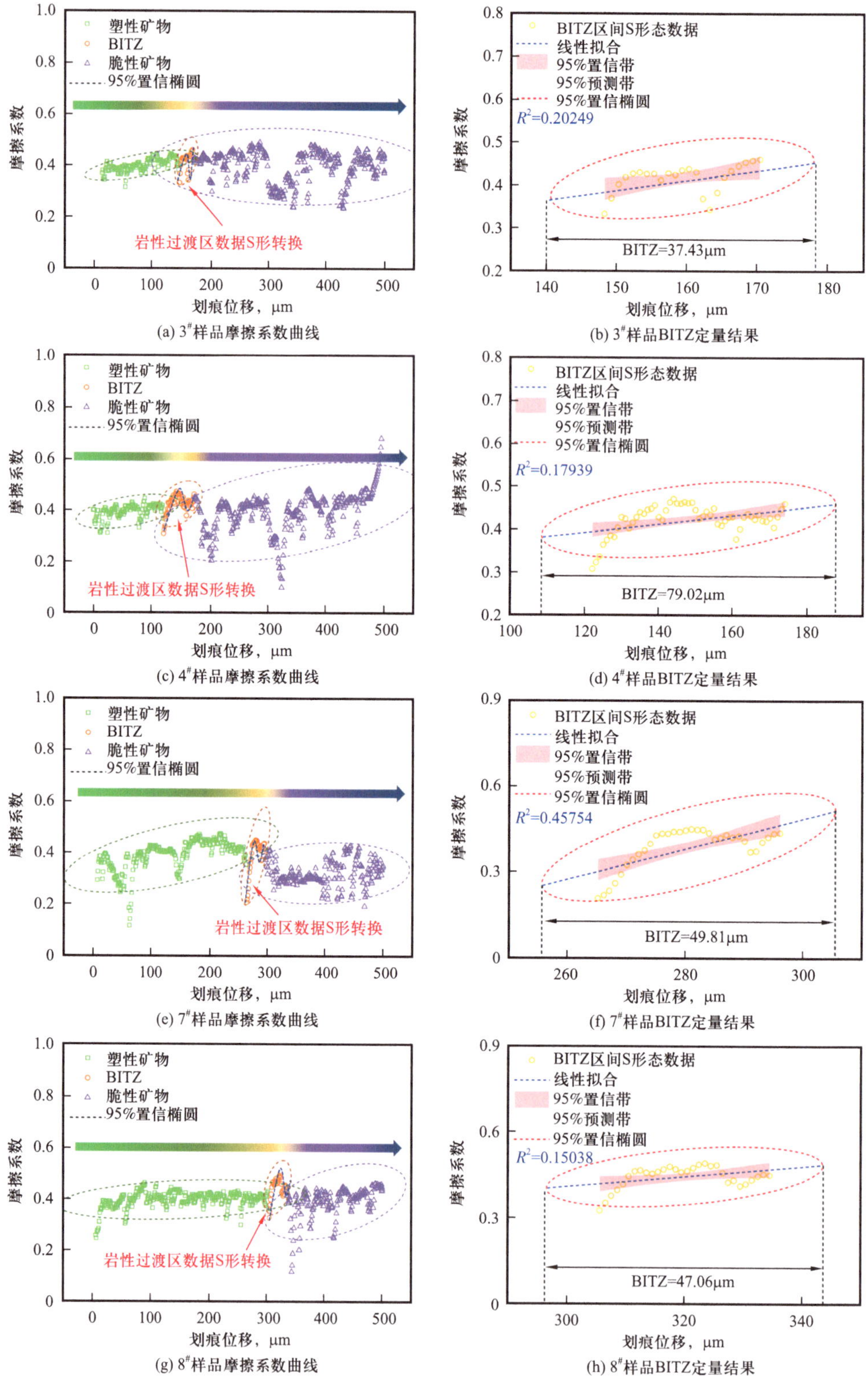

(a) 3#样品摩擦系数曲线

(b) 3#样品BITZ定量结果

(c) 4#样品摩擦系数曲线

(d) 4#样品BITZ定量结果

(e) 7#样品摩擦系数曲线

(f) 7#样品BITZ定量结果

(g) 8#样品摩擦系数曲线

(h) 8#样品BITZ定量结果

图 3.24　摩擦系数法对 BITZ 分布长度的识别结果

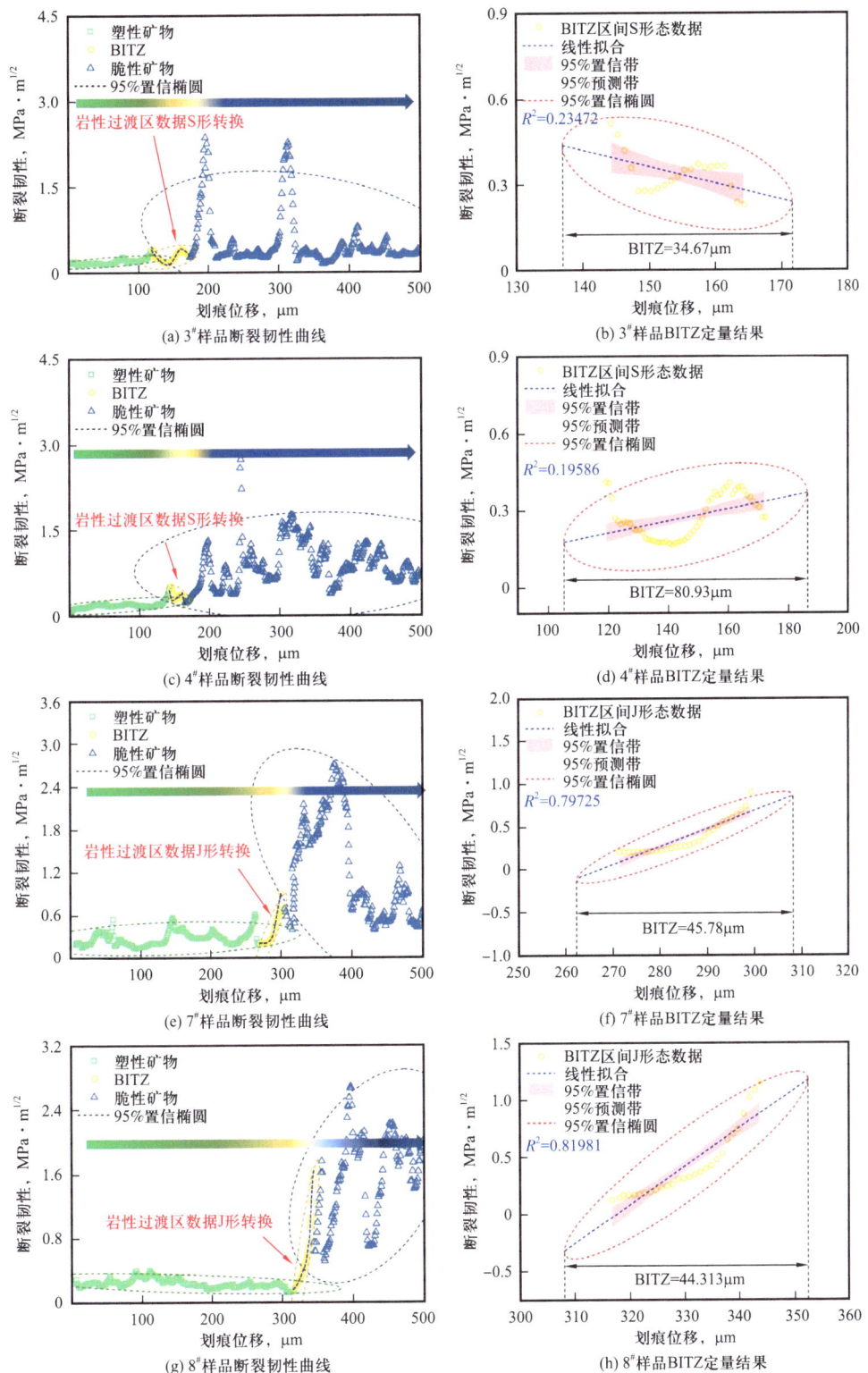

图 3.25 断裂韧性法对 BITZ 分布长度的识别结果

使用断裂韧性曲线对 7# 和 8# 样品的 BITZ 厚度定量后发现，在伊利石矿物的分布范围内，断裂韧性保持恒定的低值。随着压头下方矿物的抗断裂性能改变，断裂韧性在短位移内突然剧烈上升，在 BITZ 区间数据呈现出明显的 J 形态上升趋势。压头在划过界面过渡区后断裂韧性有一小段迅速下降区间，这表明压头经过界面过渡区后进入了脆性矿物分布区域。长英质纹层页岩 BITZ 厚度为 45.78μm，相关系数 R^2=0.79725，介形虫纹层页岩 BITZ 厚度为 44.31μm，相关系数 R^2=0.81981。断裂韧性方法是基于矿物抵抗断裂的能力来评估 BITZ 分布长度，避免了样品表面粗糙度带来的误差。通过比较断裂韧性和摩擦系数曲线形态，发现断裂韧性曲线 BITZ 区间的数据稳定性有所提高。由于在该方法的评估过程中只考虑了断裂韧性力学性能，因此该方法的数据曲线仍然具有高度的分散性和较低的拟合置信度。页岩作为强非均质性材料，需要一种结合摩擦系数和抗变形能力的综合方法来量化 BITZ 分布长度。

3.4.4 无量纲参数法的 BITZ 厚度识别

3.4.4.1 量纲分析与无量纲参数组合升级

在划痕实验过程中，压头做功被矿物体积变形和相应的表面破坏所吸收。塑性矿物在划痕实验过程中大部分能量消耗在体积变形中，划入深度显著增加，从而形成深沟槽，在定量 ITZ 厚度时划入深度是较为重要的参数。在划痕实验过程中载荷是恒定的，而岩性过渡区内矿物的硬度和抵抗断裂的能力随着压头位移而改变，当压头经过纹层界面过渡区时，岩性转变将导致压头下方裂纹扩展的速率和长度发生变化。因此，在进行页岩纹层 ITZ 厚度定量时，要将摩擦系数、断裂韧性、硬度、划入深度等参数进行综合考虑，以下是针对划痕实验过程的量纲分析。

实验方案中划痕速度足够小，可以忽略样品底部固定导致材料产生的速度依赖性，使用 Hollomon 等式来描述压头导致材料变形的力学行为。

$$\sigma = \begin{cases} E\varepsilon & \varepsilon \leqslant \varepsilon_y \\ K\varepsilon^n & \varepsilon > \varepsilon_y \end{cases} \quad (3.19)$$

式中　σ——总应力，Pa；

E——弹性模量，Pa；

K——强度系数，Pa，$K=E\varepsilon_y^{1-n}$；

σ_y——屈服应力，Pa；

ε_y——屈服应变，$\varepsilon_y=\sigma_y/E$；

n——应变硬化指数；

ε——总应变，$\varepsilon=\varepsilon_e+\varepsilon_p$；

ε_e——弹性应变；

ε_p——韧性应变。

基于量纲分析，压头尖端收集的荷载力：

$$F_n = F_1(d, E, \nu, Y, u_s) \tag{3.20}$$

压头尖端收集的切向力：

$$F_T = F_2(d, E, \nu, Y, u_s) \tag{3.21}$$

式（3.20）和式（3.21）中，Y、ν、u_s、E 和 d 分别表示屈服强度、泊松比、摩擦系数、弹性模量和划入深度。

选择 Y 和 d 作为自变量，应用量纲均匀化 Π 定理：

$$\Pi_1 = F_T Y^{-1} d^2, \ \Pi_2 = AYd^{-2}, \ \Pi_3 = F_n Y^{-1} h^{-2}, \ \Pi_4 = YE^{-1} d^0, \ \Pi_5 = Y^0 d^0 u_s \tag{3.22}$$

根据 Abdullah 等的研究，泊松比 ν 对划痕实验结果的影响可以忽略不计，得到如下关系：

$$\Pi_6 = F_3(\Pi_2, \Pi_3, \Pi_5) \tag{3.23}$$

综上，得到了以下无量纲关系，并提出无量纲参数 γ_0。

$$\gamma_0 = F_3\left(\frac{F_T}{F_n}, \frac{A}{d^2}, u_s\right) = \frac{u_s K_c}{H\sqrt{d}} \tag{3.24}$$

3.4.4.2　无量纲参数对页岩 ITZ 厚度识别结果

根据式（3.24），无量纲参数 γ_0 综合考虑了材料表面粗糙度、抵抗断裂性能、抗穿透性能和恒定载荷下的抗变形能力。压头采集的力学参数经过无量纲变换后，如图 3.26 所示，无量纲参数曲线的离散性显著降低。3# 和 4# 样品的 BITZ 分布数据仍呈现 S 形波动模式，分布长度分别为 31.84μm 和 76.66μm，回归置信水平 R^2 分别为 0.66794 和 0.65313。所提出的无量纲参数有效地削弱了 BITZ 分布长度估计的离散性，提高了 BITZ 分布长度估计的置信度。

在对力学参数进行无量纲转换后，长英质纹层页岩和介形虫纹层页岩的无量纲参数曲线离散度也进一步减弱，伊利石矿物的无量纲参数曲线几乎呈现水平状。在 ITZ 数据范围内呈现明显的增加趋势，使得 ITZ 数据段更为明显。长英质纹层页岩的 ITZ 厚度为 43.41μm。置信水平 $R^2=0.85489$，介形虫纹层页岩的 ITZ 厚度为 36.56μm。置信水平 $R^2=0.87232$。

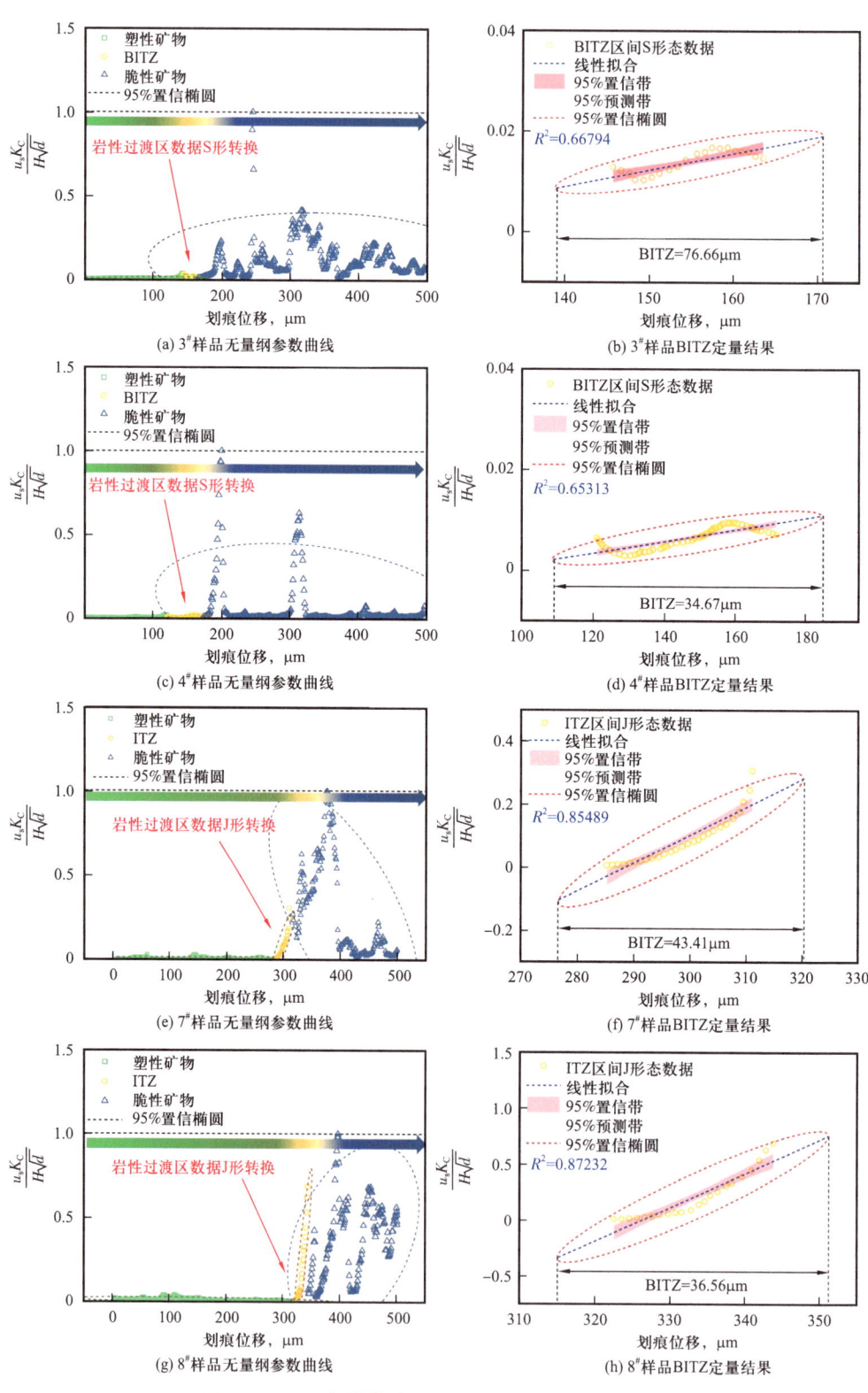

图 3.26 无量纲参数法对 BITZ 分布长度的识别结果

3.4.5 ITZ 厚度定量结果比较与讨论

扫描电镜、摩擦系数法、断裂韧性法和无量纲参数法对于页岩纹层 ITZ 厚度的评估结果汇总如图 3.27 所示。扫描电镜方法可以观察较大范围内的矿物交界情况，但是此方法不考虑力学性能的变化，只观察表面形貌，识别出的纹层 ITZ 厚度较小，且结果受到人为因素干扰较大。由于研磨抛光设备和工艺等多种因素影响，通常很难获得低粗糙度表面，这给使用摩擦系数法量化 ITZ 厚度带来了不确定性。由于人为因素、研磨抛光设备和工艺等多种因素影响，通常很难获得低粗糙度表面，这给使用摩擦系数法量化 BITZ 厚度带来了不确定性。

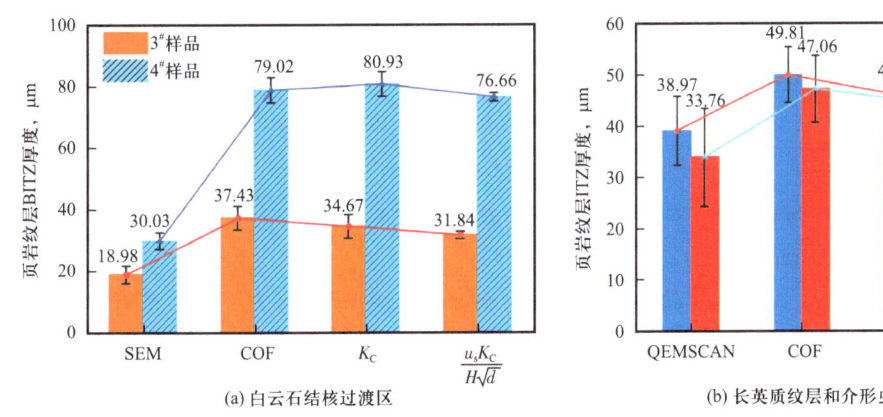

图 3.27 松辽盆地页岩纹层 BITZ 厚度定量结果

由于界面过渡区内发生岩性转化，导致表面粗糙度不稳定，BITZ 范围内的摩擦系数呈现剧烈的上下波动，数据的离散性影响了置信椭圆的拟合面积，导致摩擦系数法识别出的 BITZ 厚度数值大于断裂韧性法和无量纲参数法的定量结果。断裂韧性法可以很好地增加数据的连续性，但它并没有考虑到矿物抗变形能力与表面粗糙度对 BITZ 厚度识别的影响，而仅仅考虑了不同矿物抵抗断裂的能力。无量纲参数相比于断裂韧性法定量出的 BITZ 厚度数值有所减小，这是由于无量纲参数曲线综合考虑了多个力学参数的影响，数据离散度低，置信椭圆的拟合面积进一步缩小，使得拟合相关系数增加，进一步提高了页岩 BITZ 厚度评估的准确性。

相比于混凝土材料，页岩等岩石在天然沉积过程中，塑性矿物和脆性矿物相互交融，界面过渡区厚度数值较大。在混凝土材料中使用摩擦系数和断裂韧性来识别 BITZ 厚度的定量结果如图 3.28 所示，摩擦系数法定量出的骨料和水泥间 BITZ 厚度分布区间为 $0.9 \sim 0.95 \mu m$，而断裂韧性识别出的 BITZ 厚

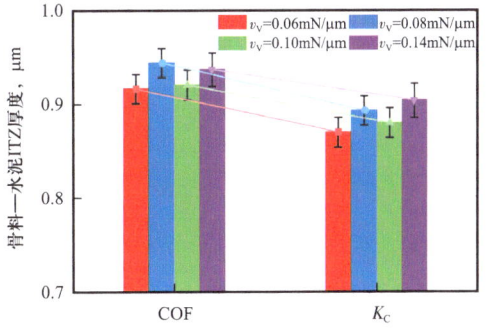

图 3.28 混凝土材料 ITZ 厚度定量结果

v_V—载荷速率

度分布区间为 0.85~0.9μm，摩擦系数法的定量结果同样要大于断裂韧性的识别结果。这也间接地证明了本章提出的页岩 BITZ 分布长度定量方法的有效性。

参 考 文 献

［1］Guo H, Jia W, Peng P, et al. The composition and its impact on the methane sorption of lacustrine shales from the Upper Triassic Yanchang Formation, Ordos Basin, China［J］. Marine and Petroleum Geology, 2014, 57: 509-520.

［2］Jarvie D M, Hill R J, Ruble T E, et al. Unconventional shale-gas systems: The Mississippian Barnett shale of north-central Texas as one model for thermogenic shale-gas assessment［J］. AAPG Bulletin, 2007, 91（4）: 475-499.

［3］Rickman R, Mullen M, Petre E, et al. A practical use of shale petrophysics for stimulation design optimization: All shale plays are not clones of the Barnett shale［C］. Denver Colorado: SPE Annual Technical Conference and Exhibition, 2008.

［4］Wang F P, Gale J F. Screening criteria for shale-gas systems［J］. Gulf Coast Association of Geological Societies Transactions, 2009, 59: 779-793.

［5］唐颖, 邢云, 李乐忠, 等. 页岩储层可压裂性影响因素及评价方法［J］. 地学前缘, 2012, 19（5）: 356-363.

［6］Hoover C G, Ulm F J. Experimental chemo-mechanics of early-age fracture properties of cement paste［J］. Cement and Concrete Research, 2015, 75: 42-52.

［7］李庆辉, 陈勉, 金衍, 等. 页岩气储层岩石力学特性及脆性评价［J］. 石油钻探技术, 2012, 40（4）: 18-22.

第 4 章
纳米压痕—划痕尺度升级方法

页岩储层矿物类型多样，具有显著的非均质性，使得对其力学性质的表征极其困难[1]。此外，由于页岩的非均质性，基于岩心的常规测试不能完全阐明各尺度孔隙和纹层引起的微观变化，因此有必要进一步研究岩石的微观力学性质[2]。页岩作为一种复合材料，从其力学性能可以看作一个多尺度的材料体系，前人针对纳米压痕的尺度升级方法开展了大量的研究工作，但对于纳米—厘米划痕实验结果差异性及尺度升级方法研究较少。本章从宏观/微观力学分析入手，利用压痕—划痕实验针对不同尺度下纹层页岩力学特性响应规律开展系统性研究，建立了多尺度力学特性精细表征及尺度升级方法。

4.1 纳米压痕尺度升级

4.1.1 耦合统计—聚类分析方法

为表明矿物含量和力学性质之间的响应关系，提出耦合统计—聚类分析方法。基于统计分析将岩石的矿物类划分为不同的相组，不同的相组将岩石划分为不同相的岩石物理模型。依据不同矿物类的莫氏硬度相关性关系划分为不同的矿物相，两种矿物类的莫氏硬度的差值小于其他两种矿物类的莫氏硬度的差值认为相关性好，将莫氏硬度相关性好的两种矿物类划分到一个矿物相中，同时将相应的矿物占比相加，对于已经合并的矿物类硬度取二者的均值。依此类推，统计矿物相所包含的矿物类及其占比。

通过分析各压痕点的载荷—位移曲线，结合式（4.1）和式（4.3）计算出岩石硬度和弹性模量等力学参数。基于机器学习的聚类算法，对力学参数进行不同聚类数目的分析，将所得的力学参数分别按照不同的类组分成不同的机械相。采用差异系数 D 指标量化统计的矿物相与聚类机械相之间的差异性［见式（4.5）］。差异系数 D 的值越小，表明该相组所统计的矿物相与聚类机械相之间的差异性越小，证明该类组的耦合性越好。进一步表明页岩各压痕点的夹杂矿物组成和力学性质之间的关系，确定页岩等效物理模型，优化页岩细观力学尺度升级模型。

$$D = \sum_{i=1}^{n} |A_i - B_i| \qquad (4.1)$$

$$S(i) = \frac{b(i) - a(i)}{\max[a(i), b(i)]} \quad (4.2)$$

$$a(i) = \frac{1}{n-1} \sum_{j \neq i}^{n} \text{distance}(i, j) \quad (4.3)$$

$$S(i) = \begin{cases} 1 - \dfrac{a(i)}{b(i)} & a(i) < b(i) \\ 0 & a(i) = b(i) \\ \dfrac{b(i)}{a(i)} - 1 & a(i) > b(i) \end{cases} \quad (4.4)$$

式中 A_i——各类矿物占比；

B_i——压痕硬度和弹性模量的各聚类分量占比；

$a(i)$——样本点的内聚度；

j——与样本 i 在同一个类内的其他样本点；

distance——i 与 j 的距离。

4.1.2 尺度升级方法

传统尺度升级模型一般有三个步骤，如图4.1所示。步骤1：通过光学显微镜分析放大的微观照片，对图像进行微观重构和图像处理来测量材料的微观结构（夹杂的体积分数、形状、取向等参数）、岩石的细观参数描述。步骤2：在均匀宏观边界载荷作用下，建立代表单元内部各组分材料的微观应力或应变的平均值与宏观载荷的关系。步骤3：将局部应力和应变在整个代表单元内进行平均，将一个非均质的材料单元用一个平均意义上和它等效的均质材料单元来代替。目前常用的尺度分析方法有 Mori-Tanaka[3] 和 Dilute[4] 方法，见式（4.5）至式（4.10）。

$$k_r = \frac{E_r}{3(1-2v_r)} \quad (4.5)$$

$$u_r = \frac{E_r}{2(1+2v_r)} \quad (4.6)$$

$$K_m = \frac{\sum_{r=0}^{n} f_r \dfrac{k_r}{3k_r + 4u_0}}{\sum_{r=0}^{n} \dfrac{f_r}{3k_r + 4u_0}} \quad (4.7)$$

$$G_{\mathrm{m}} = \frac{\sum_{r=0}^{n} \dfrac{f_r u_r}{u_0(9k_0+8u_0)+6u_r(k_0+2u_0)}}{\sum_{r=0}^{n} \dfrac{f_r}{u_0(9u_0+8k_0)+6u_r(k_0+2u_0)}} \tag{4.8}$$

$$K_{\mathrm{d}} = K_0 + \sum_{r=1}^{n} f_r \frac{(k_r-k_0)(3k_0+4u_0)}{3k_r+4u_0} \tag{4.9}$$

$$G_{\mathrm{d}} = u_0 + \sum_{r=1}^{n} f_r \frac{5u_0(u_r-u_0)(3k_0+4u_0)}{u_0(9k_0+8u_0)+6u_r(k_0+2u_0)} \tag{4.10}$$

对于 Mori-Tanaka 和 Dilute 升级方法所定义的各相矿物含量 f_r，由于页岩的矿物组成、形状、取向，以及各矿物之间各种力的相互作用极其复杂，在描述复杂成分的页岩矿物时存在局限性。本书基于耦合统计—聚类分析方法将各相矿物含量 f_r 优化为聚类分析的各相占比 P_r，将优化后的尺度升级模型定义为 Z-Mori，见式（4.11）和式（4.12）。

$$K_{\mathrm{z}} = \frac{\sum_{r=0}^{n} P_r \dfrac{k_r}{3k_r+4u_0}}{\sum_{r=0}^{n} \dfrac{P_r}{3k_r+4u_0}} \tag{4.11}$$

$$G_{\mathrm{z}} = \frac{\sum_{r=0}^{n} \dfrac{P_r u_r}{u_0(9k_0+8u_0)+6u_r(k_0+2u_0)}}{\sum_{r=0}^{n} \dfrac{P_r}{u_0(9u_0+8k_0)+6u_r(k_0+2u_0)}} \tag{4.12}$$

式中　k_r，u_r——第 r 相的体积模量和剪切模量，可用杨氏模量 E_r 和泊松比 v_r 计算，GPa；

　　　k_0，u_0——页岩基质的体积模量和剪切模量，GPa；

　　　K_{m}，G_{m}——采用 Mori-Tanaka 方法计算的宏观等效体积模量和剪切模量，GPa；

　　　K_{d}，G_{d}——采用 Dilute 方法计算的宏观等效体积模量和剪切模量，GPa；

　　　K_{z}，G_{z}——采用 Z-Mori 方法计算的宏观等效体积模量和剪切模量，GPa。

在得到三相介质等效力学参数后，通过式（4.13）计算厘米尺度下的岩石弹性模量：

$$E_{\mathrm{HOM}} = \frac{9K_{\mathrm{M}}G_{\mathrm{M}}}{3K_{\mathrm{M}}+G_{\mathrm{M}}} \tag{4.13}$$

式中　K_{M}——均质后的体积模量，GPa；

　　　G_{M}——均质后的剪切模量，GPa。

可以发现，优化后的 Z-Mori 模型所需函数变量不再需要步骤 1 中通过扫描电镜所获得变量 f_r，只需通过进行压痕实验，便可通过耦合聚类—压痕实验分析获取页岩尺度升级的相关变量参数，进而极大程度上减少页岩进行尺度升级分析时矿物相参数对机械相参数的影响。

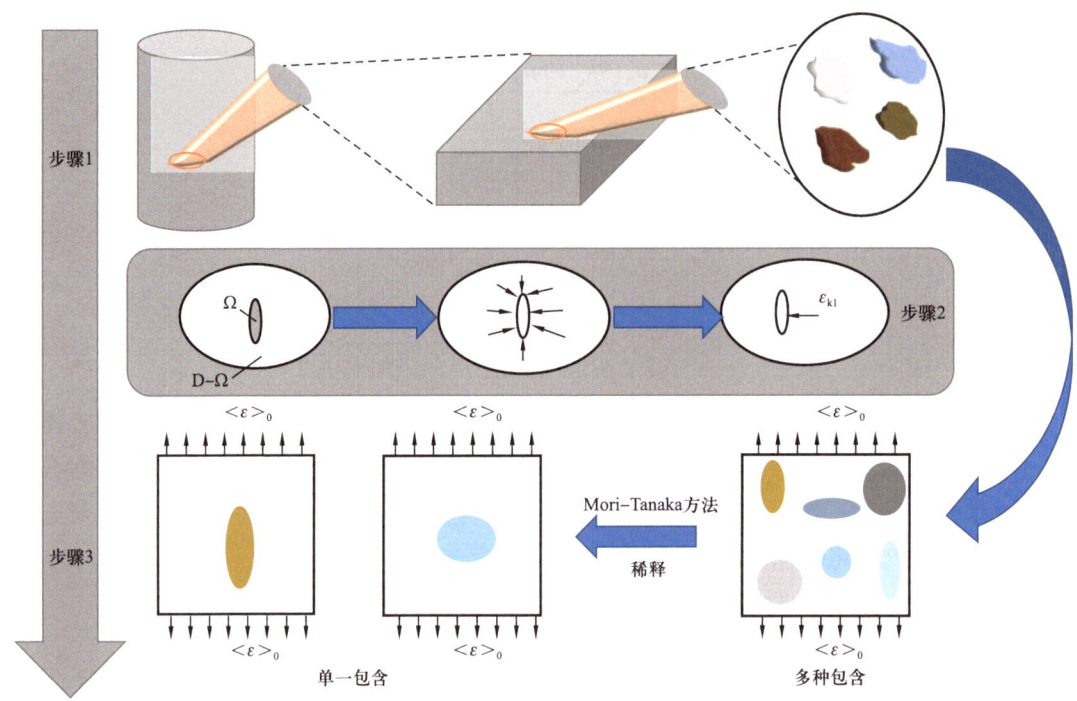

图 4.1 一种多尺度结构模型

4.1.3 介观矿物相统计

通过不同放大倍数的 SEM 扫描纹层样品表面，获取样品表面微观结构及压痕点位置信息。如图 4.2（a）所示，在 SEM 扫描电镜放大 500 倍时显示矿物颗粒胶结较好，压实良好，大尺寸孔隙几乎不发育。如图 4.2（b）所示，以第 24 压痕点为例，在 SEM 扫描电镜放大 2000 倍时显示岩石表面存在微孔隙，孔隙复杂，孔隙开口小于 10μm，岩石表面有平坦光滑的表面以及起伏粗糙的表面。如图 4.2（c）所示，当放大 10000 倍时，可以在压痕点位处发现直径远小于 5μm 的片状矿物。这些片状矿物是黏土矿物，比如蒙脱石和高岭石等硅酸盐类矿物。

对纹层样品进行 EDS 测试，揭示元素含量和分布，获得样品矿物学成分信息。如图 4.2（c）所示，选取压痕点周围的 4 个分析点位进行 EDX 的元素分析。EDS 作图只显示最显著元素的分布，如图 4.2（d）所示，纹层样品含有有大量的钙、硅、镁、氧、铝等元素。硅和氧元素的存在表明存在石英；钾、硅和氧以及微量铝的存在可以确定长石的位置；铁元素的存在证实了黄铁矿的存在；钙、镁、氧和碳的存在证实了方解石和白云石的存在，干酪根的存在可以通过大量的碳原子来确定。最后，通过使用不同的硅铝比，可以识别富黏土和富石英区域。

各元素的测量含量如图 4.2（c）所示，通过分析发现 4 个点位的元素含量占比有所不同，其中点位 1 和点位 4 的钙和氧元素含量最大，推测该处以方解石为主，多矿物共生；

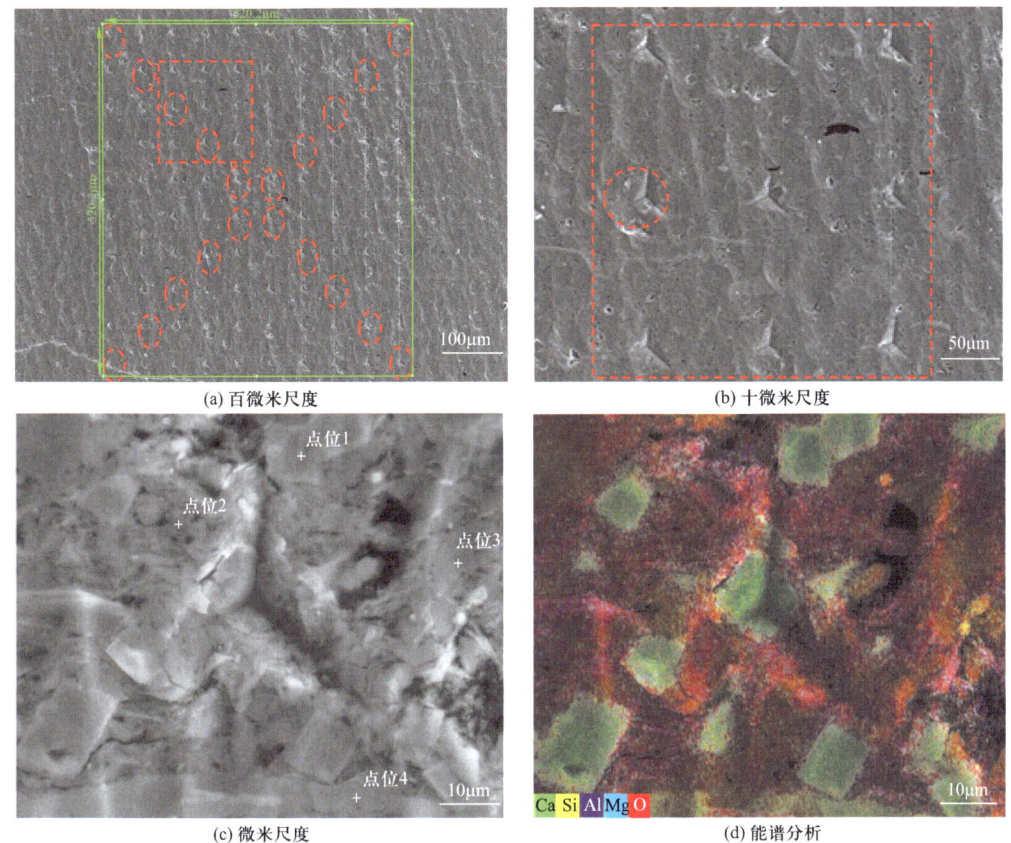

图 4.2　样品 1 的扫描电镜分析

点位 2 和点位 3 的氧和硅元素含量最大，推测该处以石英为主，其他多矿物共生。沿压痕网格对角线方向选取 20 个压痕点进行 SEM-EDX 观测实验。如图 4.3 所示，20 个压痕点均表现为多元素夹杂组合在一起。进一步分析压痕点应是多矿物夹杂体，且进行压痕实验时难以压到均质的单晶矿物。另外，在点位 12、点位 34、点位 46、点位 67、点位 73 发现压痕点位存在微裂隙，推测微裂隙的存在会对压痕实验结果造成影响。

对纹层样品进行 QEMSCAN 测试，获得样品实验区域整体表面的矿物含量、矿物种类及矿物的分布等信息（图 4.4）。从矿物表面分布来看，样品表面矿物分布杂乱，多种矿物无序排列，各矿物之间排列紧密，存在微小裂隙。从矿物组成来看，样品由大面积的伊利石等黏土矿物组成基质，页岩的矿物种类繁多。

进一步量化矿物的构成，本书将不同的矿物信息依据莫氏硬度和成分的相关性关系划分不同主要矿物类，统计结果见表 4.1。样品的主要矿物成分由 28.47% 石英类矿物（石英石）、12.83% 长石类矿物（钾长石、钠长石中长石）、9.87% 云石类矿物（白云石、铁白云石）、38.34% 黏土矿物（伊利石、蒙脱石、高岭石、绿泥石）、3.71% 解石类矿物（方解石）、4.43% 云母类（白云母、黑云母）组成，还含有少量蒙皂石、黄铁矿以及非晶物质等难以区分的矿物。

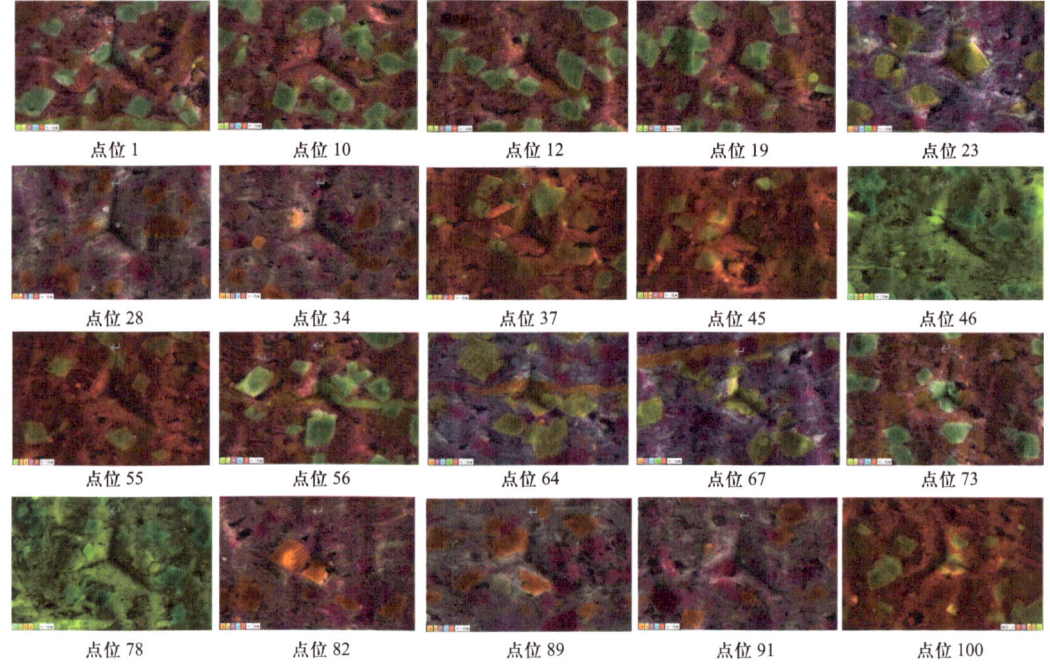

图 4.3 样品 1 的 EDX 分析

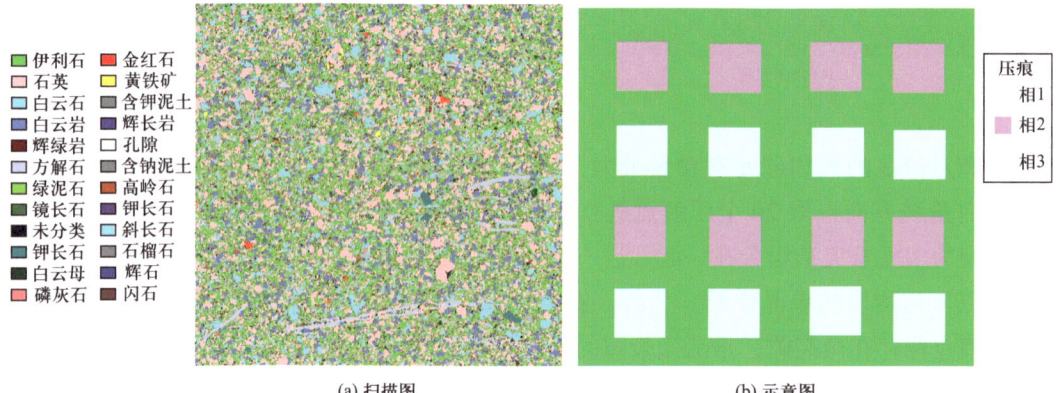

(a) 扫描图　　　　　　　　　　(b) 示意图

图 4.4 样品 1 的 QEMSCAN 分析

表 4.1 纹层页岩样品矿物成分及比例

矿物类	矿物名称	矿物占比，%	莫氏硬度，GPa
石英类	石英石	28.47	7
长石类	钾长石	0.71	6
	钠长石	12.1	
	中长石	0.02	

续表

矿物类	矿物名称	矿物占比，%	莫氏硬度，GPa
黏土类	伊利石	36.15	2
	蒙脱石	0.96	
	高岭石	0.03	
	绿泥石	1.2	
云石类	白云石	9.84	3.5
	铁白云石	0.03	
解石类	方解石	3.71	3
云母类	白云母	0.49	2.5
	黑云母	3.94	

4.1.4 力学相聚类分析

如图4.5所示，通过纳米压痕实验获得不同样品机械相相关力学性质信息。样品1的硬度范围为0.035～0.253GPa，杨氏模量范围为2.15～13GPa，平均杨氏模量为6.57GPa。样品2的硬度范围为0.07～2.08GPa，杨氏模量范围为7.8～37.2GPa，平均杨氏模量为23.73GPa。样品3的硬度范围为0.109～0.437GPa，杨氏模量范围为3.08～10.62GPa，平均杨氏模量为5.97GPa。样品4的硬度范围为0.28～0.54GPa，杨氏模量范围为9.6～14.3GPa，平均杨氏模量为9.71GPa。

纳米压痕测试结果统计分析显示，不同页岩样品的力学性质差异性较大。如图4.5所示，4组样品的杨氏模量与硬度之间具有明显的正相关性，但同一样品的测试结果存在较大离散性。结合上文论述的压痕点是多矿物夹杂体结论，本书认为导致压痕实验测试结果的离散性较大的主要原因是各压痕点夹杂矿物的占比和微裂隙构成不同。图4.5中的压痕数据点杨氏模量较大的点由较硬矿物组成（石英等），压痕数据点杨氏模量较小的点由较软矿物组成（黏土矿物等）。4组样品的相关系数R^2分别为0.87、0.59、0.77和0.68。这表明不同类型页岩的测试结果的离散性存在差异，但是差值的范围不大，离散性结果较为接近。

此外，还绘制了类似地图的分布图，以直观地显示样品的杨氏模量和硬度的分布。如图4.6所示，样品的杨氏模量和硬度分布高度离散，显示出页岩样品的强异质性。杨氏模量与样品硬度之间在分布图上表现出很强的线性相关性。样品1、样品3和样品4的压痕点的力学性质分布值整体偏小，主要原因是压痕点由黏土类矿物等软质矿物为主要成分组成，其他矿物无序地和黏土类矿物夹杂在一起。样品2的压痕点的力学性质分布值整体偏大，主要原因是压痕点由石英矿物等硬质矿物为主要成分组成，其他矿物无序地和石英矿物夹杂在一起。另外，还存在粒径大于20nm的单晶矿物压痕点，导致杨氏模量有极大值。

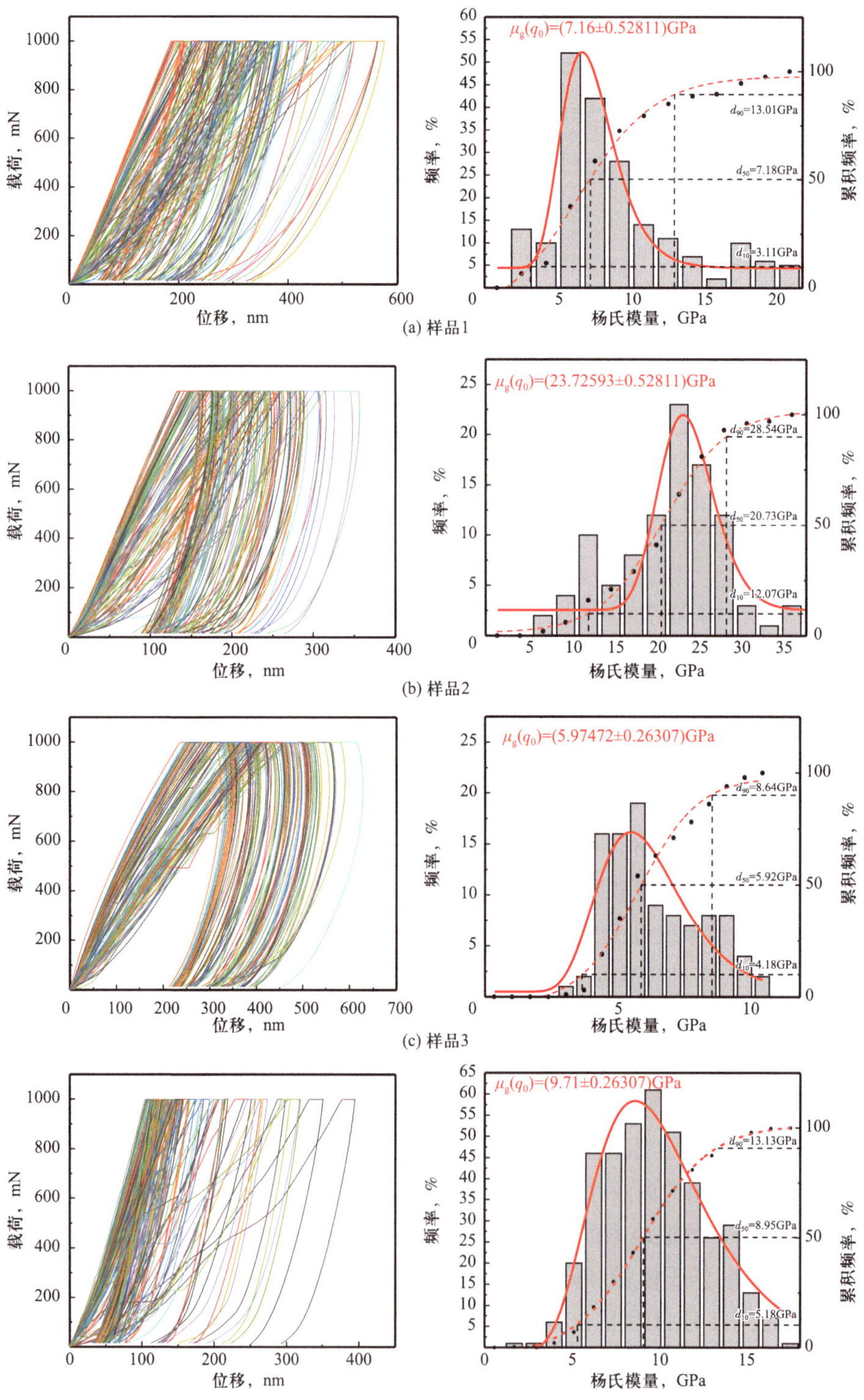

(a) 样品1

(b) 样品2

(c) 样品3

(d) 样品4

图 4.5 不同样品的压痕结果

μ_g—均值；q_0—阈值；d_{90}—强度分布小于 90%；d_{50}—强度分布小于 50%；d_{10}—强度分布小于 10%

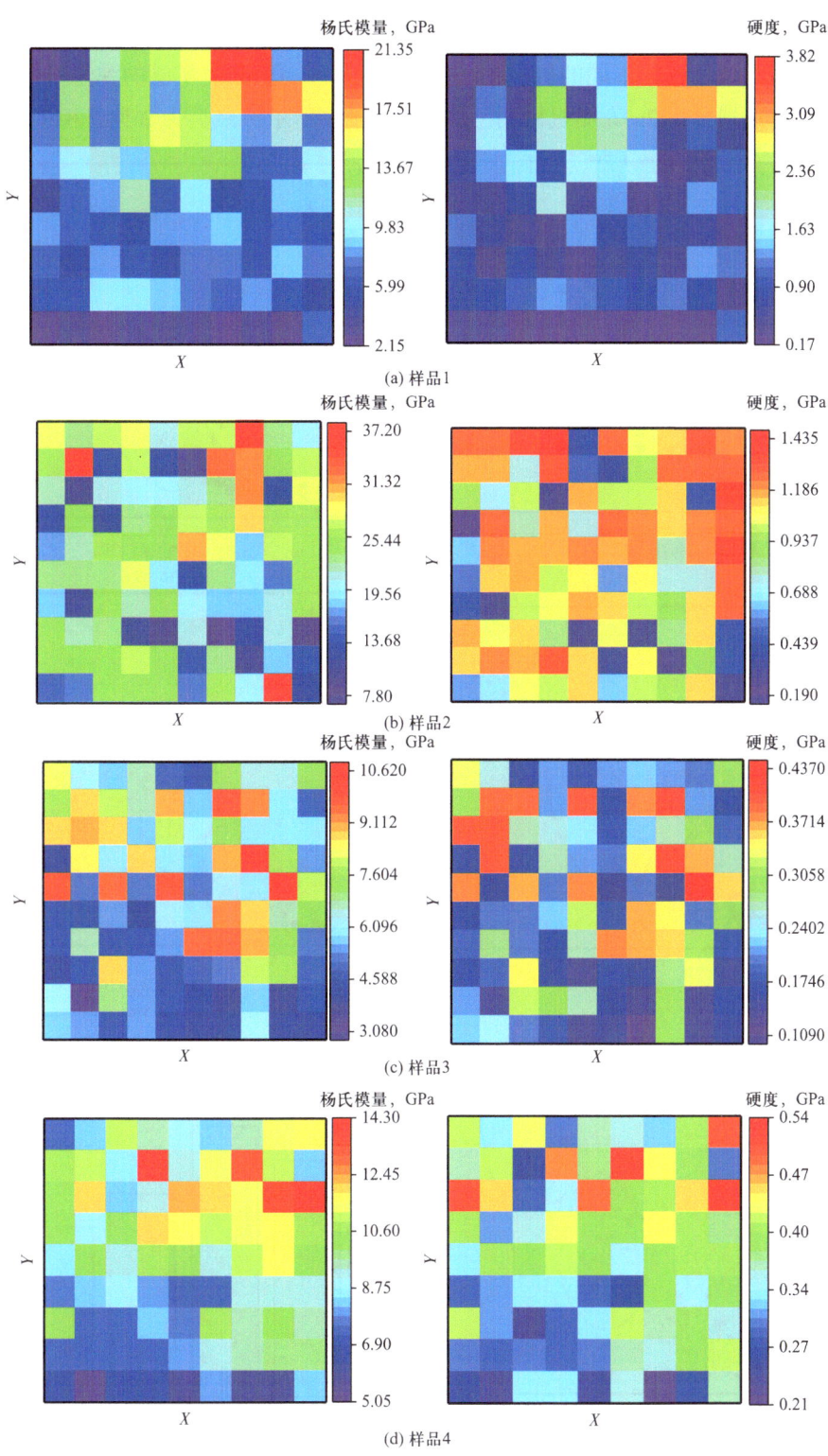

图 4.6 样品杨氏模量和硬度分析

采用机器学习中的聚类算法对上述所获得的力学参数进行不同聚类数目的分析，并依据不同的聚类数目分成不同的机械相。如图4.7所示，以压痕实验的弹性模量和硬度结果为依据，分别划分为2~6类机械相。如图4.7（a）所示，聚类为2类，相1占比72%，

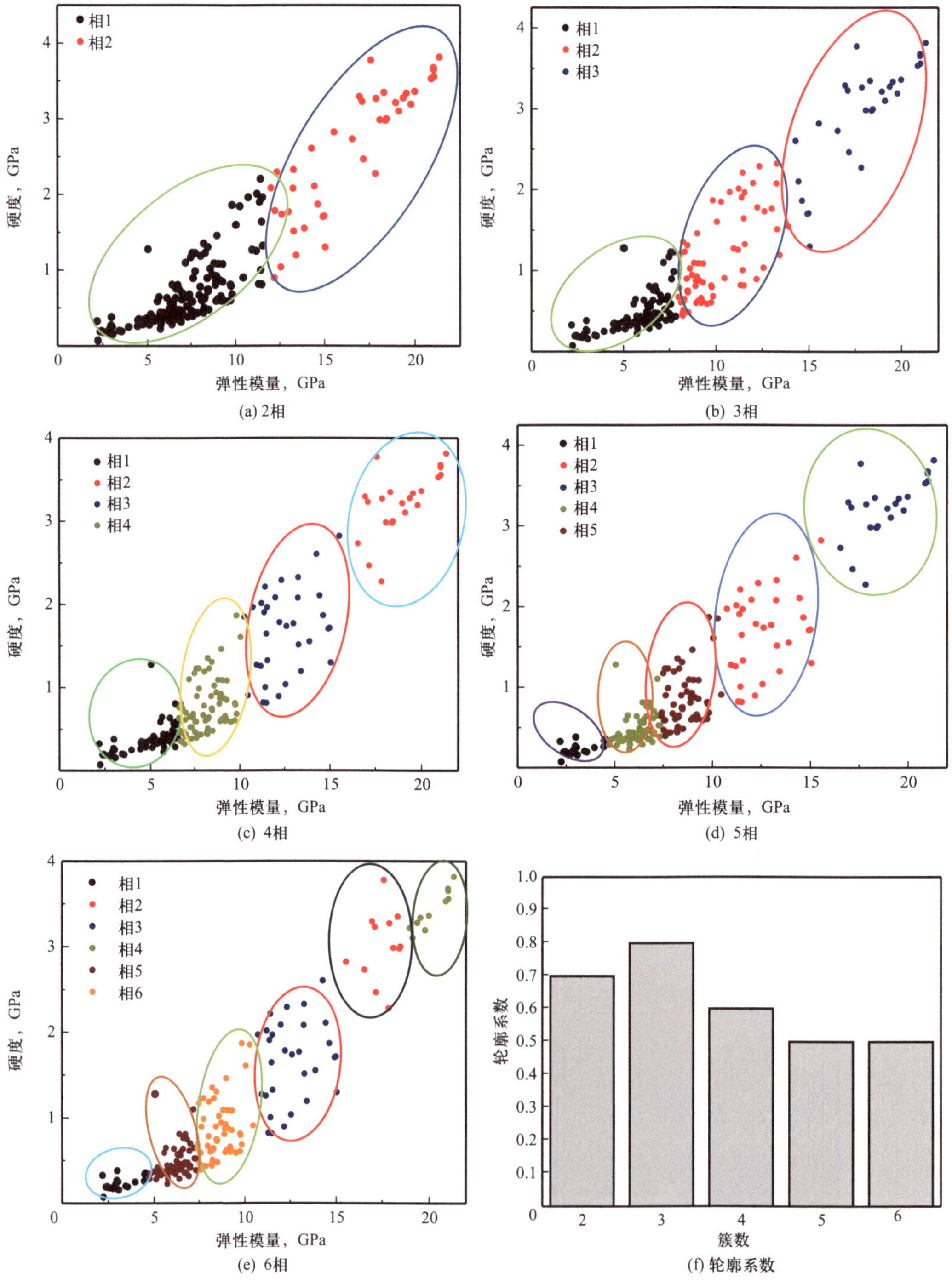

图 4.7　聚类数目结果图

相2占比27%；如图4.7（b）所示，聚类为3类，相1占比19%，相2占比37%，相3占比43%；如图4.7（c）所示，聚类为4类，相1占比33%，相2占比28%，相3占比29%，相4占比9%；如图4.7（d）所示，聚类为5类，相1占比8%，相2占比8%，相3占比13%，相4占比38%，相5占比32%；如图4.7（e）所示，聚类为6类，相1占比3%，相2占比8%，相3占比31%，相4占比28%，相5占比28%，相6占比1%。将各相的聚类结果统计到表4.2中。

依据机器学习的聚类算法确定最佳聚类数目分类，引入轮廓系数评价聚类效果好坏，轮廓系数的取值范围为[0，1]，轮廓系数越大，聚类效果越好。如图4.7（f）所示，当聚类数目为3时，轮廓系数为0.8，相比于其他聚类数据的轮廓系数更接近1，表明同一类别内的个体具有较高的同质性，而类别之间则具有较高的异质性。

4.1.5 耦合统计—聚类分析

通过分析矿物相的统计占比和机械相的聚类占比，建立不同的相组模型。由表4.2可见，2相模型由相1（黏土类、云石类、云母类、解石类）和相2（长石类、石英类）组成；3相模型由相1（云石类、云母类、解石类）、相2（黏土类）、和相3（长石类、石英类）组成；4相模型由相1（黏土类）、相2（长石类）、相3（石英类）和相4（云石类、云母类、解石类）组成；5相模型由相1（云母类）、相2（云石类、解石类）、相3（长石类）、相4（黏土类）和相5（石英类）组成；6相模型由相1（云母类）、相2（云石类）、相3（黏土类）、相4（石英类）、相5（长石类）、相6（解石类）组成。

表4.2 纹层页岩样品矿物成分及比例

相组	矿物类	矿物占比, %	聚类占比, %	差异系数
2相	相1（黏土类、云石类、云母类、解石类）	56.35	72	31.07
	相2（长石类、石英类）	42.42	27	
3相	相1（云石类、云母类、解石类）	18.01	19	2.91
	相2（黏土类）	38.34	37	
	相3（长石类、石英类）	42.42	43	
4相	相1（黏土类）	38.34	33	30.04
	相2（长石类）	12.84	28	
	相3（石英类）	28.47	29	
	相4（云石类、云母类、解石类）	18.01	9	
5相	相1（云母类）	4.43	8	13.18
	相2（云石类、解石类）	13.58	8	

续表

相组	矿物类	矿物占比, %	聚类占比, %	差异系数
5相	相3(长石类)	12.84	13	13.18
	相4(黏土类)	38.34	38	
	相5(石英类)	28.47	32	
6相	相1(云母类)	4.43	3	28.98
	相2(云石类)	9.87	8	
	相3(黏土类)	38.34	31	
	相4(石英类)	28.47	28	
	相5(长石类)	12.84	28	
	相6(解石类)	3.71	1	

通过对各相的差异系数求解分析，2相模型差异系数为31.07%，3相模型差异系数为2.91%，4相模型差异系数为30.04%，5相模型差异系数为13.18%，6相模型差异系数为28.98%。当相组模型为3相时，差异系数最小为2.91%，其差异系数远远低于其他相组，结合聚类轮廓系数最终确定纹层样品的最佳分相数是3相。将页岩简化为3相模型后，纹层各相聚类中心的弹性模量 E_r 分别为2.3GPa、3.24GPa和4.82GPa，各相弹性模量 E_r 的占比数记为 P_r，分别为19%、37%和43%。通过各相聚类中心的弹性模量求解不同相的体积模量和剪切模量。

通过耦合统计—聚类分析方法对4组样品进行分析，样品1、样品3和样品4的最佳分相数都为3，样品2的最佳分相数为2。不同种类页岩所得到的最佳分相数有所不同，但数值都集中在3附近。最终将页岩简化为3相物理模型，用于进一步分析页岩细观力学特性。

4.1.6 页岩尺度升级分析

利用液压伺服刚性材料实验机开展单轴压缩实验，得到页岩单轴条件下的岩石应力应变实验结果，并分别采用Mori-Tanaka方法、Dilute方法和修正的Z-Mori方法计算出4组样品的宏观弹性模量。由表4.3可见，样品1的宏观弹性模量为10.41GPa，采用Z-Mori方法计算的微观弹性模量为8.76GPa；样品2的宏观弹性模量为21.42GPa，采用Z-Mori方法计算的微观弹性模量为19.25GPa；样品3的宏观弹性模量为13.46GPa，采用Z-Mori方法计算的微观弹性模量为7.61GPa；样品4的宏观弹性模量为12.35GPa，采用Z-Mori方法计算的微观弹性模量为9.34GPa。

从4组样品计算结果来看，采用Z-Mori升级模型计算的宏观弹性模量与单轴压缩的宏观弹性模量有较好的一致性，并且采用Z-Mori升级模型计算的宏观弹性模量均小于单轴压缩的宏观弹性模量。这表明，优化后的 Z-Mori 升级模型具有很好的适用性，其得到的材料力学性质与实际值一定范围内存在偏差。造成弹性模量偏差的原因是多方面的：一是均质化过程是一个理想假设估算的过程，参数设定对结果偏差也有一定影响；二是实验试样尺度越大，试样所包含的微孔隙和裂缝数量越多，岩石受到外部载荷时，更易从微孔隙延伸成微裂纹，再扩展成宏观裂纹。

进一步对比分析三种升级方法的优劣性，见表4.3。4组样品均表现出采用 Z-Mori 方法计算的宏观弹性模量均大于采用 Mori-Tanaka 方法和 Dilute 方法所计算的宏观弹性模量，并且采用 Z-Mori 方法计算的力学参数与岩心尺度弹性模量差距最小。采用 Dilute 方法计算的力学参数与岩心尺度弹性模量差距最大，而压痕实验结果的统计弹性模量均值与岩心尺度单轴压缩并没有一致性。从中可以看出，页岩从微观尺度升级到宏观尺度的过程中，采用 Mori-Tanaka 方法的升级效果优于 Dilute 方法，而采用优化后的 Z-Mori 方法计算结果相比于二者来说更加接近宏观测试的单轴弹性模量，升级效果更为显著。

表 4.3 尺度升级弹性模量分析结果

样品	尺度升级模型弹性模量，GPa			统计弹性模量均值 GPa	宏观弹性模量 GPa
	Mori-Tanaka	Dilute	Z-Mori		
样品1	6.83	5.74	8.76	7.16	10.41
样品2	17.94	15.93	19.25	23.73	21.42
样品3	5.277	4.84	7.61	5.97	13.46
样品4	8.66	7.95	9.34	9.71	12.35

4.2 纳米与厘米划痕性质对比

4.2.1 厘米划痕力学参数

4.2.1.1 实验设备及方法

为明确纹层页岩的力学特征，使用自主研发的 HADHJ-25/100-Ⅳ型页岩划痕测量实验装置（图4.8），测定页岩样品的力学性能纵向连续分布特征，系统研究纹层页岩储层特征以及强非均质性特征控制下的力学特性及破坏机理。在进行划痕实验之前，需要进行使表面平整的找平程序。然后，在切割深度恒定、速度恒定的条件下，沿岩心（方向垂直于层理线）进行划痕实验。切口深度为0.5mm，为了获得可靠的数据，划痕位移至少应等于几厘米。刀具宽度为2mm，在每个切割深度下作用在切割面上的力被连续记录下来。

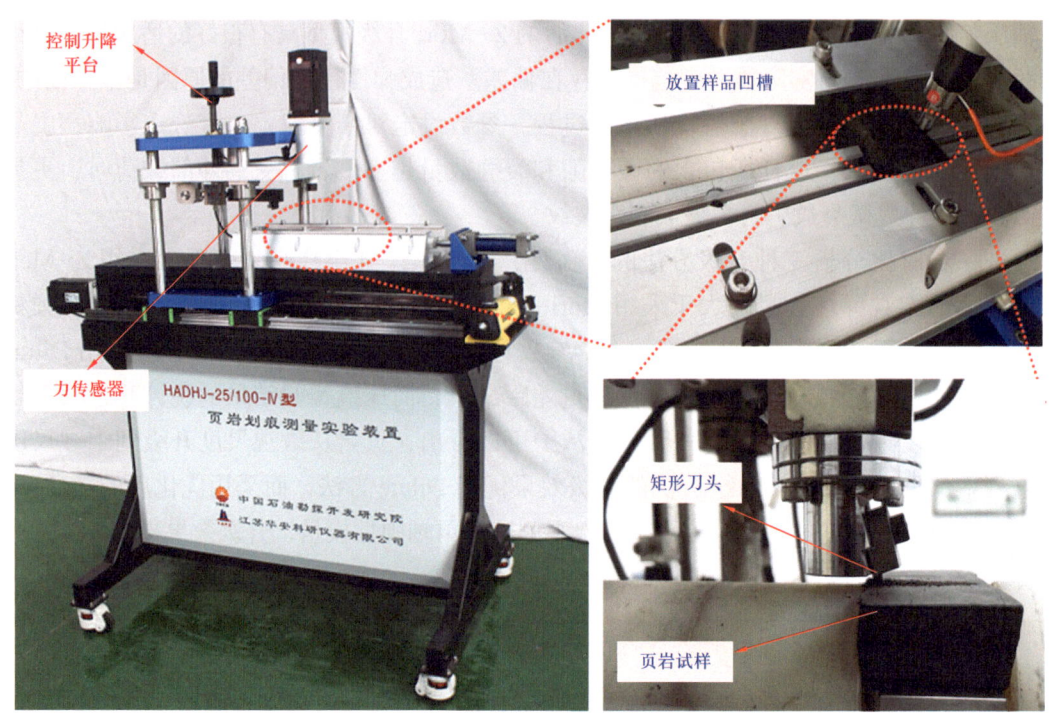

图 4.8　厘米划痕实验机

HADHJ-25/100-Ⅳ型页岩划痕测量实验装置的工作原理为：在计算机控制的驱动下，划痕刀头以恒定速率和速度对岩石表面进行刻划。计算机会实时采集和记录刀头的位移、受力等数据，然后将这些数据代入测试理论模型，从而计算出岩石的力学参数。划痕测试要满足以下4个基本技术要求：（1）在进行划痕时，必须确保不出现脆性损坏，也就是说，要以塑性破坏进行划痕；（2）为了确保能够准确测量岩石样本的整体强度，所需的最小划入深度必须超过岩石颗粒的尺寸，而不是仅仅测量某一特定矿物成分的强度；（3）划痕的速度选择与岩石的性质密切相关，划痕速度应小于10mm/s；（4）务必保证刀片保持干净且不受损害。

图4.9展示出了在厘米划痕实验中刻划之后页岩样品表面特征。从中可以看出，样品A表面经过划痕以后，发现整段划痕表面均可见清晰高频薄互层结构特征，划痕两侧出现大量破坏面，形成"丰"字形结构。这是因为样品A中黏土含量较高，黏土层容易剥落造成的。从样品B表面可以看出，划痕经过不同纹层时会出现不同的破坏模式。在样品两端划痕破坏特征不明显，样品表面比较光滑，在样品中间部分可以看见明显的破坏特征。这是因为在样品两端较硬物质较多，中间较软物质较多。从样品C可以看出，在样品两端划痕破坏特征比较明显，而在样品中间部分破坏特征不明显，样品表面比较光滑。从样品D可以看出，在样品表面划痕破坏特征不明显，样品表面比较光滑。结果表明，划痕实验可以很好地表征强非均质性页岩的分布特征，识别力学弱面。

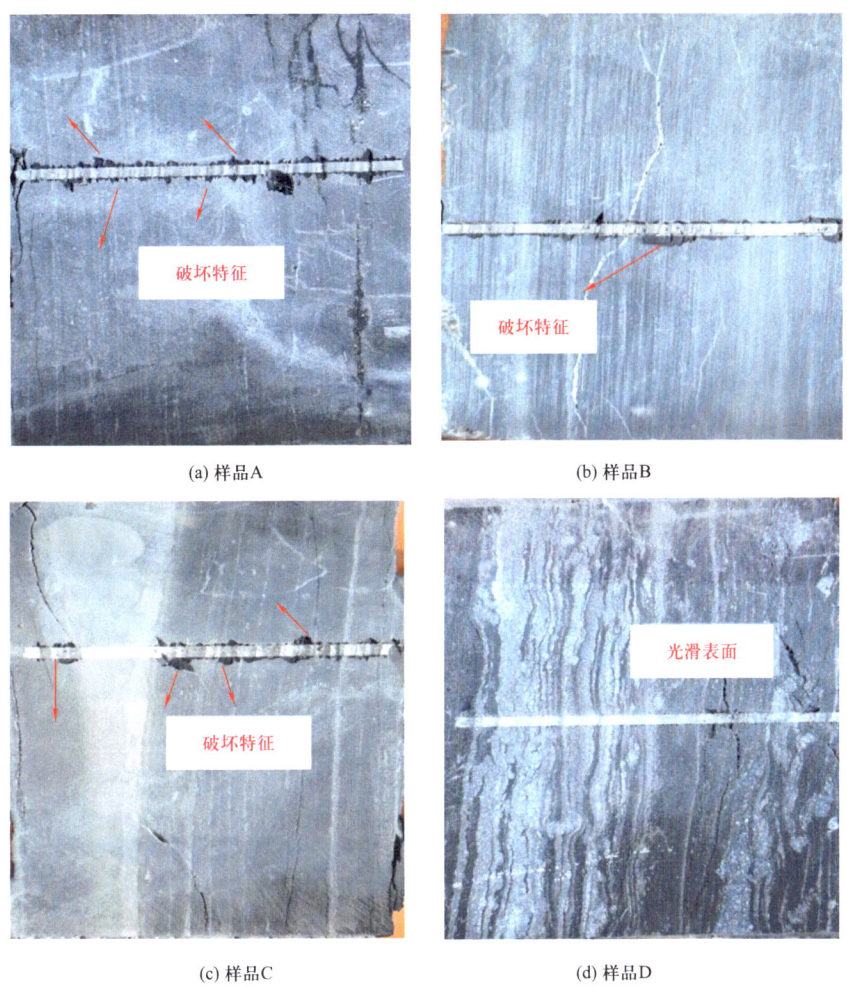

图 4.9 划痕实验之后的样品

4.2.1.2 基本原理

在划痕测试期间,预设切割深度和切割器速度,然后记录作用在切割器上的力的大小。用划痕工具在岩石表面形成一个连续的凹槽。刀具穿透深度和刀具相对于岩石的速度保持恒定。横向力与刀具速度平行,垂直力与刀具速度垂直。内在比能是破碎单位体积岩石所需的能量,被认为是一种与岩石无侧限抗压强度(UCS)直接相关的岩石性质特征。将纯切削过程和摩擦接触过程相结合的刮擦刀具—岩石相互作用模型及其用于估算岩石强度的应用见式(4.14)至式(4.19)(对于矩形刀具)。

$$F_T = \varepsilon(1-\mu\xi)wd + F_V \tag{4.14}$$

$$\mu = \tan\phi \tag{4.15}$$

$$E = E_0 + \mu S \tag{4.16}$$

$$E_0 = \varepsilon(1 - \mu \xi) \tag{4.17}$$

$$E = \frac{F_T}{wd} \tag{4.18}$$

$$S = \frac{F_V}{wd} \tag{4.19}$$

式中　w——切刀宽度，mm；

　　　d——刀具穿透深度，mm；

　　　E_0——初始比能，kJ；

　　　ε——本征比能，kJ；

　　　ξ——作用在刀具端面上的平均力的倾斜度，(°)；

　　　μ——磨损面/岩石界面的摩擦系数；

　　　ϕ——岩石的内摩擦角，(°)；

　　　S——刀具的钻削强度，mN/m；

　　　E——比能，kJ；

　　　F_T——作用在平面上的横向力，mN；

　　　F_V——作用在平面上的垂直力，mN。

材料的硬度可确定为：

$$H = \frac{F_V}{A} \tag{4.20}$$

式中　A——承重面积，可推导为 $A=wd$。

某种程度上，弹性模量和比能是相关的[5]，然而这种相关性不是很强，因为强度和刚度在一定程度上是相关的。划痕信号通常相当复杂，显然包含的信息比比能计算要多，比能计算仅代表切向力的平均值。假设划痕实验中力的波动是一系列类似于单轴实验的小的应力累积，那么可以求取力的导数，即

$$\chi = \frac{dF_T}{dL} \tag{4.21}$$

刀具的强度与岩石刚度密切相关。L 是刀具沿岩石表面的位移。

材料 dF_T/dL 曲线正峰的平均值与弹性模量有很好的相关性，定义为：

$$E = \frac{\dfrac{dF_T}{dL}}{wd} \tag{4.22}$$

划痕断裂力学模型在平面应变条件下,能量释放率可以表示为划痕力和划痕探针几何形状的函数:

$$G = \frac{1-v^2}{E} \frac{F_{eq}^2}{2\rho A} \quad (4.23)$$

式中　E——弹性模量,GPa;
　　　v——泊松比;
　　　F_{eq}——考虑横向力 F_T 和垂直力 F_V 的等效力,mN。

为了标记裂纹的开始,利用一个适用于能量释放率的阈值准则:裂纹扩展发生一次 $G=G_f$,其中阈值是断裂能 G_f,假设是一个材料常数。由式(4.24)可以将断裂能与划痕韧性 K_S 联系起来。

$$G_f = \frac{1-v^2}{E} K_S^2 \quad (4.24)$$

因此,各向异性材料的线弹性断裂力学(LEFM)在估算岩石划痕韧性(K_S)与断裂能释放率之间的关系为:

$$K_S = \frac{F_{eq}}{\sqrt{2\rho A}} \quad (4.25)$$

式中　A——矩形刀具在划痕方向上横向力作用下的接触面积;
　　　ρ——最大切割深度(d)下的断裂面周长;
　　　$2\rho A$——刀具的形状函数;
　　　F_{eq}——考虑横向力 F_T 和垂直力 F_V 的等效力[6]。

$$F_{eq} = \sqrt{F_T^2 + \frac{3}{5} F_V^2} \quad (4.26)$$

断裂韧性(K_C)与划痕韧性(K_S)的关系可以表示为:

$$K_S(F_{eq}, d) = K_C \quad (4.27)$$

4.2.1.3　实验结果

图 4.10(a)、图 4.11(a)、图 4.12(a)和图 4.13(a)为在厘米划痕实验中刻划页岩样品表面时记录的横向力变化的示例。横向力随位移的变化曲线基于横向力的平均值被细分成几个不同的区域,这可能是由矿物成分的变化引起的。图 4.10(b)至图 4.10(d)、图 4.11(b)至图 4.11(d)、图 4.12(b)至图 4.12(d)和图 4.13(b)至图 4.13(d)分别为 4 个样品的硬度、断裂韧性和摩擦系数的概率密度函数和累积概率密度函数图。从直方图中可以看出,样品 B 划痕硬度和断裂韧性的平均值最大,分别为(195.57±73.54)MPa

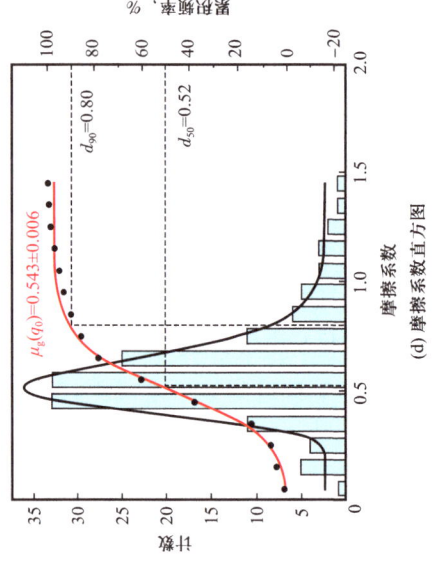
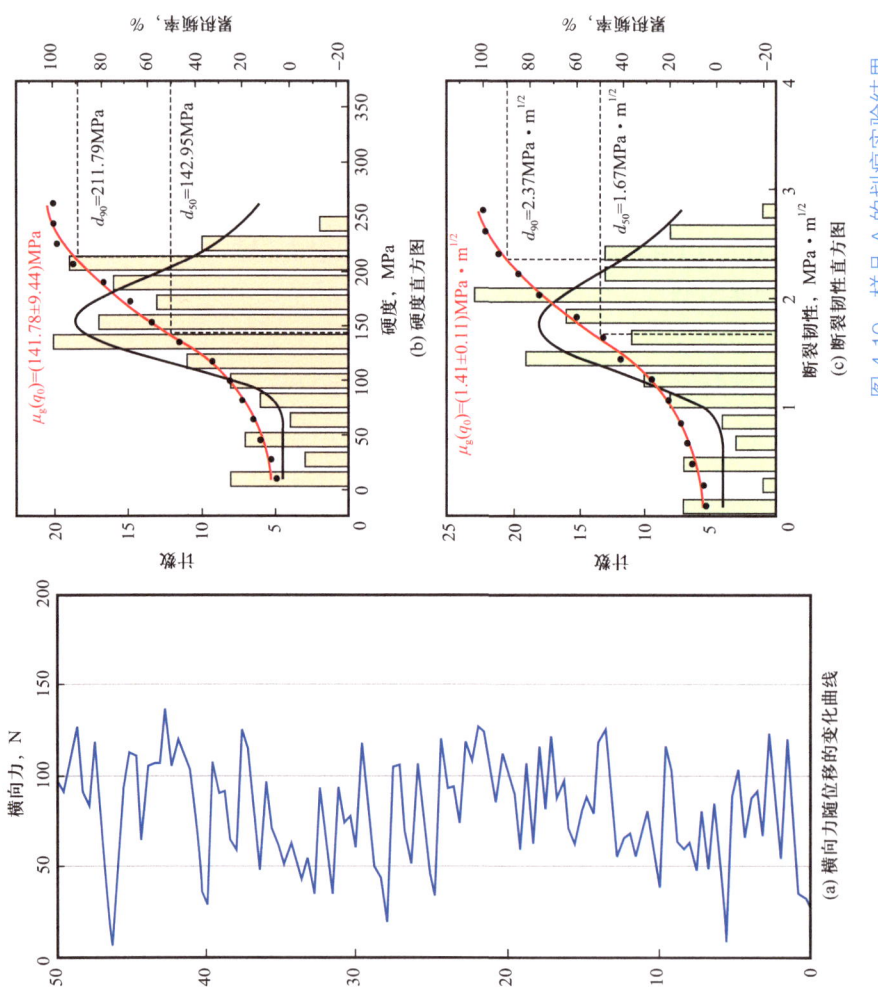

图 4.10 样品 A 的划痕实验结果

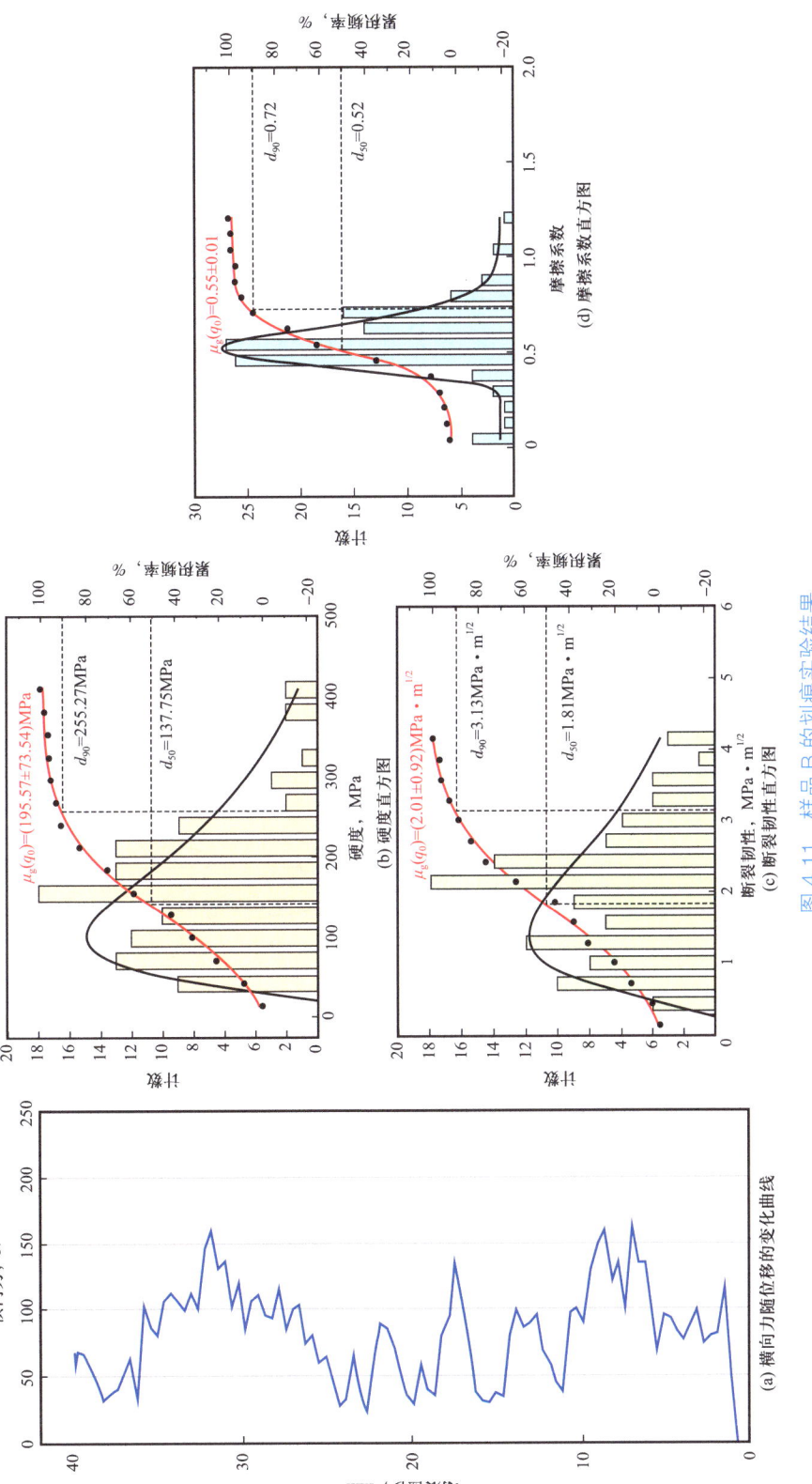

图 4.11 样品 B 的划痕实验结果

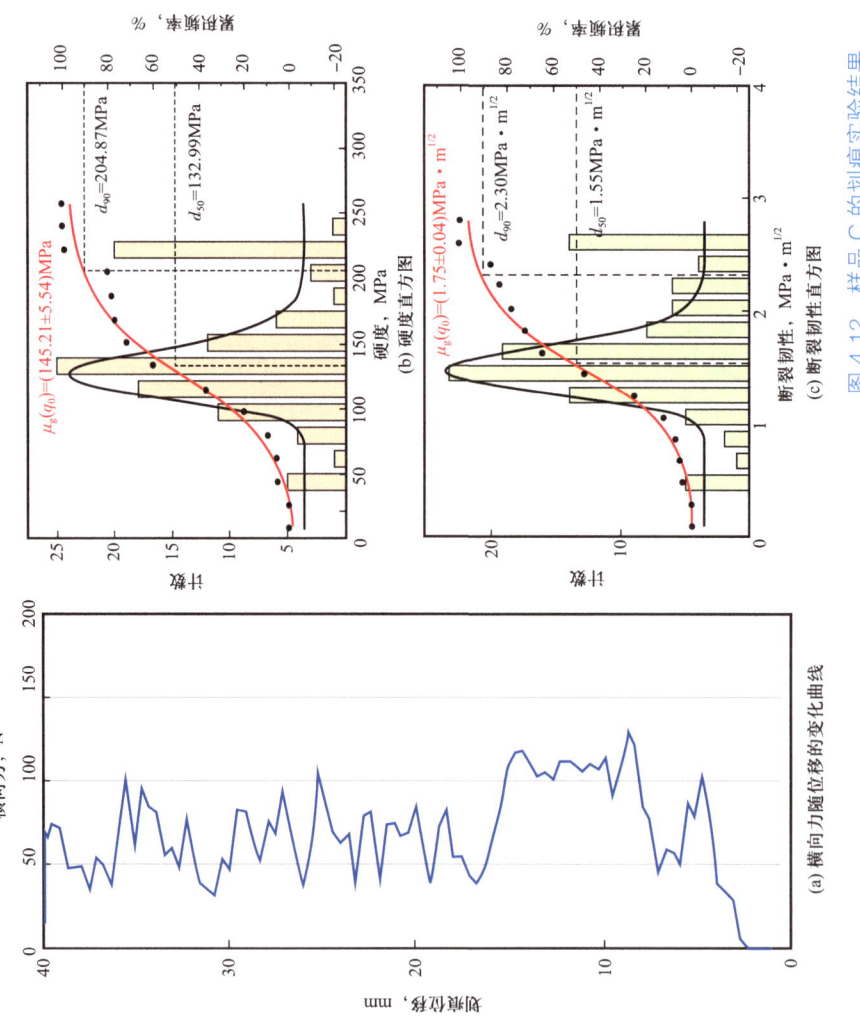

图 4.12 样品 C 的划痕实验结果

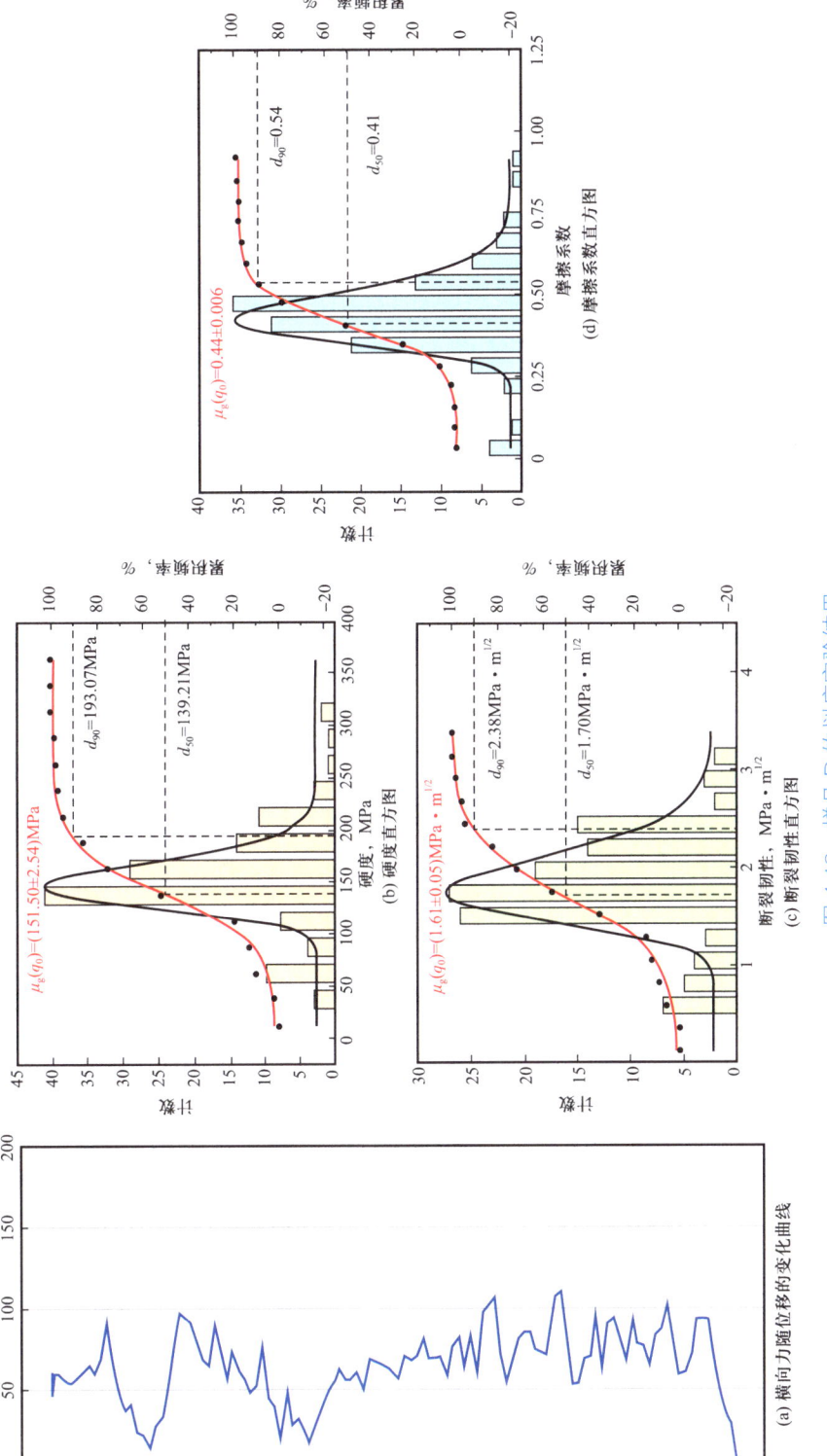

图 4.13 样品 D 的划痕实验结果

和（2.01±0.92）MPa·m$^{1/2}$，90%概率（d_{90}）下的硬度和断裂韧性分别为255.27MPa和3.13MPa·m$^{1/2}$，50%概率（d_{50}）下的硬度和断裂韧性分别为137.75MPa和1.81MPa·m$^{1/2}$，而样品A划痕硬度和断裂韧性的平均值最小，分别为（141.78±9.44）MPa和（1.41±0.11）MPa·m$^{1/2}$。样品B的断裂韧性和硬度大约是样品A的1.5倍，样品C和样品D的断裂韧性和硬度分别为（1.75±0.04）MPa·m$^{1/2}$、（1.61±0.05）MPa·m$^{1/2}$和（145.21±5.54）MPa、（151.50±2.54）MPa。样品B的摩擦系数为0.55，样品A的摩擦系数为0.54，样品D的摩擦系数为0.44，样品C的摩擦系数为0.45，说明样品B和样品A的表面粗糙度大于样品C和样品D的表面粗糙度。样品C存在明显的矿物分界面，0~5mm测试段和16~40mm测试段的横向力明显小于5~15mm测试段。5~15mm测试段的横向力约为100N，0~5mm测试段和16~40测试段的横向力约为55N。

图4.14表明，在厘米划痕实验中，硬度和断裂韧性沿划痕位移呈现相同的变化趋势，硬度大的部位往往具有较大的断裂韧性。图4.15表明，厘米划痕实验中样品的断裂韧性可以用式（4.28）由硬度估算：

$$K_C = cH + d \quad (4.28)$$

其中，c和d是拟合系数。对于所研究的纹层页岩样品，在厘米划痕实验中，c为0.088~0.104。

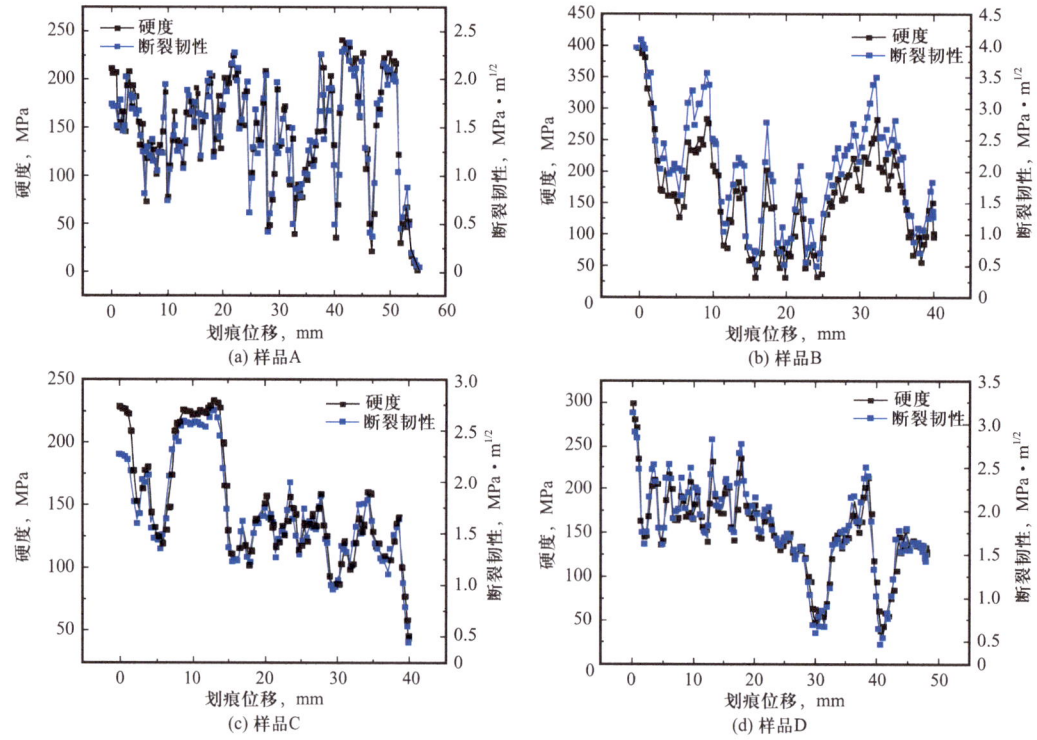

图4.14 宏观实验硬度和断裂韧性沿划痕位移的变化

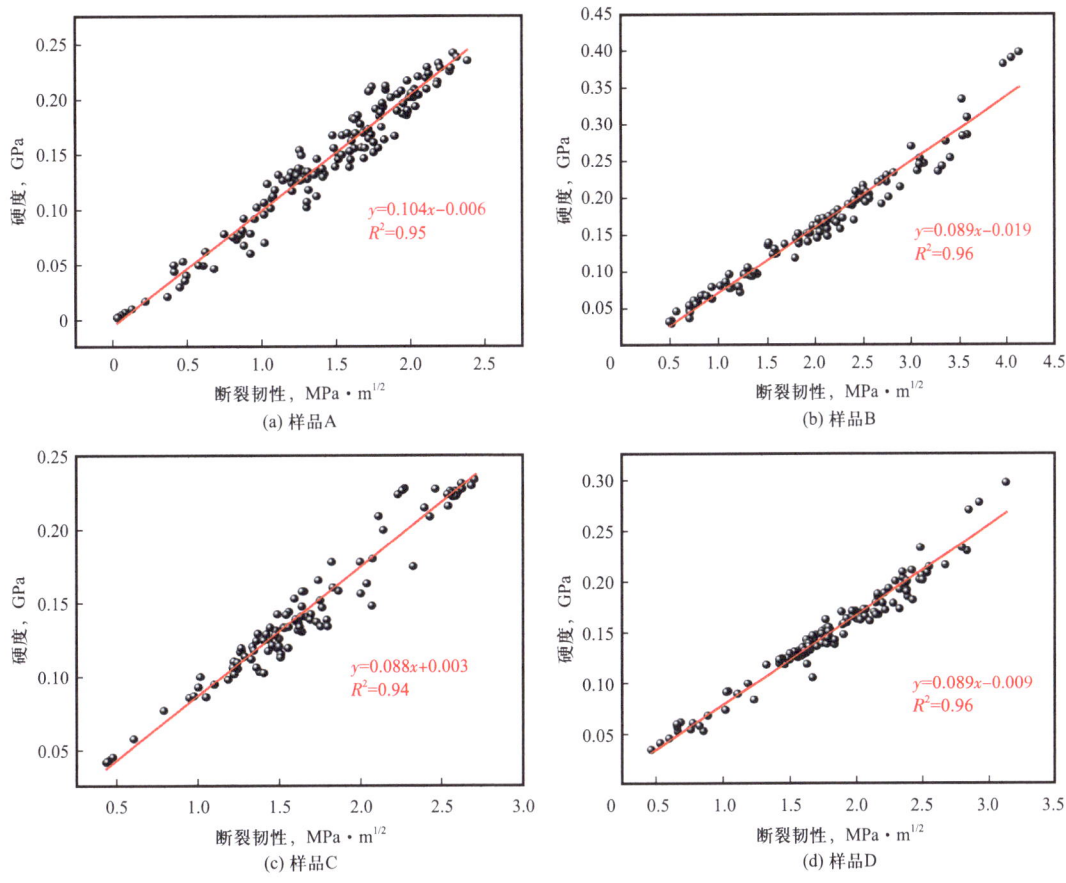

图 4.15 宏观实验硬度和断裂韧性的相关性

4.2.2 纳米划痕力学参数

为了进一步获取纹层页岩样品微观力学性质特征，探索页岩表面矿物分布的微观非均质性，在完成厘米划痕实验后的样品上选取加工小块样品，通过纳米尺度下的划痕实验对样品表面力学性质进行定量评价分析。图 4.16 展示了在纳米划痕实验中刻划之后页岩样品的表面特征。从图中可以看出，样品 A 表面经过划痕以后，发现整段划痕表面可见清晰薄互层结构特征，划痕两侧出现大量破坏面。从样品 B 表面可以看出，划痕经过较硬纹层时在样品两端划痕破坏特征不明显，样品表面比较光滑。从样品 C 可以看出，样品表面比较均质，两端划痕破坏特征不明显，样品表面比较光滑。从样品 D 可以看出，样品表面非均质性较强，矿物较多，划痕破坏特征较明显。

结果如图 4.17 至图 4.20 所示。图 4.17（a）、图 4.18（a）、图 4.19（a）和图 4.20（a）显示了在刻划页岩样品表面时记录的横向力的变化。图 4.17（b）至图 4.17（d）、图 4.18（b）至图 4.18（d）、图 4.19（b）至图 4.19（d）和图 4.20（b）至图 4.20（d）分别显示了 4 个样品的硬度、断裂韧性和摩擦系数的数值直方图。从直方图中可以看出，样品 C 在纳米划痕实验中划痕硬度和断裂韧性的平均值最大，最大值分别为 3.55GPa 和 3.41MPa·m$^{1/2}$，而样品 A 在纳米划痕实验中划痕硬度和断裂韧性的平均值最大值分别为 1.92GPa 和 1.45MPa·m$^{1/2}$。样品 B 在纳米划痕实验中划痕硬度和断裂韧性的平均值分别为 3.426GPa 和 3.43MPa·m$^{1/2}$，而样品 D 在纳米划痕实验中划痕硬度和断裂韧性的平均值最大值分别为 2.32GPa 和 2.21MPa·m$^{1/2}$。

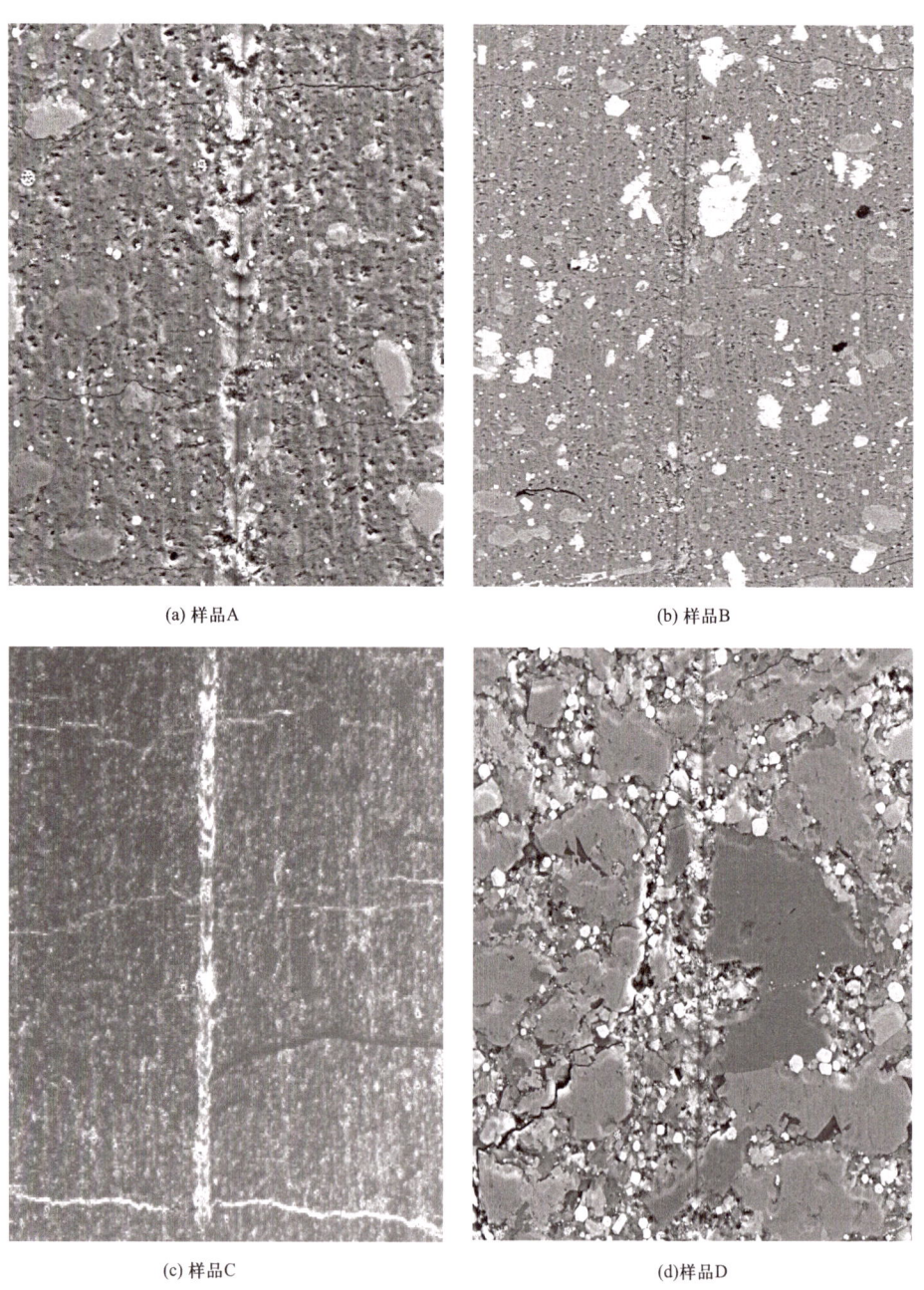

图 4.16 划痕实验之后的样品

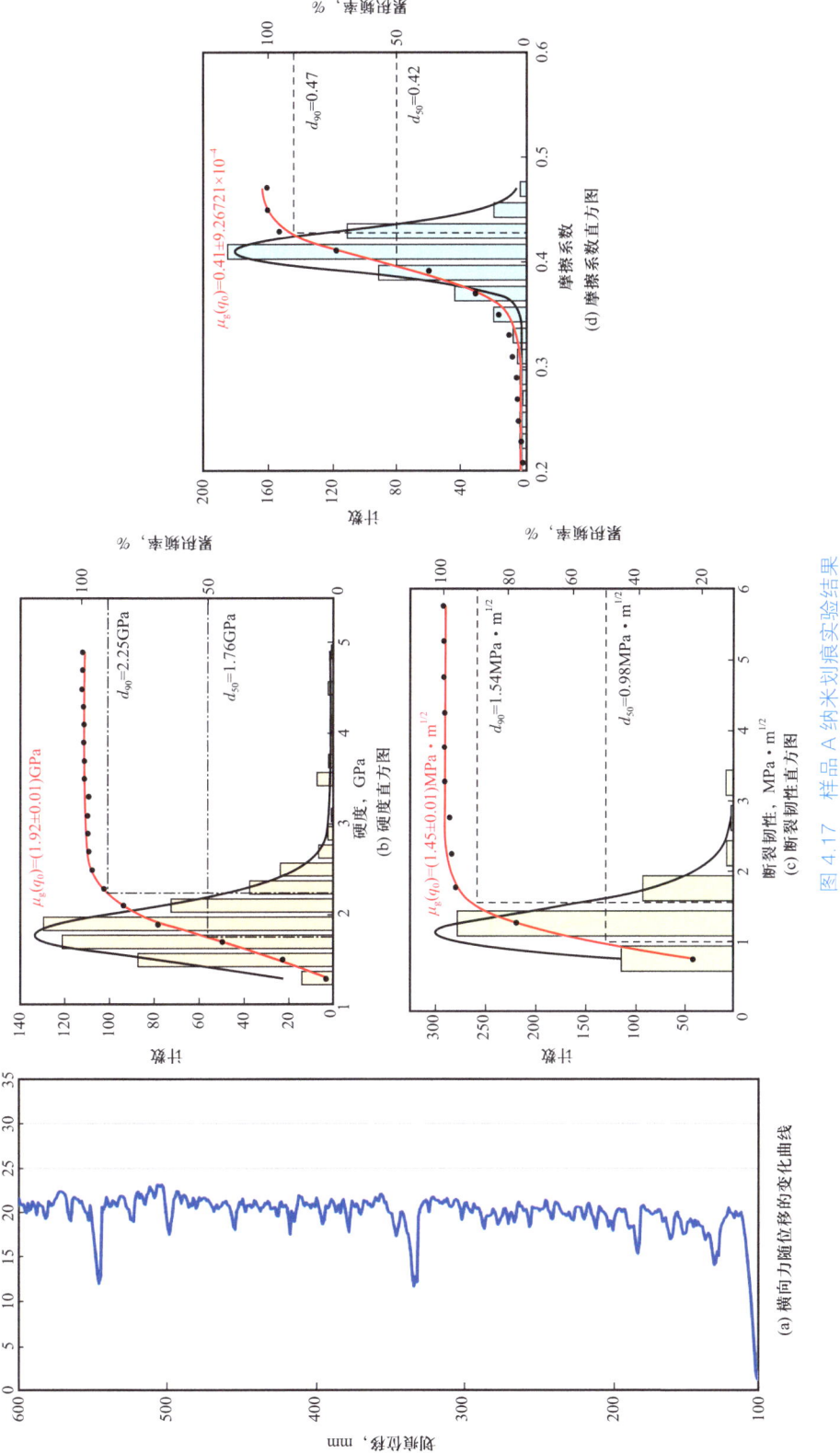

图 4.17 样品 A 纳米划痕实验结果

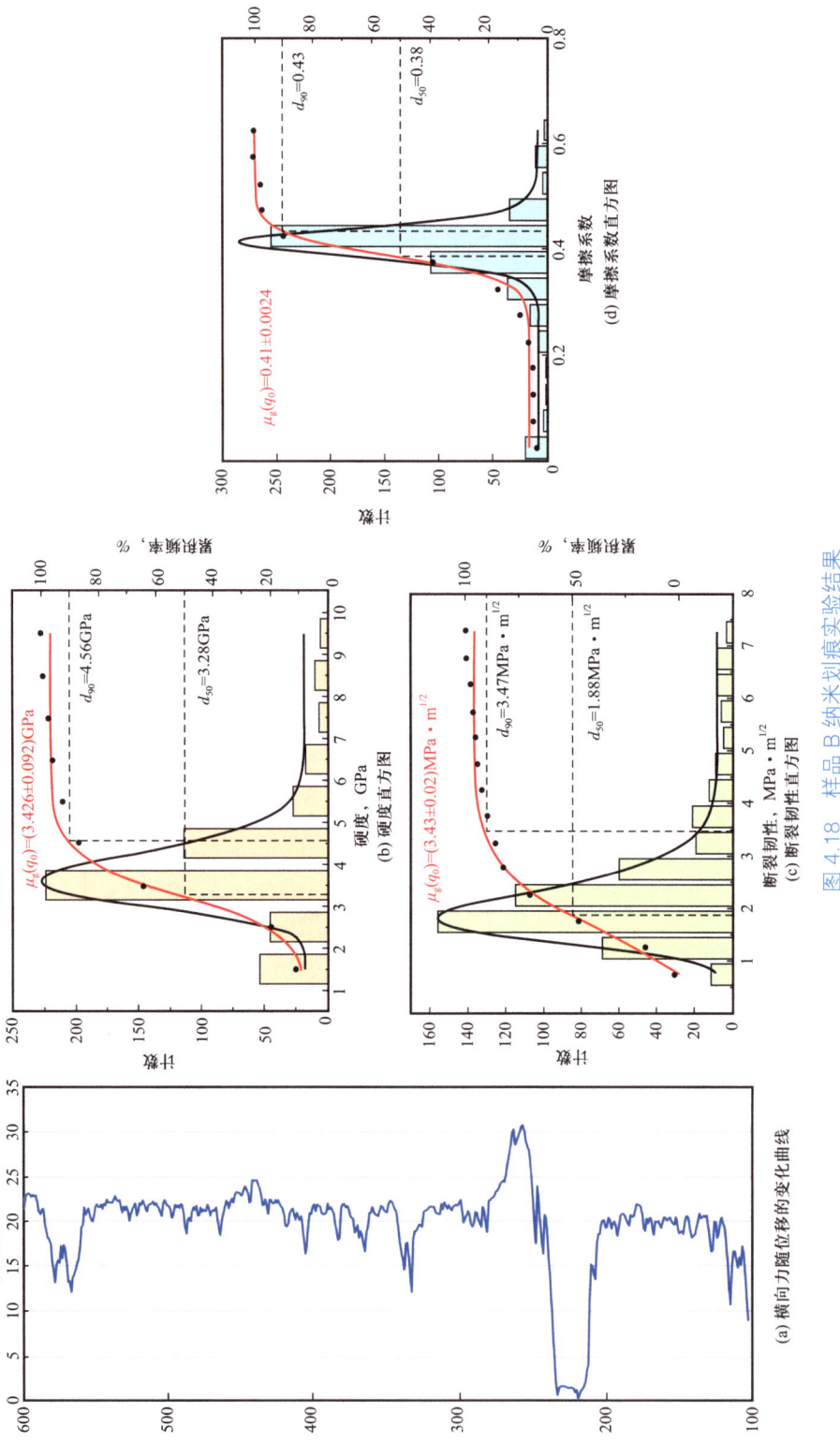

图4.18 样品B纳米划痕实验结果

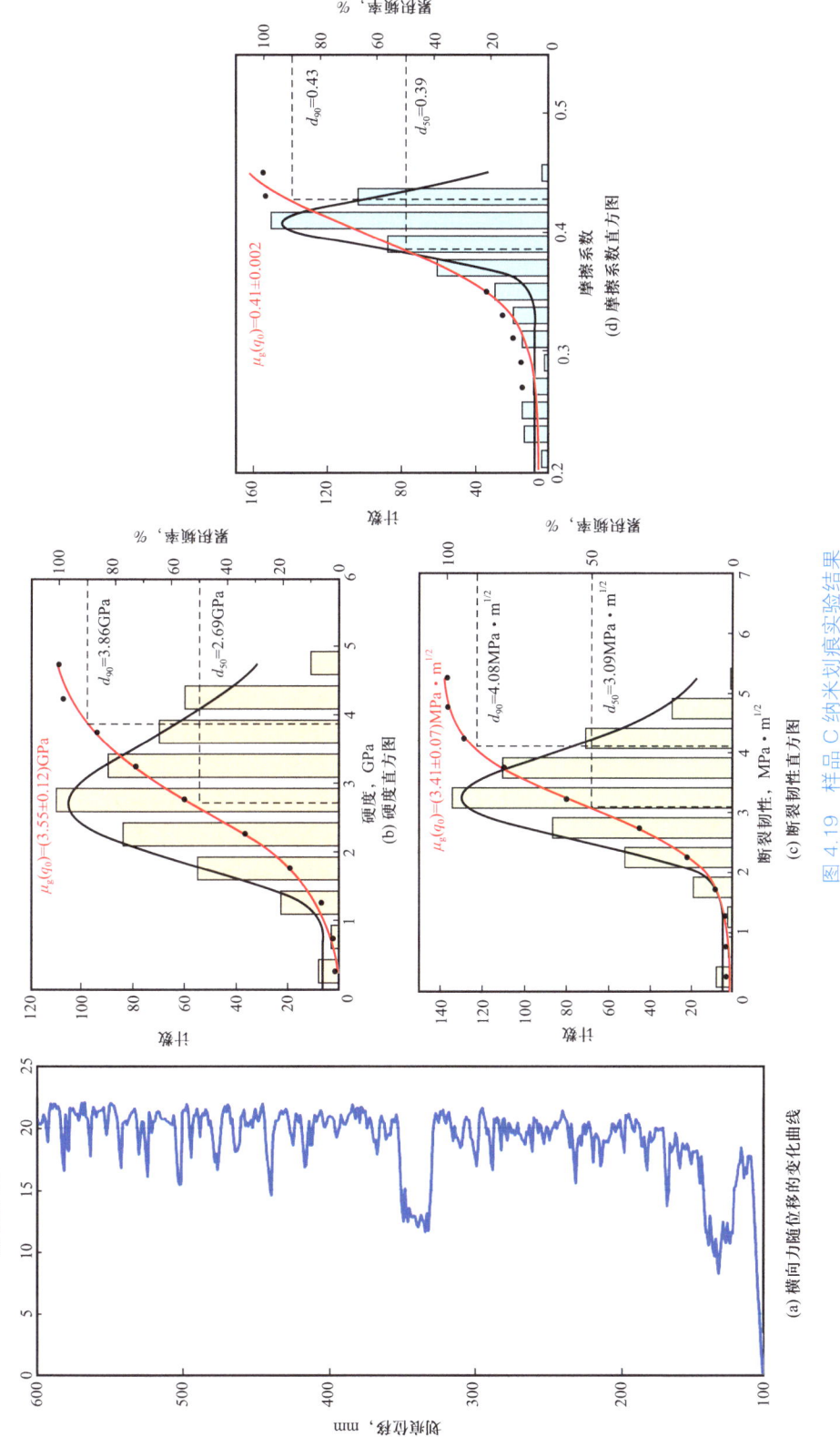

图 4.19 样品 C 纳米划痕实验结果

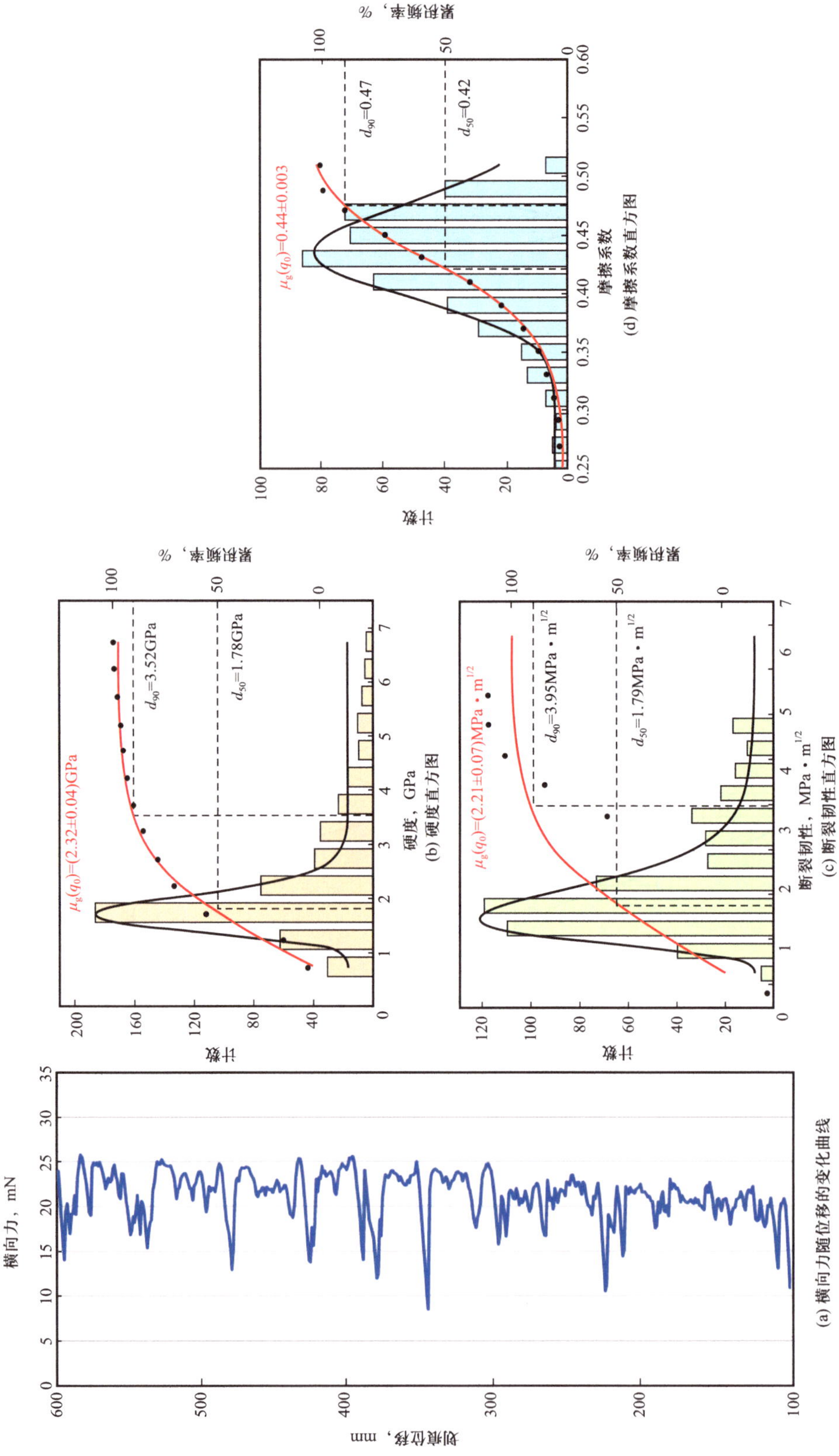

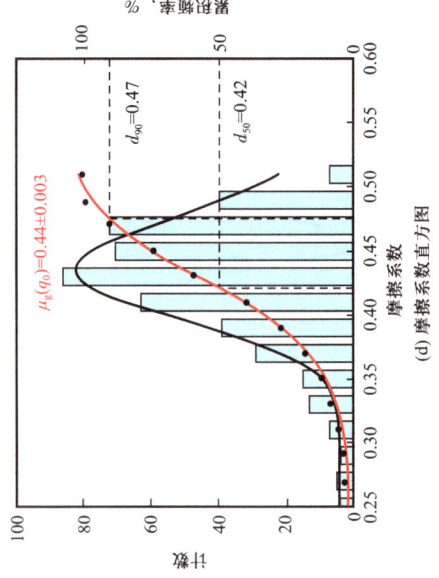

图 4.20 样品 D 纳米划痕实验结果

图 4.21 表明，在纳米划痕实验中也存在着和在厘米尺度下相似的关系。硬度和断裂韧性沿划痕位移同样也呈现出相同的变化趋势。硬度大的部位往往具有较大的断裂韧性。图 4.22 表明，样品的断裂韧性和硬度之间存在着某种线性关系，可以用式（4.29）由硬度估算：

$$K_C = aH + b \tag{4.29}$$

其中，a 和 b 是拟合系数。对于所研究的纹层页岩样品，在纳米划痕实验中，a 为 0.712～1.885。但是不同类型、不同地区样品的斜率可能不同，这需要在以后实验中进一步确认。

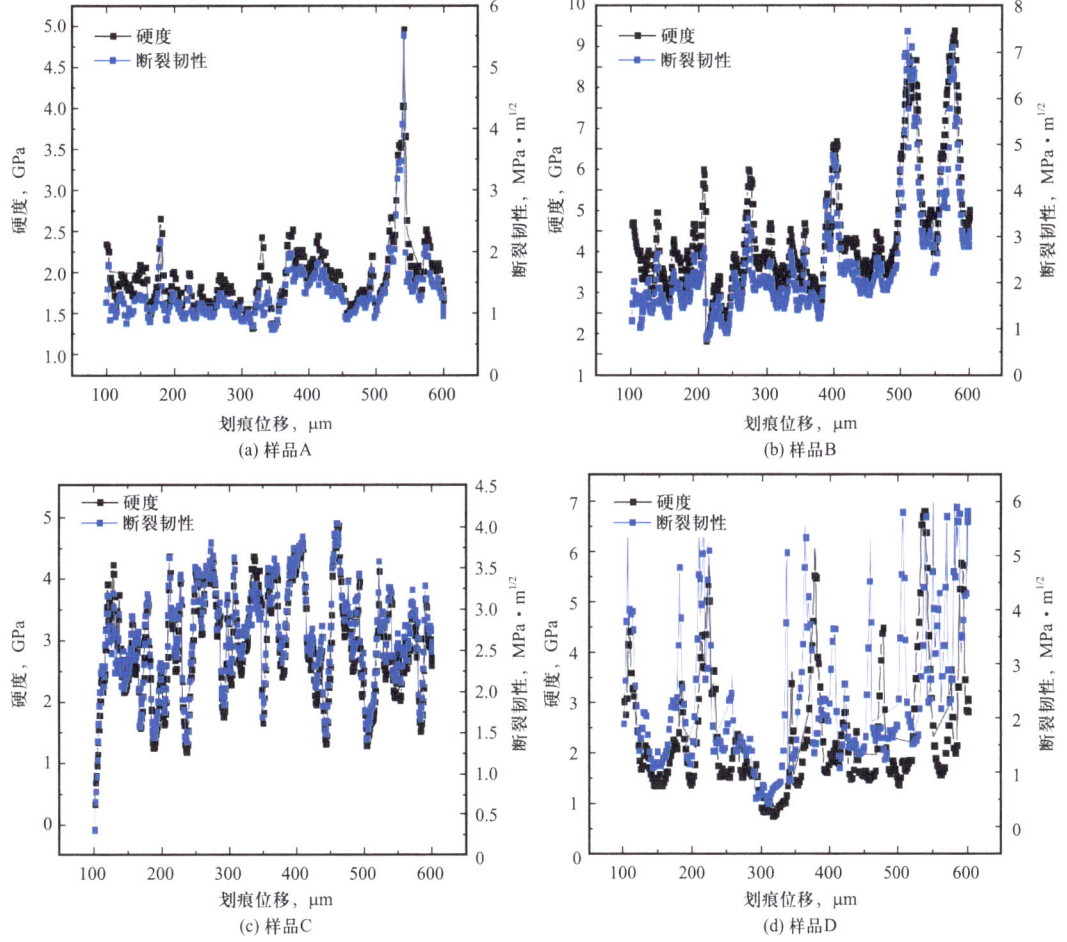

图 4.21　微观实验硬度和断裂韧性沿划痕位移的变化

如图 4.23 和图 4.24 所示，尽管样品数量有限，但矿物组成与断裂韧性之间存在着明显的相关性。随着石英+长石含量的增加，划痕断裂韧性和硬度呈现增加趋势。然而，随着黏土矿物含量的增加，划痕断裂韧性和硬度都降低。这是因为黏土矿物的硬度较低，而石英、长石类矿物的硬度较大。

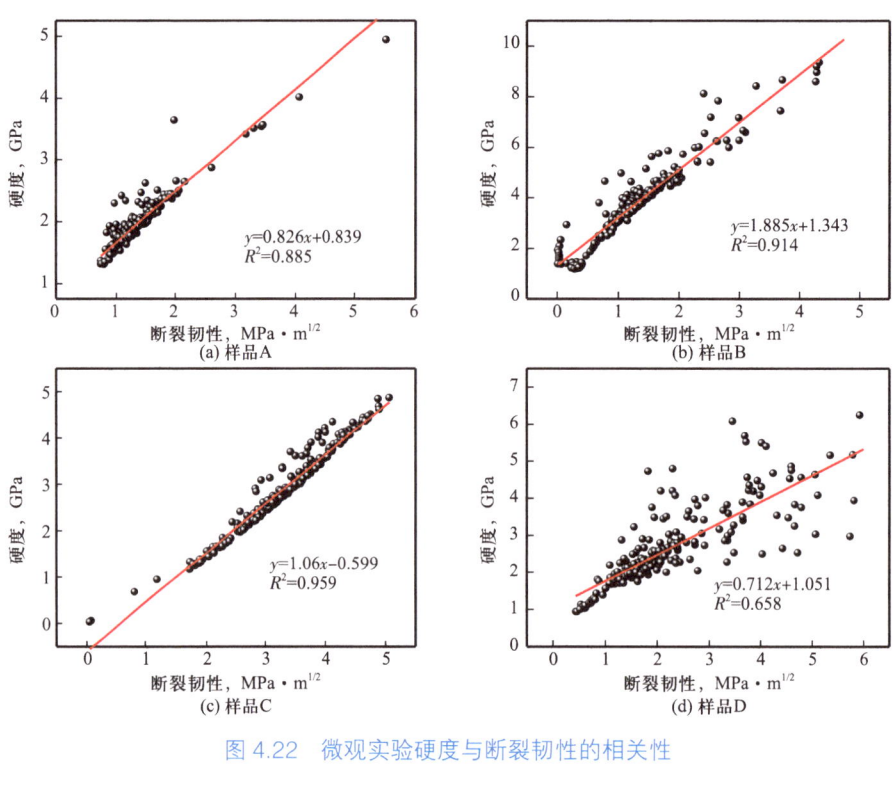

图 4.22 微观实验硬度与断裂韧性的相关性

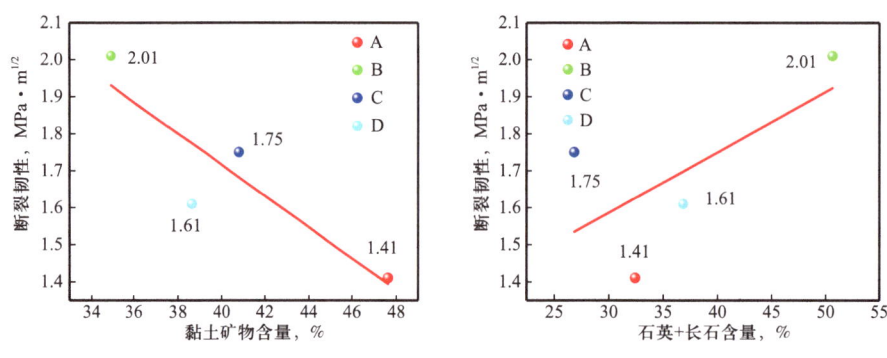

图 4.23 矿物成分对断裂韧性的影响

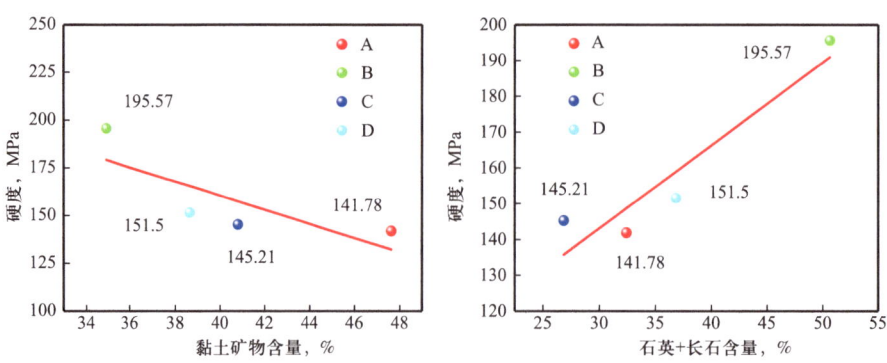

图 4.24 矿物成分对硬度的影响

4.2.3 纳米与厘米划痕断裂韧性差异

纳米划痕法和厘米划痕法所得断裂韧性如图 4.25 所示。从图中可以看出，厘米尺度下的断裂韧性明显低于纳米尺度下的数值，纳米划痕的断裂韧性是厘米划痕断裂韧性的 1~3 倍。因为这两种方法不仅基于不同类型的测量，而且尺度也不同。

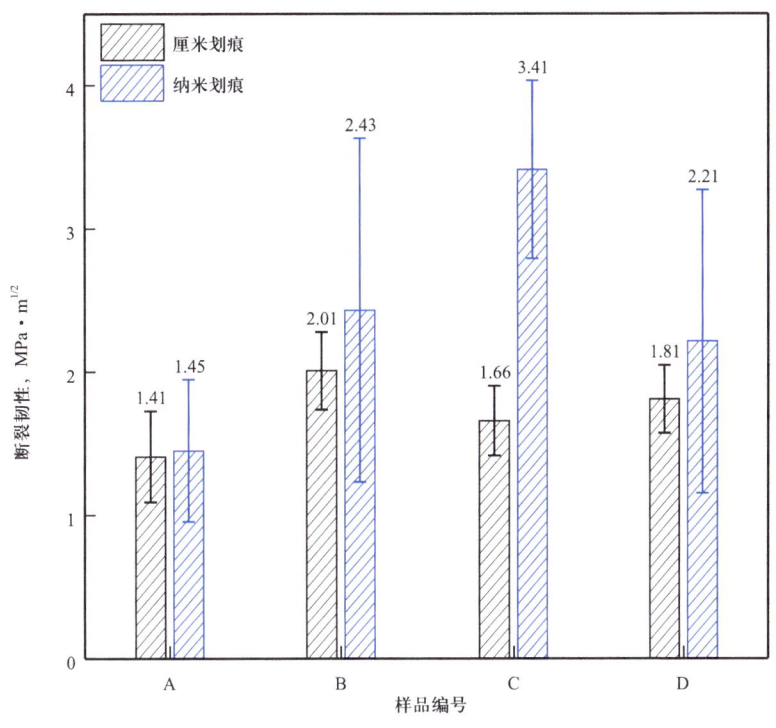

图 4.25　纳米划痕与厘米划痕断裂韧性的比较

图 4.26 显示了纳米划痕实验和厘米划痕实验得到的断裂韧性的相关关系。对两种不同尺度下获得的断裂韧性值进行多项式回归拟合，曲线拟合结果表明，纳米划痕断裂韧性值与厘米划痕断裂韧性值具有一定的相关关系。不同岩性的页岩拟合效果不一样，不同岩性的样品多项式拟合公式也不同。由图 4.27 可以看出，不同样品的实验数据和预测数据有误差，因为这两种方法不仅基于不同类型的测量，而且还有不同的尺度，所以可能会有一些误差。黏土矿物含量高的样品 A 和样品 B 误差最大，这与样品 A 和样品 B 的页岩纹层发育程度有关；样品 D 的误差次之；样品 C 的误差最小。

虽然已经对二者直接进行了多项式回归分析，但是结果显示误差较大，因为在做实验过程中，二者所选仪器不同，采集数据的频率也不相同。为了进一步精确探究样品 A 和样品 B 纳米划痕和厘米划痕数据之间的关系，对二者得到的实验数据进行预处理，将纳米划痕实验得到的数据每隔 10μm 取一个点，因为两个厘米划痕实验的样品尺寸大小不一，所以得到的数据根据实际情况取点，使得二者数据维度保持一致。图 4.28 显示了预处理之后页岩样品 A 和样品 B 的多项式拟合结果。

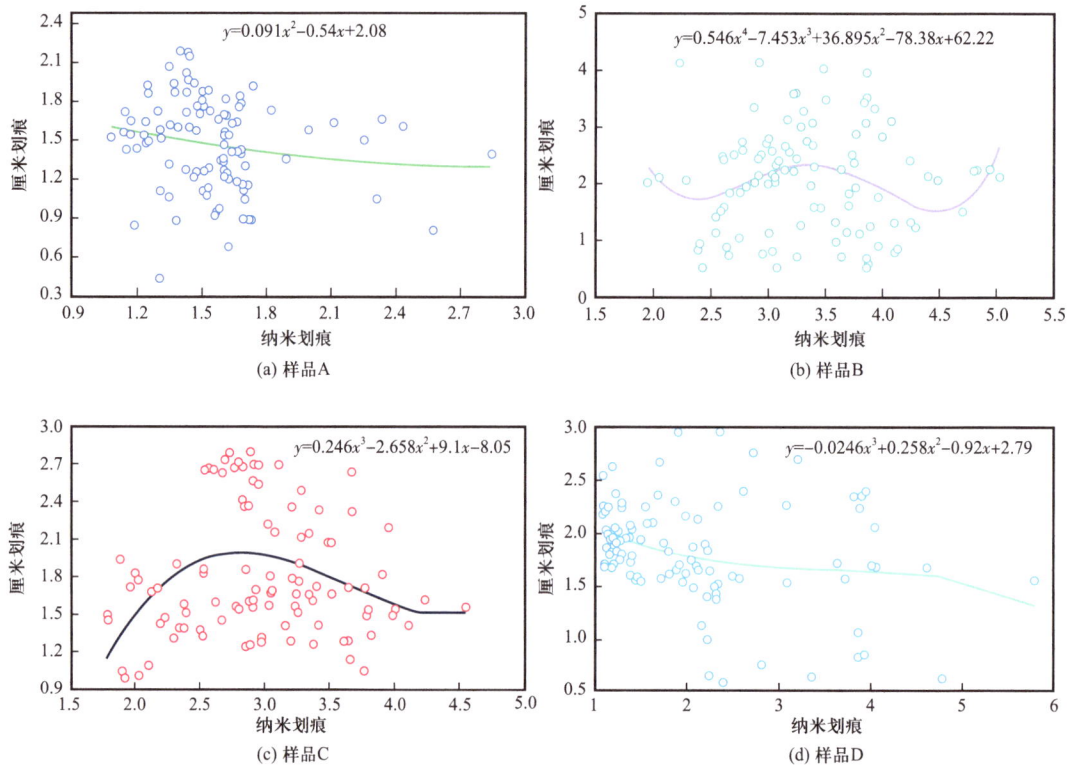

图 4.26 宏观实验纳米划痕实验数据与厘米划痕实验数据拟合

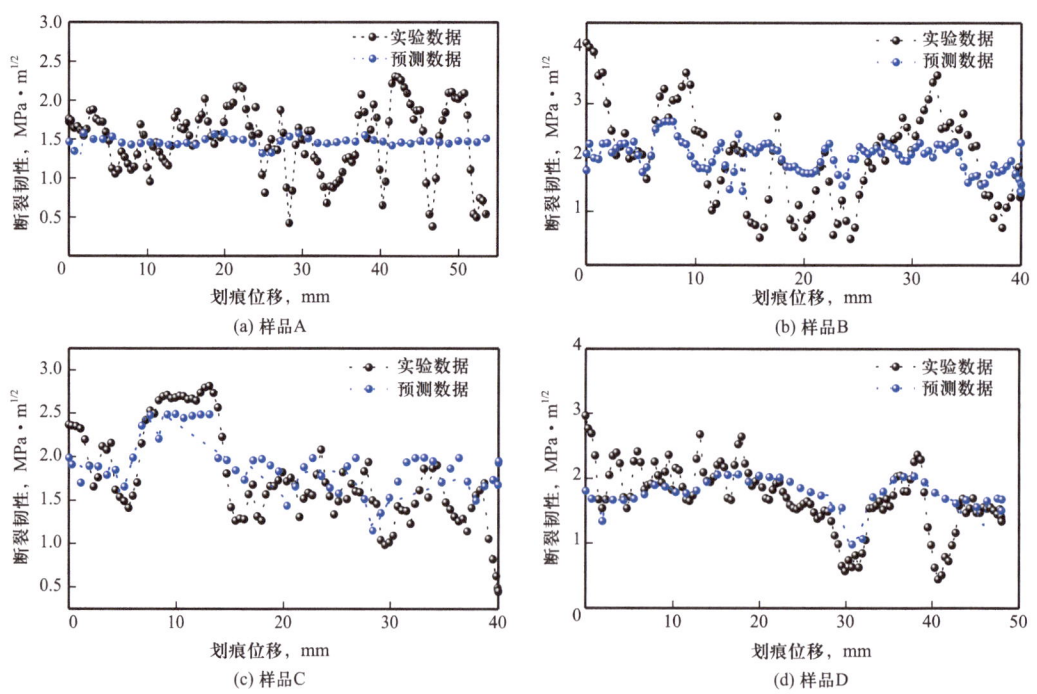

图 4.27 宏观实验页岩断裂韧性实验数据与预测数据

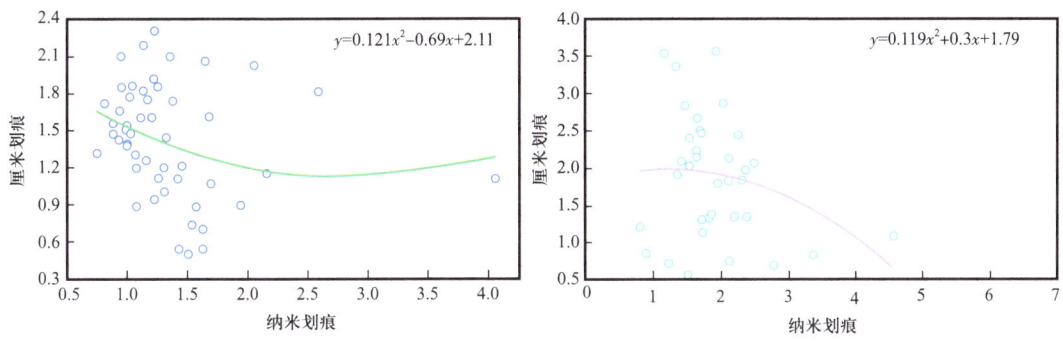

图 4.28　微观实验纳米划痕实验数据与厘米划痕实验数据拟合

由图 4.29 可见，经过数据预处理以后的两种尺度下划痕数据拟合得较好，实验数据和预测数据之间相关性大。上述结果表明，由于样本数量少和两种不同尺度导致结果出现误差。但是随着实验次数的增加，可能会得出一种更精确的计算方法用于提高断裂韧性计算的准确性。页岩钻孔岩心通常由一些完好和不完整的部分组成，这给取样带来了挑战。纳米划痕法可以利用小样品获得断裂韧性，但需要相对较大的实验时间和样品制备工作量。厘米划痕测试则相反，速度非常快，但需要相对完整的核心部分。实验结果表明，两种尺度下获得的断裂韧性值可以通过一个多项式关系进行转换，纳米划痕实验和厘米划痕实验相结合，可以为评价一系列页岩层段（包括完整和非完整岩心样品）的断裂韧性提供一种通用工具。在本研究中，只是通过纳米划痕实验和厘米划痕实验来比较页岩的断裂韧性，今后还将对三点弯实验所得的断裂韧性与纳米划痕和厘米划痕实验所得的断裂韧性进行比较。

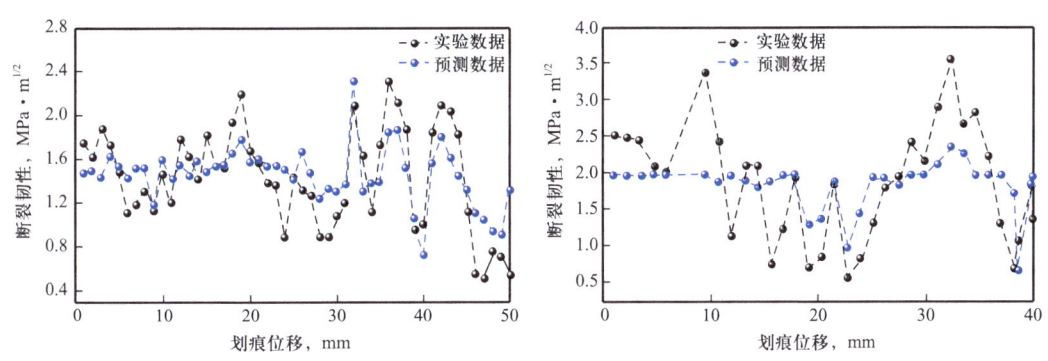

图 4.29　微观实验页岩断裂韧性实验数据与预测数据

对于页岩，研磨和抛光过程是制备用于划痕测试的光滑表面所必需的。然而，由于人为因素、研磨抛光材料和工艺等诸多因素，很难获得低粗糙度的表面。因此，由于页岩样品高粗糙度表面上测量的摩擦系数的影响，摩擦系数方法不能准确地量化界面厚度。这给通过摩擦系数方法量化界面厚度带来了不确定性。先前的划痕测试结果已经揭示了样品 C 具有明显的矿物界面，而且样品 C 中碳酸盐含量为 32.4%，且碳酸盐矿物主要成分为白云石。划痕断裂韧性曲线将该样品分为两个不同的区域，白云石和黏土质之间的断裂韧性有着明显的差异变化。因此，提出了利用划痕实验得出的断裂韧性曲线用于界面研究。断裂韧性的数据首先通过 S 形分析拟合，然后将拟合曲线上的拐点确定为切点，画出一条通过此点的切线，并与两条基线的延长线相交，两个交叉点之间的区域被确定为界面，界面厚度为 1.05mm。断裂韧性在量化界面厚度方面表现出了优越性，拟合度 R^2 为 0.93（图 4.30）。

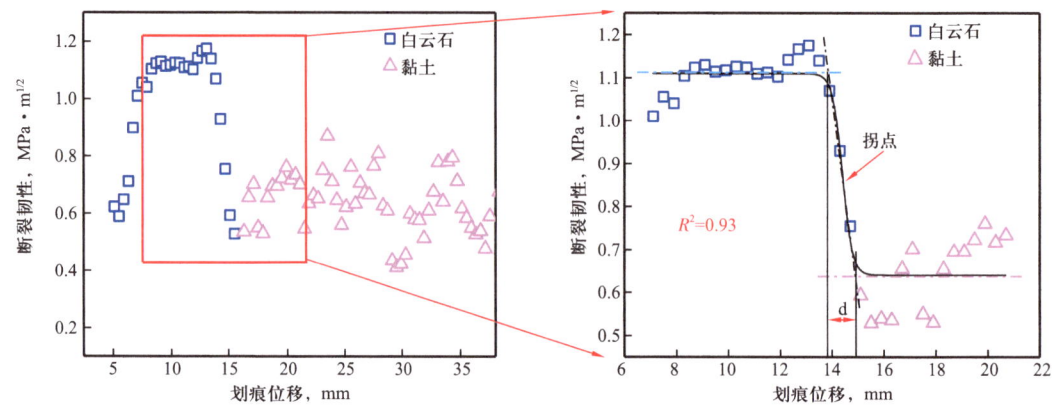

图 4.30 样品 C 界面厚度研究

参 考 文 献

[1] 李宁，冯周，武宏亮，等. 中国陆相页岩油测井评价技术方法新进展[J]. 石油学报，2023，44（1）：28-44.

[2] 崔宝文，蒙启安，白雪峰，等. 松辽盆地北部石油勘探进展与建议[J]. 大庆石油地质与开发，2018，37（3）：1-9.

[3] Manjunath G L, Jha B. Geomechanical characterization of gondwana shale across nano-micro-meso scales[J]. International Journal of Rock Mechanics and Mining Sciences，2019，119：35-45.

[4] Sun C, Li G, Gomah E M, et al. Meso-scale mechanical properties of mudstone investigated by nanoindentation[J]. Engineering Fracture Mechanics，2020，238：107245.

[5] Wang F P, Gale J F. Screening criteria for shale-gas systems[J]. Gulf Coast Association of Geological Societies Transactions，2009，59：779-793.

[6] Hernandez-Uribe L A, Aman M, Espinoza D N. Assessment of mudrock brittleness with micro-scratch testing[J]. Rock Mechanics and Rock Engineering，2017，50：2849-2860.

第 5 章

纳米压痕—划痕有限元模拟

在前文中开展了纳米压痕实验和理论推导，研究了纹层发育条件下软硬矿物交杂情况下纹层页岩压入做功能量的影响因素。结合压痕能量分析，富纹层页岩的弹性能量与总能量的比值（U_e/U_t）受到纹层矿物无量纲参数 v_1+v_2、Y_1+Y_2、E_1+E_2 的影响。在研究页岩的力学性质时，需要综合考虑纹层的组分和结构，例如微观尺度上不同纹层泊松比、纹层厚度、不同纹层倾角等特征，而不仅仅考虑单一的力学参数。为了进一步推导页岩压痕和划痕实验过程中力学参数之间的具体联系，采用商用软件ABAQUS对压痕和划痕实验进行多个影响因素分析数值模拟。使用有限元法对材料表面的划伤特征进行模拟，不仅可以得到材料的应力分布，而且可以预测材料在载荷作用下裂纹的产生和扩展趋势[1]。此外，基于量纲分析和纳米划痕有限元分析，可以对材料的屈服应力、应变硬化指标、界面摩擦系数等塑性参数进行无量纲组合并拟合出所需要的系数[2]。基于非均质性特征建立软硬矿物交杂条件下的二维平面模型，进行不同纹层参数的富纹层页岩压入过程模拟。基于三维的纳米划痕实验模拟讨论了不同划入深度、划痕位移对应力传递和破坏模式的影响，并分析了压头连续测量跨区域变化ITZ区间的曲线波动形态。

5.1 压/划痕有限元模型建立

5.1.1 量纲系统与模拟部件

ABAQUS软件没有自带的单位制，在建立模型时，需要确定所采用的量纲，常用的一致性量纲系统见表5.1。

表 5.1 ABAQUS 量纲系统

量纲系统	SI	SI（mm）	US Unit（ft）	US Unit（inct）
长度	m	mm	ft	in
载荷	N	N	lbf	lbf
质量	kg	t	slug	lbf·s^2/in
时间	s	s	s	s
应力	Pa（N/m^2）	MPa（N/mm^2）	lbf/ft^2	psi

续表

量纲系统	SI	SI（mm）	US Unit（ft）	US Unit（inct）
能量	J	mJ	ft·lbf	in·lbf
密度	kg/m³	t/mm³	slug/ft³	lbf·s²/in⁴

常用的量纲系统有 SI、SI（mm）、US Unit（ft）和 US Unit（inct）。本书所制备的样品厚度及颗粒尺寸在微纳米级别，因此选用 SI（mm）单位系统。为减少计算时间，纳米压痕有限元模拟简化定义为平面应变问题，纳米划痕采用三维模型。在建立模拟模型时，根据压入深度应小于材料总高度的 1/10 的条件。设定材料高度为 5μm，压入深度为 500nm，模型宽度为 10μm。这样在确保正确性的基础上可以大大减少分析计算的工作量与时间。建立三个部件，从上到下依次为可变形体弹性薄层，解析刚体压头和基底，见表 5.2。

表 5.2 模拟模型各部件类型

部件名称	纳米压痕部件	纳米划痕部件
可压缩弹性薄层	二维可变形体	三维可变形体
基底	二维解析刚体	三维解析刚体
锥形压头	二维解析刚体	三维解析刚体

5.1.2 求解器与摩擦接触设定

ABAQUS 软件的核心在于内置的两个求解器，即 ABAQUS/Standard 和 ABAQUS/Explicit，Explicit 是显式分析求解器，用于特殊目的的分析模块，利用对时间的显式积分求解动态有限元方程，显式分析器适用于处理动态和高速冲击等问题。

由于纳米尺度下的力学行为通常是缓慢且稳定的，因此适合使用静力学分析。静力学分析可以准确地预测纳米压痕实验中材料变形和应力分布情况，为研究纳米材料的力学性能提供重要参考。此外，对于小尺度模型，使用 ABAQUS 隐式分析器可以获得更准确和稳定的解，并且能够更快地实现收敛。结合所研究的微纳米尺度模型，本章数值模拟选用 ABAQUS/Standard 求解器，具体设置如图 5.1 所示。

接触算法使用单纯的主—从接触计算方式，压头与被测材料间的接触方式选为面—面接触方式。从面上的节点不能侵入主面的任何部分，而主面可以在从面的节点之间侵入从面。如图 5.2 所示，结合实际的纳米压痕实验，设置压头为主面，被测材料为从面，法向接触设置为"硬接触"。在使用有限滑动接触公式时，ABAQUS 会经常判断主面上的区域与从面每个节点的接触状态。当接触压力变为零或负值时，接触面分离，约束就被撤销，切向接触属性为有限滑移，设置为"罚接触"，为了计算简便，设置摩擦系数为 0.1。

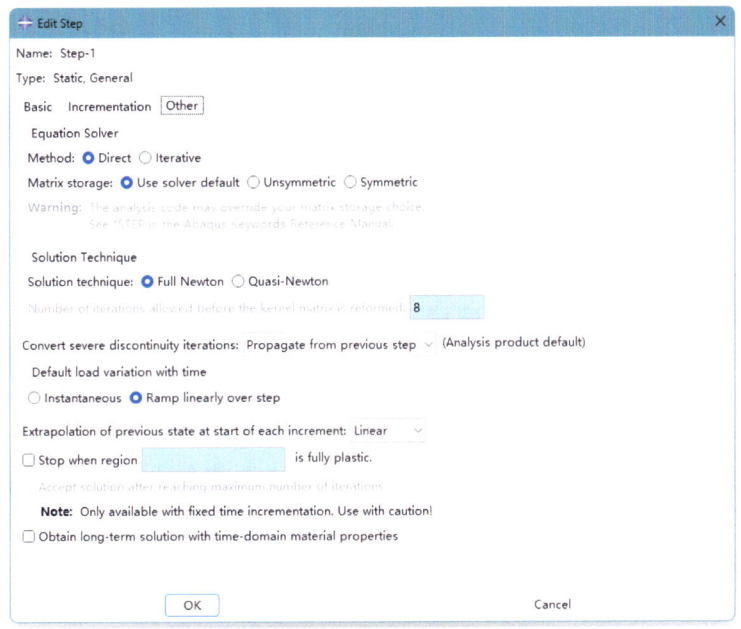

图 5.1　求解器设定

图 5.2　摩擦系数和接触条件设定

5.1.3　压头与材料建模

5.1.3.1　纳米压痕二维压头建模

对于模型的轴对称结构，二维有限元模拟与三维模拟具有较为接近的计算精度，为了节约计算时间，对纳米压痕进行二维建模，侧边与相邻面夹角为 140.6°，垂线与面夹角为 70.3°，具有很高的弹性模量和硬度。将压头弹性模量设置为 1140GPa，泊松比为 0.07，不易发生变形，可以避免压头对试件测量的耦合影响。Berkovich 压头设置为小尺度内保持自相似，从而减小摩擦的影响，确保适用于小尺度的压痕实验。纳米压痕尖端模拟二维几何模型如图 5.3 所示，模型中压头的半角设定为 70.3°，这与真实的 Berkovich 压头具有相同的投影面积。

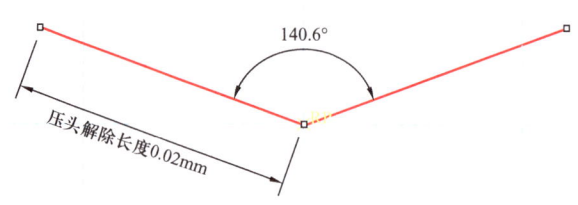

图 5.3　纳米压痕尖端模拟二维几何模型

5.1.3.2　纳米划痕三维压头建模

纳米划痕有限元模拟中，当压头角度较大破坏样品表面时，试样表面的残余截面轮廓、摩擦系数和沿划伤方向的残余应力变化较大[3]。样品破坏堆积量和摩擦系数随压头尖端半径的增大而减小，在划痕实验的有限元模拟中调整合适的尖端半径，可以获得所需的划痕轮廓和表面[4]。对划痕实验过程中压头半径的影响进行预测和测量是非常必要的，否则会严重影响纳米划痕有限元模拟结果的准确性[5]。

在纳米划痕实验过程中，压头和被测材料的形状和几何特征可能是非轴对称的。相比于二维建模，三维建模能更真实地反映实际情况，准确描述划痕过程中的变形和应力分布。此外，相较于二维建模，三维建模能提供更全面、准确的划痕形貌信息，有助于深入理解划痕机制。综上所述，在纳米划痕的有限元模拟中采用三维建模，压头的三维几何模型如图 5.4 所示。

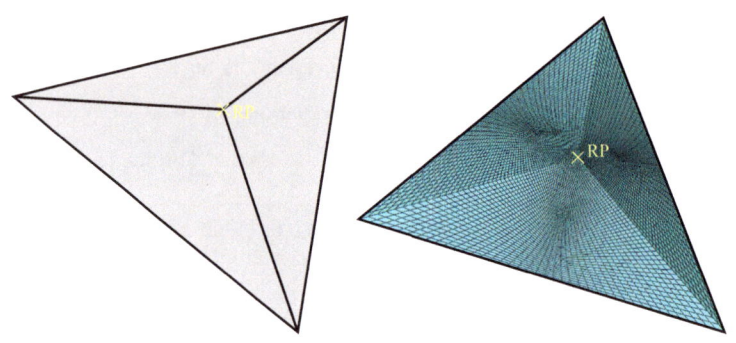

图 5.4　纳米划痕压头三维几何模型

5.1.3.3　纳米压痕二维平面建模

由于压痕实验是一种局部的测试手段，试样的外形尺寸受到压头形状、压入深度和材料性质的影响。一般来说，试样的各向尺寸为压入深度的 10 倍左右，以确保试样不受材料外边界面约束变化的影响。综合考虑实验压入深度和应力传递范围，建立了一个 $100\mu m \times 50\mu m$ 的平面模型，选择了纹层页岩的真实应力、真实塑性应变数据作为材料参数输入有限元模型中进行计算。为了更接近真实的模拟纹层页岩的压入过程，纹层位于衬底刚体材料上方。如图 5.5 至图 5.7 所示，纹层总厚度设置为 3750nm，纹层倾角设置为 0°、

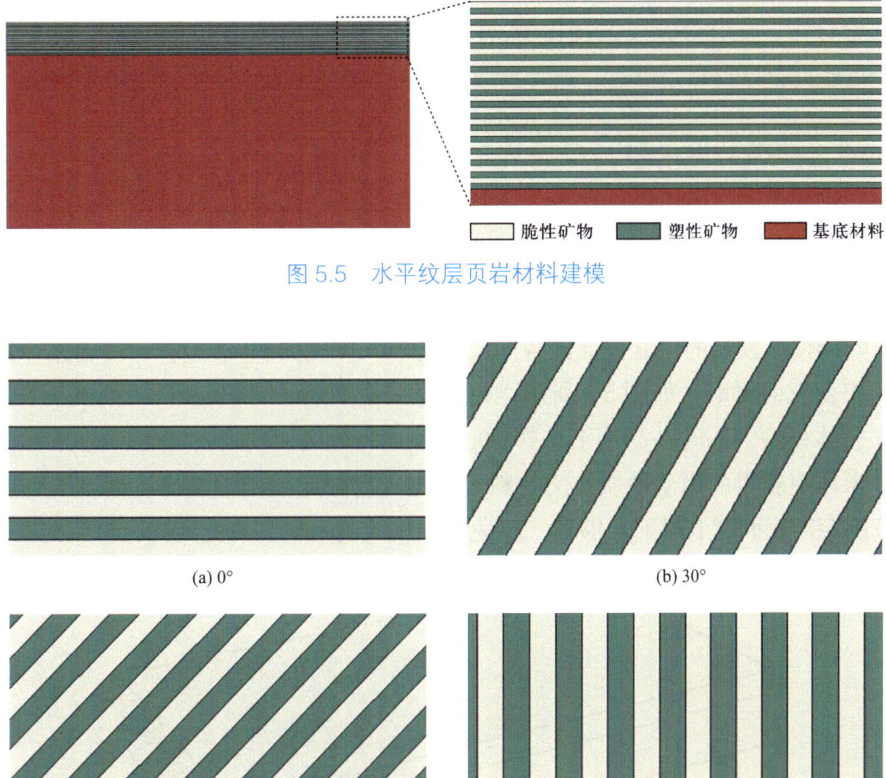

图 5.5 水平纹层页岩材料建模

(a) 0°

(b) 30°

(c) 45°

(d) 90°

图 5.6 纳米压痕二维模型纹层倾角

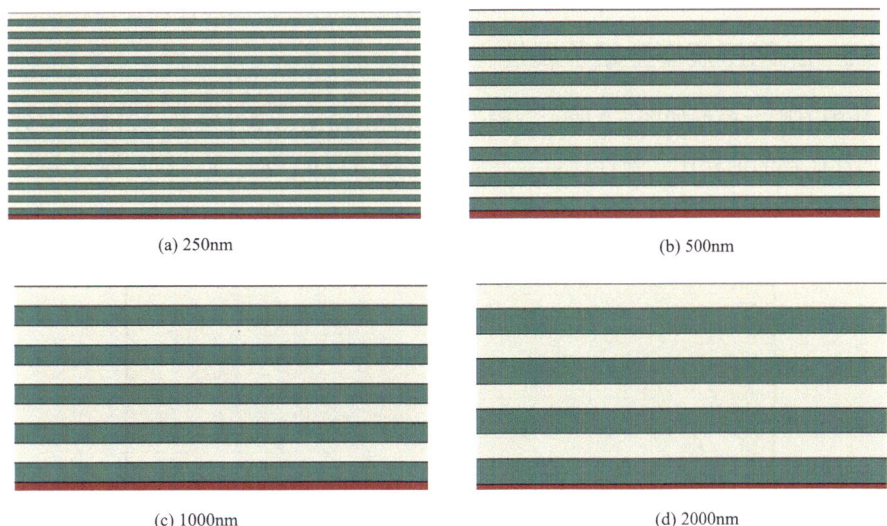

(a) 250nm

(b) 500nm

(c) 1000nm

(d) 2000nm

图 5.7 纳米压痕二维模型纹层厚度

30°、45°、90°,纹层分层厚度为250nm、500nm、1000nm、2000nm,塑性矿物和脆性矿物等间隔交叠分布。在有限元模拟过程中,压痕完整压入两层矿物,同时压头应力和能量传递范围距离底面衬底材料足够远,避免所收集到的力学参数受到衬底材料的影响。

5.1.3.4 纳米划痕三维立方体建模

纳米划痕中,数值模拟重点在于跨区域收集材料的力学性能参数,三维建模可以更好地考虑材料的体积效应,从而更准确地预测划痕的力学响应和材料性能,材料破坏后的三维形貌对理解变形行为和力学性能有重要影响。纳米划痕测试由于三维立体模型网格数量多,运算时间慢。模型的建立要保证各向尺寸为压入深度的10倍左右,以确保不受材料外边界面约束变化的影响。如图5.8所示,建立了一个700μm×400μm×100μm(长×宽×高)的立方体模型,同时在高度上选择30μm处进行分区以便局部加密。选择了纹层陆相页岩的纳米压痕获得的力学性质作为材料参数输入有限元模型中进行计算。压头应力和能量传递范围距离底面衬底材料足够远,避免所收集到的力学参数受到衬底材料的影响。

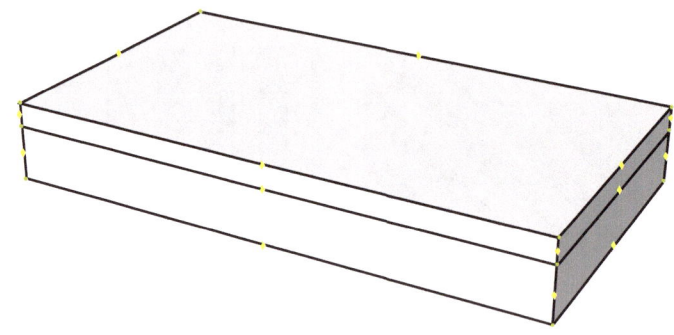

图5.8 纳米划痕三维模型

5.1.3.5 纳米压痕模型赋予属性

纳米压痕有限元模型如图5.9所示,脆性矿物的泊松比、弹性模量、屈服强度分别为v_1、E_1、Y_1,塑性矿物的泊松比、弹性模量、屈服强度分别为v_2、E_2、Y_2,纹层厚度为S,纹层间

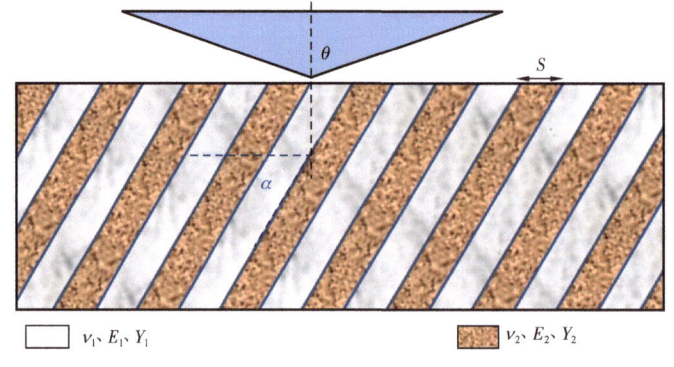

图5.9 纹层页岩的有限元模型

倾角为 α。基于纳米压痕实验获得的纹层页岩的弹性模量和硬度，结合考虑压头下方出现纯塑性矿物或纯脆性矿物的极端情况，各矿物设置模型中的各部分材料属性见表 5.3。

表 5.3 有限元模型中矿物的力学参数

E_1, GPa	Y_1, MPa	E_2, GPa	Y_2, MPa	v	S, nm	$α$, (°)
60	130	20	50	0.1	250	0
80	170	30	70	0.15	500	30
100	210	40	90	0.2	1000	45
120	250	50	120	0.3	2000	90

5.1.3.6 纳米划痕三维模型赋予属性

在 ABAQUS 软件中，Maxe 损伤是一种用于描述材料在受力过程中损伤行为的常见本构关系。Maxe 损伤模型基于线性弹性理论，并考虑了材料在受力过程中的弹性变形和塑性损伤变形，用于描述各种材料的损伤行为，包括金属、复合材料和岩石等。为更好地观察压头划过的材料被破坏情况，材料采用 Maxe 损伤，损伤演化断裂能设置为 0.05J，设置弹性模量为 $2.65×10^{-9}$J，屈服应力为 50MPa，泊松比设置为 0.2。如图 5.10 所示，异质矿物过渡区的材料属性按照纳米压痕实验收集到的长英矿物混杂型纹层页岩弹性模量进行设置，赋予塑性材料弹性模量为 6.414GPa，脆性材料弹性模量为 31.714GPa。

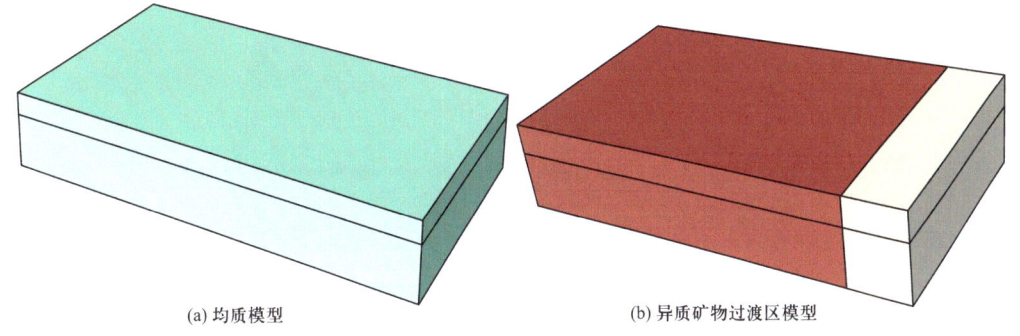

(a) 均质模型　　　　　　　　　　(b) 异质矿物过渡区模型

图 5.10 纳米划痕三维模型赋予属性截面

5.1.4 网格划分与边界条件

5.1.4.1 纳米压痕二维模型网格划分

为了提高计算效率，对沿压痕截面的网格进行细化。被测试样的应力和应变主要集中在压痕附近区域，远处的应力和应变几乎为零。因此，只需构建局部材料模型，并采用局部网格细化，可以减少总的单元数，提高计算效率，节约计算时间。选用适用于大应变分析的线性减缩积分单元格（CPS4R），并通过局部细网格加密，试件被划分为32970个网格，如图5.11所示。

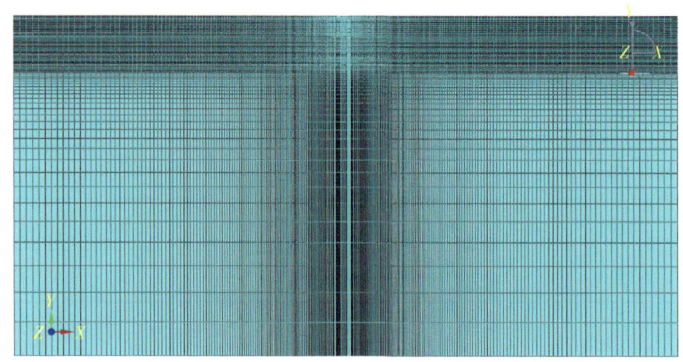

图5.11　水平纹层页岩局部网格加密

5.1.4.2　纳米划痕三维模型网格划分

为了提高计算效率，对沿三维模型的网格同样进行了局部细化，减少单元数量，从而提高计算效率并节约计算时间。由于纳米划痕过程中材料会发生较大变形，因此网格划分选用具有较高计算精度且适用于大应变分析的线性减缩积分六面体单元C3D8R。试件被划分为118000个网格，采用沙漏控制减缩积分控制，如图5.12所示。

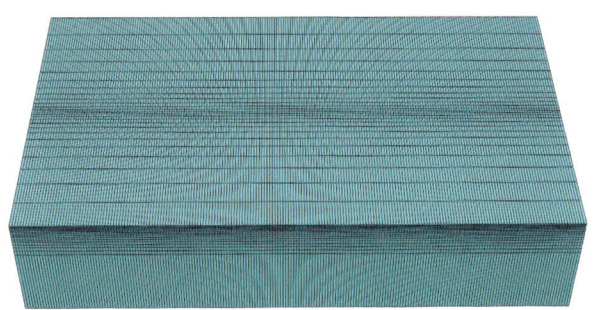

图5.12　水平纹层页岩局部网格加密

5.1.4.3　分析步与边界条件

ABAQUS软件允许的最大分析增量步数为1000。由于纳米划痕模拟过程存在复杂的接触和大的塑性变形，分析不容易收敛。因此，初始增量步长设为10^{-8}，允许的最小增量步长设为10^{-20}，允许的最大增量步长设为0.01。

纳米压痕实验分为加载、稳定载荷和卸载三步。稳定载荷的目的是排除材料蠕变对性能的影响。在压痕模型中，主要考虑研究纹层间矿物软硬交杂和纹层参数的影响，材料被设置为理想弹塑性，不考虑蠕变的影响。边界条件是有限元计算的重要部分，沿对称轴的水平位移为零，压头向下的自由度，被测材料下边界的轴向位移限制为0（图5.13）。

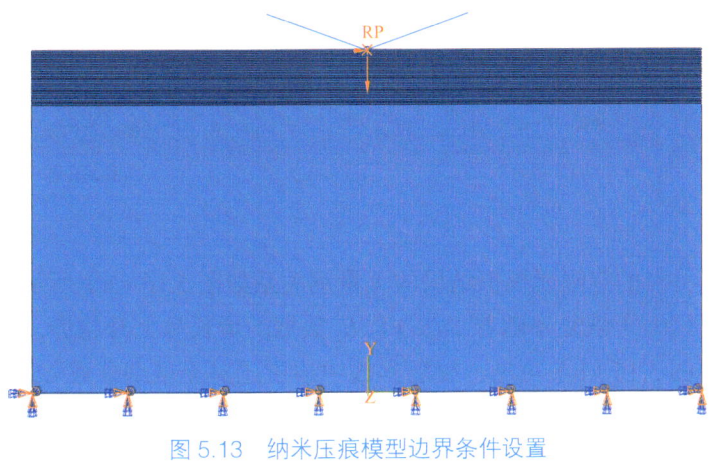

图5.13 纳米压痕模型边界条件设置

RP—参考点

由于陆相页岩材料实际尺寸较大，外侧可作为自由面或水平位移约束面，在两种边界条件下计算结果一致。如图5.14所示，压头为刚体，力和位移集中到一点，命名为参考点，为数据输出提供便利。纳米划痕实验为位移控制，压头压入材料后移动以破坏材料，分析步和边界条件设置与二维压痕模型一致。

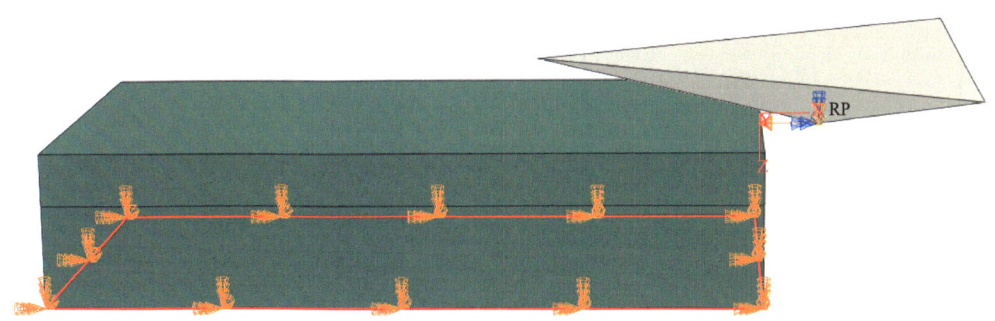

图5.14 纳米划痕模型边界条件设置

5.2 纳米压痕有限元模拟结果

5.2.1 纹层泊松比对压入能量标度关系的影响

在固定倾角为0°、纹层厚度为500nm的层状页岩上进行了共计64组纳米压痕模拟，以验证泊松比对压痕结果的影响。图5.15为具有不同泊松比参数纳米压痕的有限元模拟云图。结果表明，随着压入深度的增加，载荷逐渐增加，应力集中在弹性模量和屈服强度较高的纹层，泊松比的变化对材料的变形和应力传递过程几乎没有影响。

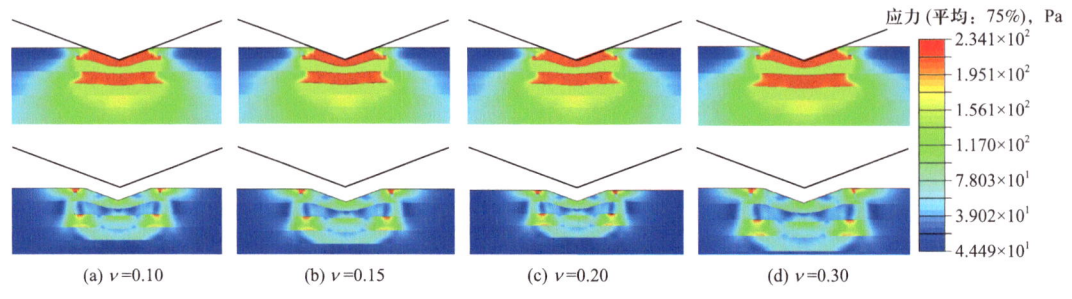

图 5.15　不同纹层泊松比的纳米压痕模拟应力云图

不同泊松比材料的有限元模拟结果的无量纲关系如图 5.16（a）所示。可以看出，无量纲压痕能量（U_e/U_t）恢复率随着 $Y_1/E_1+Y_2/E_2$ 数据的增长呈上升趋势，不同泊松比的趋势基本一致。由图 5.16（b）可见，纹层参数中泊松比对无量纲参数 U_e/U_t 的影响几乎可以忽略不计。值得注意的是，当 v 为 0.1 时，能量恢复率会有一个提前增长区，这是由于纹层泊松比较小，导致材料的横向变形较大。当无量纲参数 $Y_1/E_1+Y_2/E_2$ 大于 0.35 时出现了提前增长区。在 v 大于 0.2 的数值模拟中，没有出现提前增长区，随着 $Y_1/E_1+Y_2/E_2$ 的增加，两个区域反而都出现了能量退化区。这是因为随着 $Y_1/E_1+Y_2/E_2$ 的增加，软硬矿物之间的变形不一致，导致接触得不完全，造成无量纲能量退化。

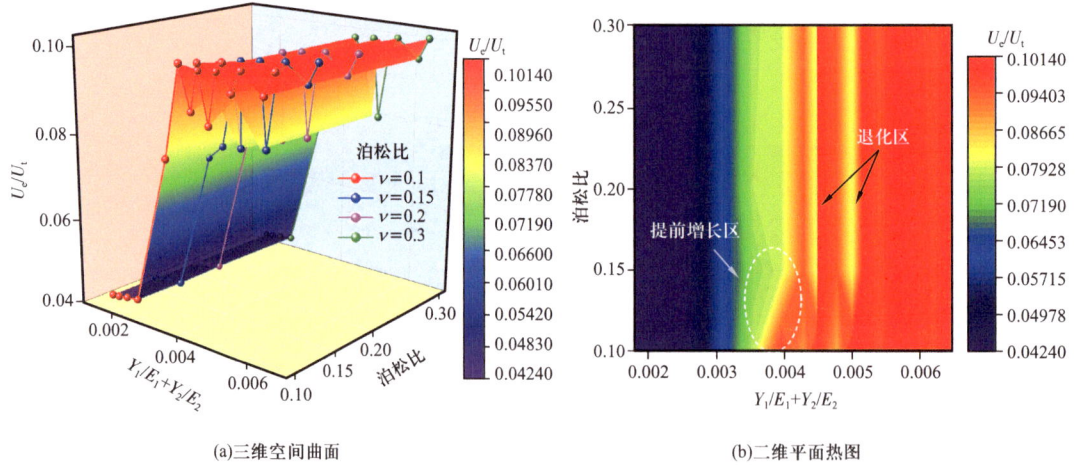

(a) 三维空间曲面　　　　　　　　　　(b) 二维平面热图

图 5.16　不同泊松比纹层的能量回收率

泊松比对页岩卸压功的影响较小。对于水平纹层，分析力学参数与压痕做功之间的关系很重要。为了研究无量纲参数 Y_1/E_1 和 Y_2/E_2 对压痕能量的影响，使用 DoseResp 表面函数拟合模型对三维数据进行拟合。如图 5.17（a）所示，可以根据拟合方程确定 U_e/U_t、Y_1/E_1 和 Y_2/E_2 之间的相关度，曲面拟合公式见式（5.1）。无量纲参数 Y_1/E_1 的相关系数为 $1.456×10^6$，远大于 Y_2/E_2 的相关系数。这表明，在不同的水平纹层泊松比下，屈服强度和弹性模量较高的矿物对压痕能量有决定性的影响。

$$\frac{U_e}{U_t} = -2.519 + 9.487 \times \left\{ 1 / \left[1 + \left(1.456 \times 10^6 \times \frac{Y_1}{E_1} \right)^{-0.023} \right] \right\} \times \left\{ 1 / \left[1 + \left(800 \times \frac{Y_2}{E_2} \right)^{-0.0283} \right] \right\}$$
（5.1）

为了找到适合层状页岩的能量标度关系，遵循量纲均匀化原理，将 $Y_1/E_1+Y_2/E_2$ 作为一个关键的无量纲参数，并在不同的泊松比下建立了能量回收率函数关系。使用玻尔兹曼增长函数进行拟合，如图 5.17（b）所示。水平层状页岩的压痕能量标度参数与玻尔兹曼增长函数之间的相关性较强，R^2 大于 0.9。由于泊松比 $v=0.1$ 组数据的离散性较大，拟合曲线的初始斜率有一定变化。拟合方程结果见式（5.2），根据该式可以获得新的无量纲参数与压痕能量回收率之间的无量纲关系。

$$\frac{U_e}{U_t} = 0.04269 - 0.05466 / \left\{ 1 + \exp\left[\left(\frac{Y_1}{E_1} + \frac{Y_2}{E_2} - 0.00336 \right) / \left(5.57 \times 10^{-4} \right) \right] \right\} \quad (5.2)$$

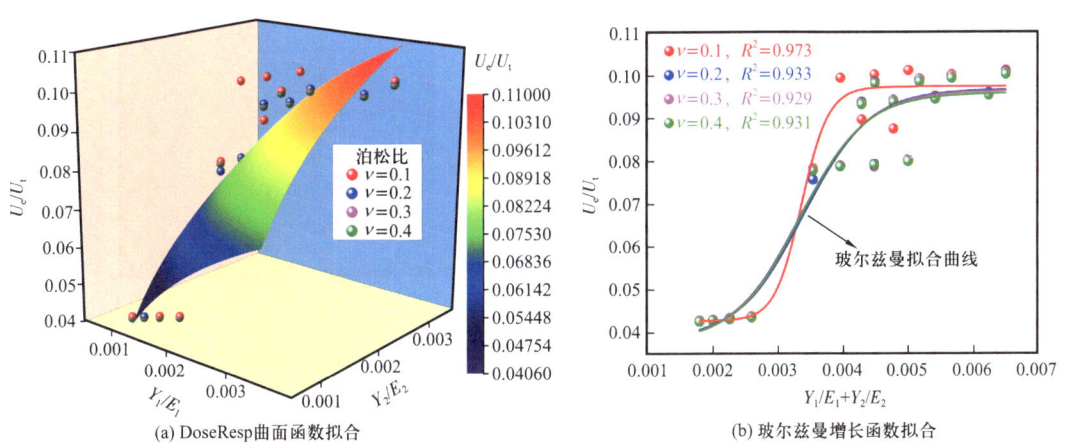

图 5.17　不同泊松比纹层的无量纲关系拟合

5.2.2　纹层厚度对压入能量标度关系的影响

在固定倾角为 0°、泊松比为 0.3 的层状页岩上进行了共计 64 组纳米压痕模拟，以验证纹层厚度对压痕结果的影响，图 5.18 显示了压痕区域下方的应力传递结果。随着压入深度逐渐增加，压头应力逐渐增大，纹层间应力和能量的传递主要取决于屈服强度和弹性模量提高的矿物。当纹层厚度较小时，压缩能量传播距离增加。此外，随着纹层厚度的增加，页岩表面的残余应力面积也相应增大。

如图 5.19（a）所示，能量回收率 U_e/U_t 随着 $Y_1/E_1+Y_2/E_2$ 数据的增长呈上升趋势，不同纹层厚度的变化趋势基本一致，可见纹层厚度对无量纲参数能量回收率的影响相对较弱。在图 5.19（b）中，在 $S=2000nm$ 处出现了一处微弱的早期增长区，这是由于随着纹层厚度的增加，对压力能量传递的作用较弱，应力和能量无法较快的传递到下一个纹层。

此外，在 $Y_1/E_1+Y_2/E_2=0.0045$ 和 0.0052 时，出现了无量纲能量的退化区域，这与不同泊松比纹层压入过程所示的情况相似。

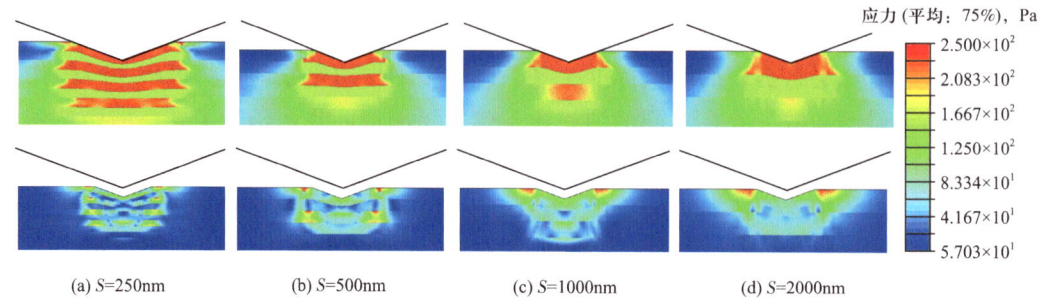

图 5.18　不同厚度纹层的压痕模拟应力云图

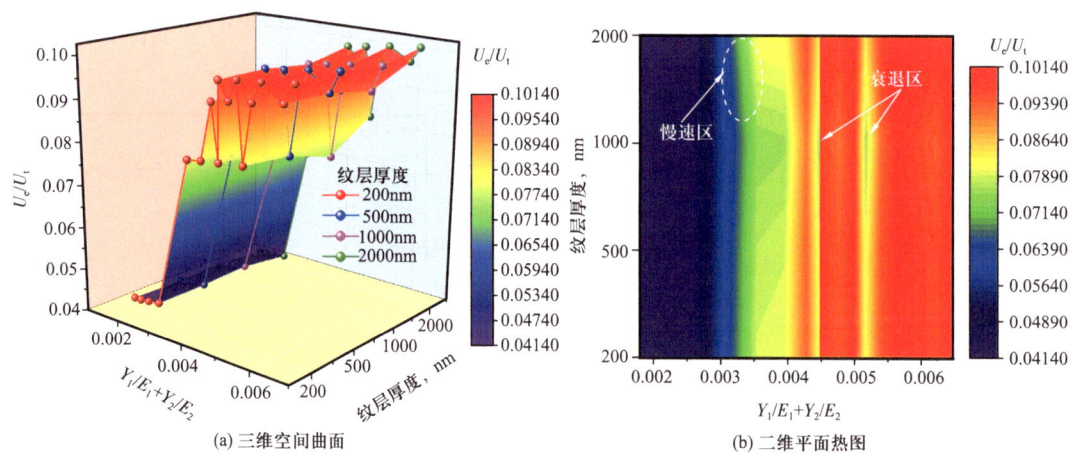

图 5.19　不同厚度纹层的能量回收率

为了检验不同纹层厚度模型中无量纲 Y_1/E_1 和 Y_2/E_2 参数对能量回收率的影响，使用 DoseResp 表面函数来拟合有限元模型，如图 5.20（a）所示。曲面拟合公式为式（5.3），其中 Y_1/E_1 的相关系数为 1.757×10^7，这代表具有高屈服强度和弹性模量的脆性矿物对能量回收率的相关系数有显著影响。在不同厚度层的页岩中，具有较高屈服强度和弹性模量的矿物仍然对无量纲能量回收率产生显著影响。

$$\frac{U_e}{U_t}=-1.667+6.228\times\left\{1/\left[1+\left(1.757\times 10^7\times\frac{Y_1}{E_1}\right)^{-0.020}\right]\right\}\times\left\{1/\left[1+\left(2441\times\frac{Y_2}{E_2}\right)^{-0.0267}\right]\right\}$$

（5.3）

玻尔兹曼增长函数用于建立无量纲参数 $Y_1/E_1+Y_2/E_2$ 和 U_e/U_t 的拟合关系，如图 5.20（b）所示。对于 1000nm 以下的纹层厚度，增加的厚度会产生应力传递断层，并降低无量纲能量回收率。然而，对于超过 2000nm 的纹层厚度，纹层厚度对压痕过程的影响减小，最终导致无量纲硬度进一步增加。$Y_1/E_1+Y_2/E_2$ 被认为是一个无量纲参数。研究了在不同纹层厚度条件下这些参数之间的相关性，式（5.4）描述了拟合函数。

$$\frac{U_\text{e}}{U_\text{t}} = 0.03915 - 0.09502 / \left\{1 + \exp\left[\left(\frac{Y_1}{E_1} + \frac{Y_2}{E_2} - 0.00332\right) / \left(4.59 \times 10^{-4}\right)\right]\right\} \quad (5.4)$$

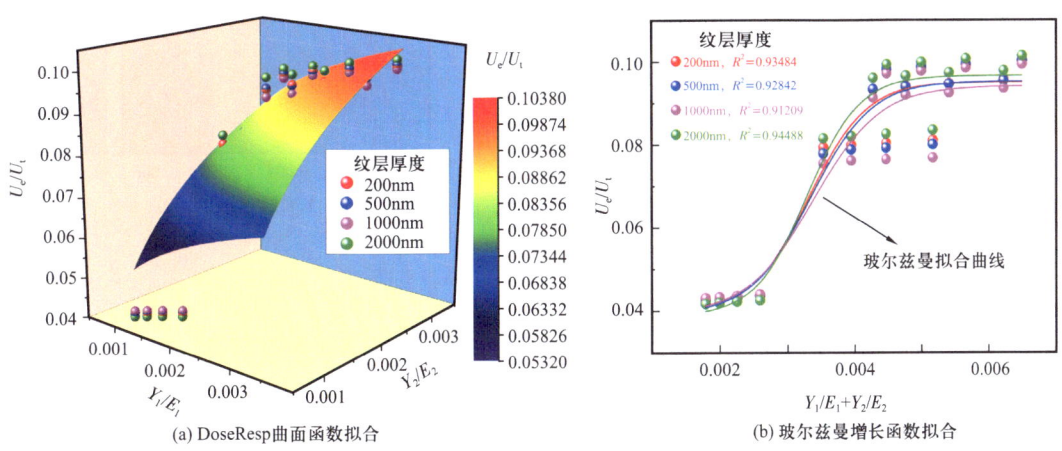

(a) DoseResp曲面函数拟合　　　　　(b) 玻尔兹曼增长函数拟合

图 5.20　不同纹层厚度的无量纲关系拟合

5.2.3　纹层倾角对压入能量标度关系的影响

设置 250nm 的固定纹层厚度和 0.3 的恒定泊松比，使用纹层倾角 α 作为变量。不同倾角纹层页岩压痕有限元模拟产生的应力云图如图 5.21 所示，应力主要沿纹层方向分布，大部分能量集中在压头下方形成圆形集中应力区。

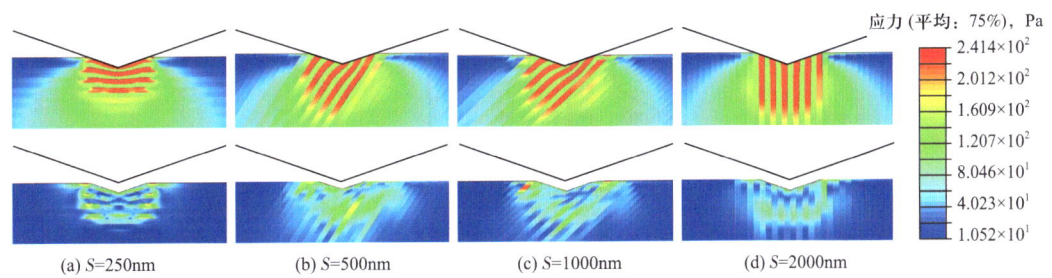

(a) S=250nm　　(b) S=500nm　　(c) S=1000nm　　(d) S=2000nm

图 5.21　不同倾角纹层的压痕模拟应力云图

图 5.22（a）显示了无量纲参数 $Y_1/E_1+Y_2/E_2$ 与能量释放速率之间的相关性，U_e/U_t 随 $Y_1/E_1+Y_2/E_2$ 的增加而稳步上升，不同纹层倾角的页岩力学性质变化趋势较为接近。图 5.22（b）表明，当 $Y_1/E_1+Y_2/E_2$ 为 0.0033 时，α 为 30°的纹层倾角压痕能量 U_e/U_t 表现出较为微弱的提前增长区，这是由于较小的纹层倾角导致应力分布更加均匀。在 $Y_1/E_1+Y_2/E_2$ 为 0.0045～0.0052 的区域，观察到了无量纲的能量退化区域，在泊松比和厚度作为变量的模拟中也观察到了这种现象。此外，在 $Y_1/E_1+Y_2/E_2$ 为 0.0042 的区域，纹层倾角低于 60°的模型由于较小的残余应力而显示出能量积累区域。

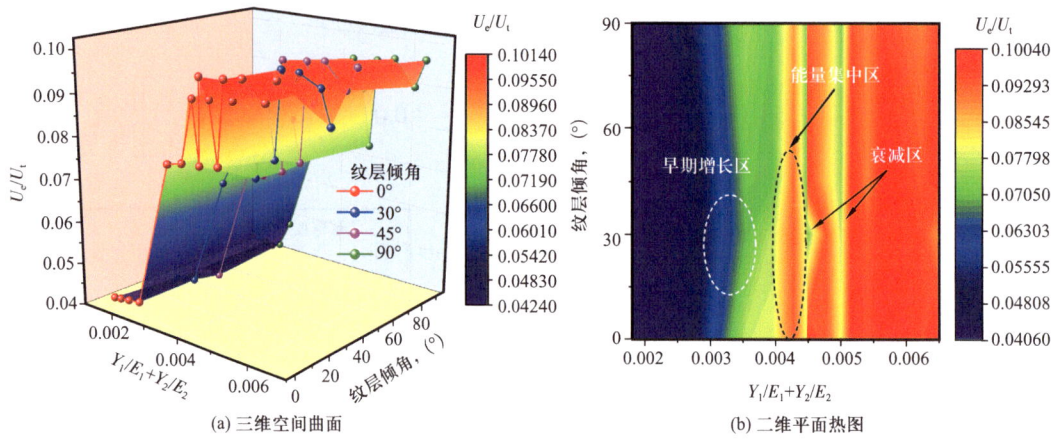

图 5.22 不同纹层倾角的能量回收率

为了检验无量纲 Y_1/E_1 和 Y_2/E_2 参数对各种纹层倾角模型的影响程度，使用表面函数拟合模型来获得无量纲关系，如图 5.23（a）所示。式（5.5）为曲面拟合解析式。无量纲参数 Y_1/E_1 和 Y_2/E_2 的系数分别为 $1.7547×10^4$ 和 $1.988×10^7$。在倾斜纹层页岩的压裂过程中，屈服强度和弹性模量较低的矿物会影响压裂能量。在实际页岩压痕测试中，强调伊利石和绿泥石等塑性矿物对压痕能量的影响至关重要。

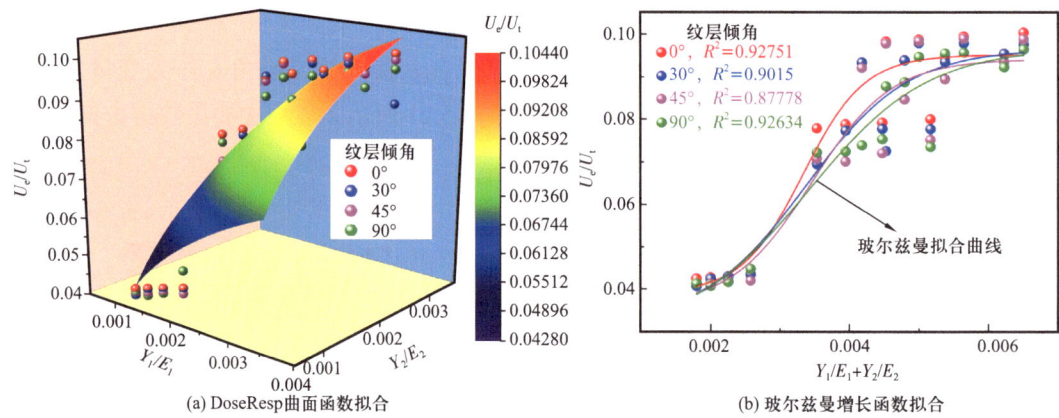

图 5.23 不同纹层倾角的无量纲关系拟合

$$\frac{U_e}{U_t} = -2.225 + 7.189 \times \left\{ 1 / \left[1 + \left(1.755 \times 10^4 \times \frac{Y_1}{E_1} \right)^{-0.0221} \right] \right\} \times \left\{ 1 / \left[1 + \left(1.99 \times 10^7 \times \frac{Y_2}{E_2} \right)^{-0.0233} \right] \right\}$$

（5.5）

研究了不同纹层条件下无量纲参数 $Y_1/E_1+Y_2/E_2$ 与 U_e/U_t 之间的函数关系，并使用玻尔兹曼增长函数拟合，如图 5.23（b）所示。可以看出，当纹层倾角为 0° 时，无量纲能量达到最高值。由于倾角对应力和能量传递的影响，能量回收不完全，导致残余应力在纹层内积聚。随着倾角 $α$ 的增大，无量纲能量逐渐减小。不同倾角的纹层中无量纲关系的增长趋势相似，随着纹层倾角的增大，数据的离散性也显著提高。玻尔兹曼增长函数对数据的拟合公式见式（5.6），相关系数 R^2 超过 0.85，表明拟合结果之间具有良好的相关性。

$$\frac{U_\mathrm{e}}{U_\mathrm{t}} = 0.9562 - 0.06424 / \left\{ 1 + \exp\left[\left(\frac{Y_1}{E_1} + \frac{Y_2}{E_2} - 0.00342 \right) / \left(2.91 \times 10^{-4} \right) \right] \right\} \quad (5.6)$$

5.3 纳米划痕有限元模拟结果

5.3.1 划痕实验过程中的应力分布

5.3.1.1 压头划入阶段

压头采取位移控制方式，压入深度为 5000nm，水平移动速率为 25μm/s，总划痕位移为 500μm，得到不同划痕位移的应力分布的云图，如图 5.24 所示。从局部应力云图中可以看出，基体的高应力区主要集中在压头的参考点正下方，呈现高应力分布。随着压头的滑动，初始划入阶段的材料破坏失效，材料与附近的基体留有一定的残余应力。

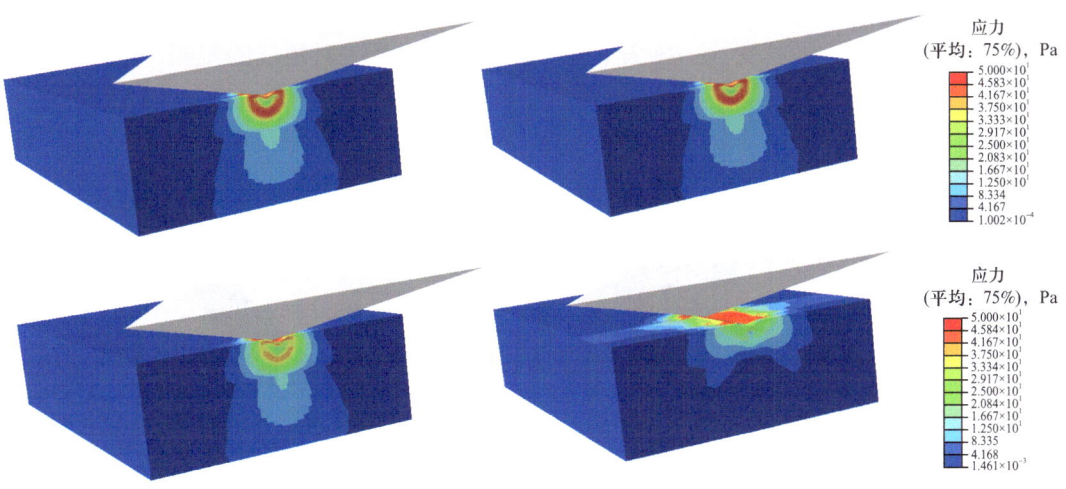

图 5.24　不同划痕位移起始面处的应力分布

5.3.1.2 划痕实验中期阶段

图 5.25 显示了划痕实验中期阶段随着位移变化的应力传递状态。在压头划入材料时，应力在压头下方集中，同时划入材料的平面也会承担一部分应力。随着划动位移的增加，应力均匀传递，高应力集中区始终保持在压头正下方。残余应力在划痕路径中呈现随深度增加而减小的趋势，但是在初期划入阶段下方留下了不均匀的残余应力。因此，在划痕实验和模拟中要确保足够长的划痕位移。

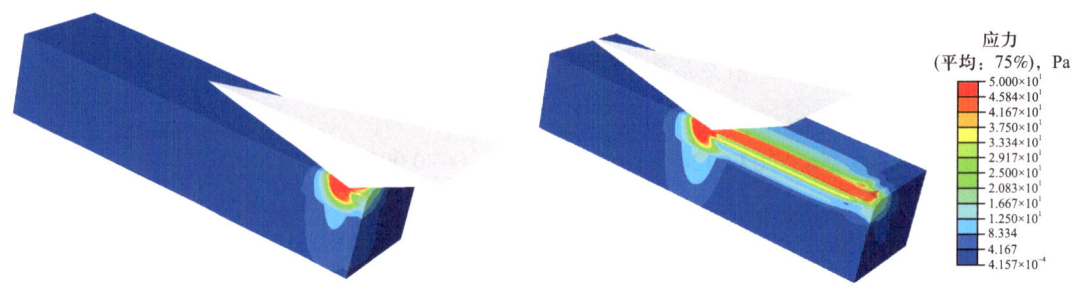

图 5.25　不同划痕位移剖面处的应力分布

5.3.2　不同压头偏转角度的破坏模式

在纳米划痕实验过程中，无法得知正三棱锥压头哪一侧与划痕的方向对齐。虽然已有相关校准方法，但对于划痕实验过程中压头偏转角度对材料破坏形式的影响仍值得进一步研究。

5.3.2.1　压头划入阶段

无偏转的 Berkovich 压头在划痕实验初期应力在压头下方呈现轴对称，材料的破坏较为均匀［图 5.26（a）］。而偏转 30° 的压头呈现出较为严重的破坏，这是由于在初期划入阶段压头接触材料的面积变大，压头下方的应力集中在压头对角线的左侧，材料变形更为明显［图 5.26（b）］。

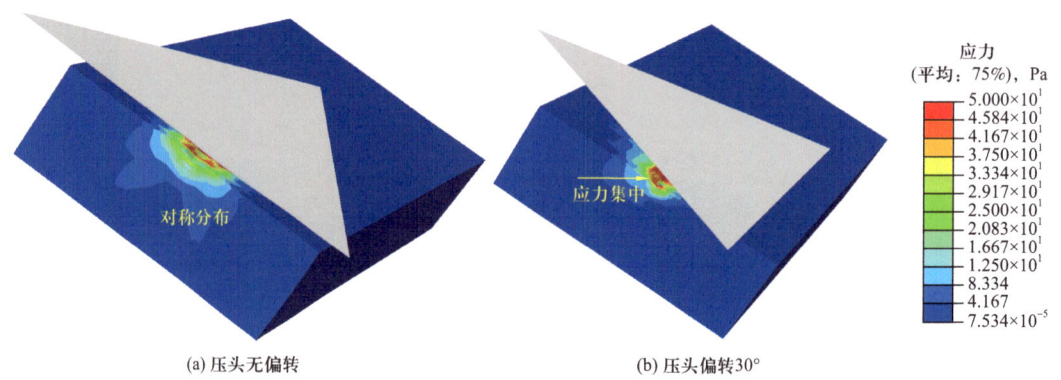

(a) 压头无偏转　　　　　　　　(b) 压头偏转 30°

图 5.26　压头偏转角度对初期破坏的影响

5.3.2.2　划痕实验中期阶段

随着压头的位移增加，不同偏转角度的压头所造成材料的破坏模式呈现出较为明显的区别。无偏转角度的压头在划痕实验过程中应力向两侧均匀扩散，关于中心线呈现轴对称状态，材料在压头两边的堆积高度相同。对于有一定偏转角度的 Berkovich 压头，偏转角度较大时的划痕路径材料堆积较为明显，破坏面积较大。如图 5.27 所示，在黄色椭圆处可以清晰看出偏转压头的划痕路径应力传递路径，压头偏转方向发生明显的集中应力破坏。此外，对比图 5.26 中的破坏模式可以发现，无偏转压头在划痕实验过程中上下方应力传播范围更广，但所留下的残余应力较小。而具有一定偏转角度的压头造成的划痕路径残余应力较大，破坏更加明显。

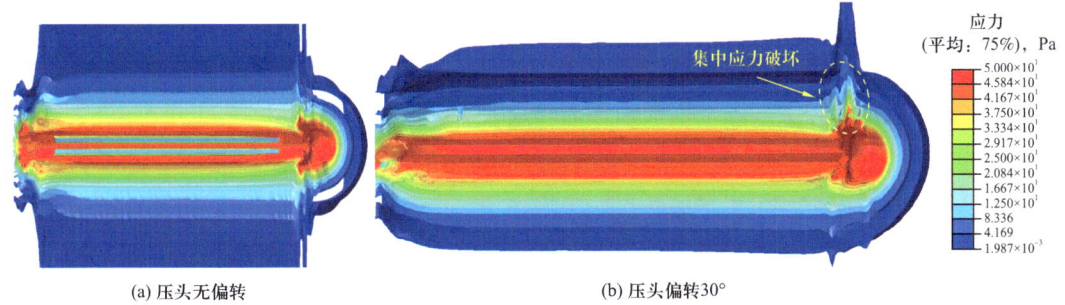

图 5.27　压头偏转角度对中期破坏的等值表面

不同压头偏转角度划痕实验获得的切向应力和法向应力曲线如图 5.28（a）所示，在压头初始划入阶段，具有一定偏转角度压头的切向应力、法向应力增长速度要大于 $\alpha=0°$ 时的应力值。随着划痕位移的增大，不同偏转角度的曲线在 $L=100\mu m$ 处交会，在之后的划痕位移中，$\alpha=0°$ 时的划痕应力曲线幅值大于 $\alpha=30°$ 时的切向应力、法向应力。这种现象可能是由于在划入阶段，具有一定偏转角度的压头造成了更大的破坏面积，而随着划痕位移的增加，划痕残余深度不变，但是具有一定偏转角度压头的划痕沟槽体积较小。图 5.28（b）显示了不同压头偏转角度的摩擦系数曲线，由于在划痕过程中，具有一定偏转角度的压头接触材料面积更大，因此摩擦系数曲线幅值较高。

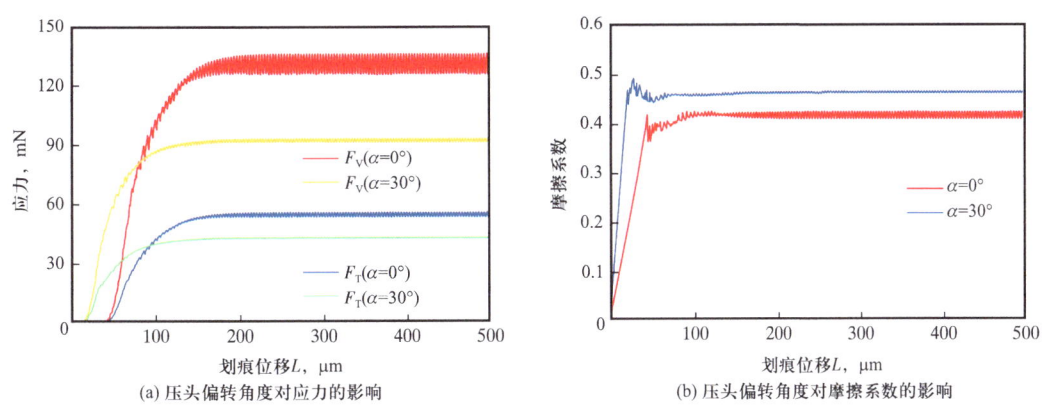

图 5.28　不同偏转角度压头的划痕曲线

5.3.3　划入深度对应力传递的影响

随着划入深度增加，材料内的应力传递范围也随之扩大，导致材料破坏程度加剧。因此，在面对不同的材料时，需要选择合适的划入深度与应力，以确保材料在承受应力时能够保持其稳定性。图5.29显示了划入深度较小时有限元模型破坏形式。在划入深度为3000nm时，其应力扩散范围达到了190.71μm，与白云石和磷灰石等韧性矿物的破坏模型较为接近。脆性矿物硬度较大，划入深度较小，材料不会在周围堆积，而是留下一条较浅的划痕路径。在压头划过矿物胶结强度较弱的区域时，应变能迅速释放导致岩石碎片崩裂分离，造成微观尺度岩石断裂。

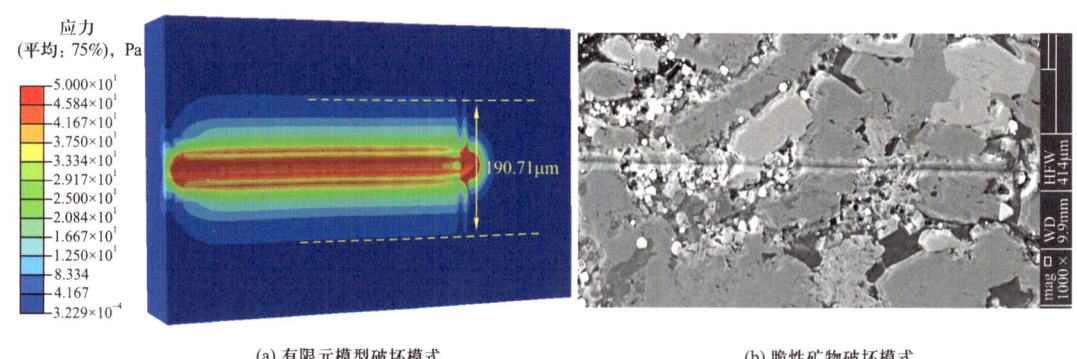

(a) 有限元模型破坏模式　　　　　　(b) 脆性矿物破坏模式

图5.29　较浅划入深度时的破坏模式

在划入深度为5000nm时，图5.30显示其应力扩散范围达到了245.44μm，与实际页岩塑性矿物的破坏模式较为接近。塑性矿物可以较好地吸收划痕实验过程中所产生的能量转化为体积变形，呈现出碎屑在两侧堆积的破坏模式。由于质地较软弱，划入深度较大，应力扩散范围较广。

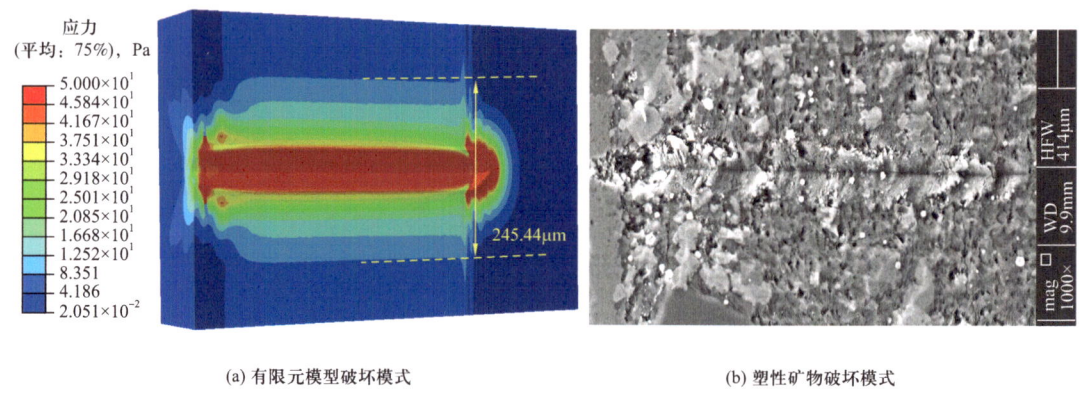

(a) 有限元模型破坏模式　　　　　　(b) 塑性矿物破坏模式

图5.30　较深划入深度时的破坏模式

图5.31（a）显示了不同划入深度时的切向应力和法向应力曲线，在划入深度为3000nm时，切向应力在经过最初的增长阶段后稳定在43.74mN，法向应力最终稳定在18.06mN。由于在划痕实验过程中切向应力主导了材料的破坏，F_T曲线波动幅值相比于F_V曲线较大。划入深度为5000nm时，法向应力F_V稳定在55.04mN，而切向应力F_T最终稳定在130.79mN。纳米划痕过程中的应力随着划入深度的增加而增大，并且划痕实验中的切向应力要远大于法向应力。图5.31（b）显示了划入深度分别为3000nm和5000nm

时的摩擦系数曲线，较深的划入深度会导致摩擦系数曲线的初期斜率较大，速度更快地达到摩擦系数曲线的峰值。

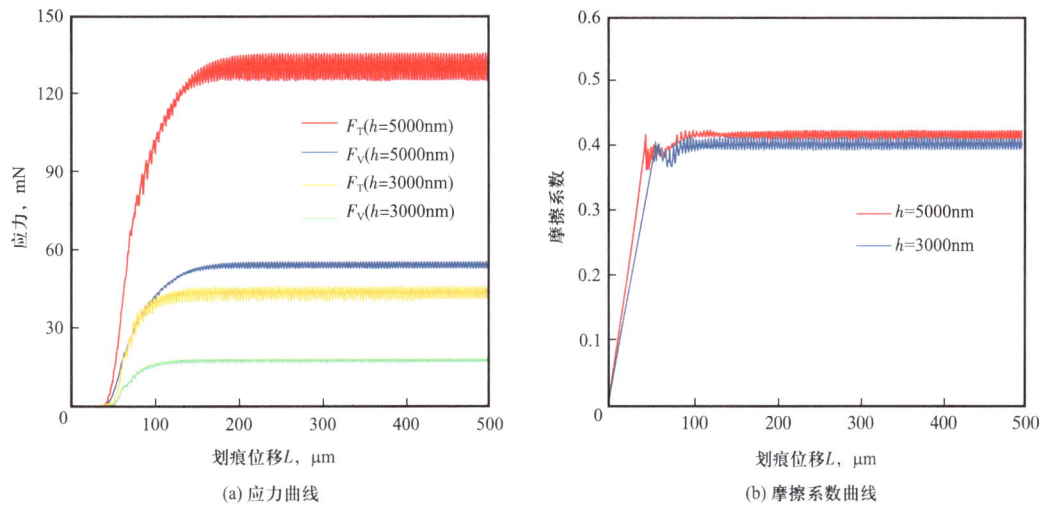

(a) 应力曲线

(b) 摩擦系数曲线

图 5.31　不同压入深度的划痕曲线

5.3.4　界面过渡区划痕结果分析

异质矿物过渡区划痕过程中的应力分布如图 5.32 所示。在划入深度 $h=3000$nm 时，脆性矿物和塑性矿物交界处的应力扩散范围较小，其中脆性矿物产生的应力集中要比塑性矿物更为明显。在划痕实验中期阶段时，塑性矿物划痕路径上的残余应力明显小于脆性矿物。

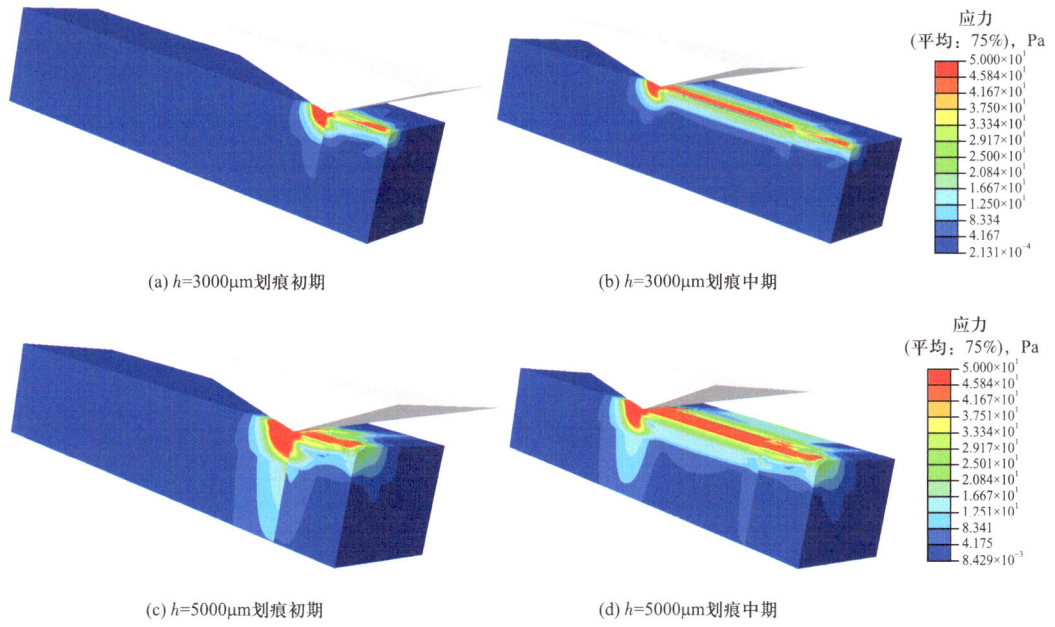

(a) $h=3000\mu m$划痕初期

(b) $h=3000\mu m$划痕中期

(c) $h=5000\mu m$划痕初期

(d) $h=5000\mu m$划痕中期

图 5.32　异质矿物过渡区划痕应力分布

在划入深度 h=5000nm 时，脆性矿物和塑性矿物交界处的应力扩散范围较大，脆性矿物的应力传递范围相比于 3000nm 划入深度时更大。在划痕实验中期阶段时，脆性矿物的平面应力传递范围几乎延伸到整个平面，而塑性矿物的应力传递仍然局限于某一特定范围。

页岩纹层界面过渡区等值线破坏云图如图 5.33 所示，在划入深度较浅时，材料在界面过渡区连接处的材料没有完全发生变形，这意味着划痕实验过程中没有收集到完整的材料信息，从而导致不准确的力学性能评价。在划入深度较浅时，由于压头与界面过渡区的材料接触不充分，导致显示出 n 形的残余变形，而划入深度较大时，界面过渡区材料完全受力，呈现出 w 形的残余变形。

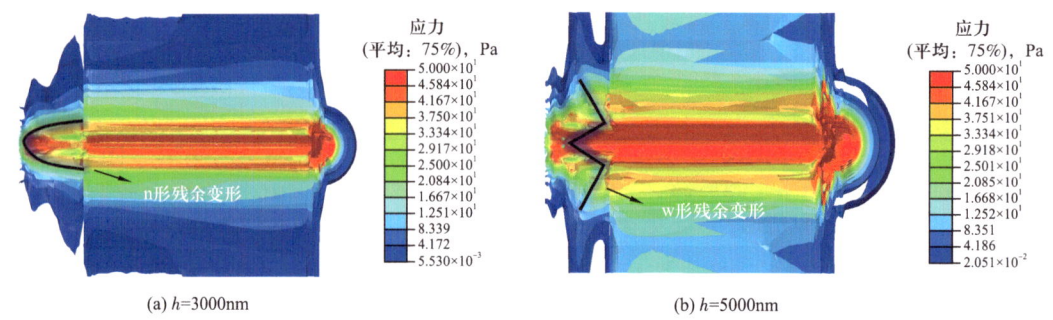

图 5.33　界面过渡区等值线破坏云图

图 5.34（a）显示了纹层界面的切向应力和法向应力曲线，曲线幅值与不同划入深度的分析结果较为接近。法向应力曲线在压头经过界面过渡区后呈现出幅值的剧烈波动，而切向应力曲线则波动较小，划入深度较大的曲线波动要更为剧烈。图 5.34（b）为不同划入深度的摩擦系数曲线，其幅值较为接近，在压头经过界面过渡区时，摩擦系数曲线也呈现出 S 形波动，该结果验证了基于摩擦系数波动特征定量页岩纹层界面过渡区分布长度的可行性。

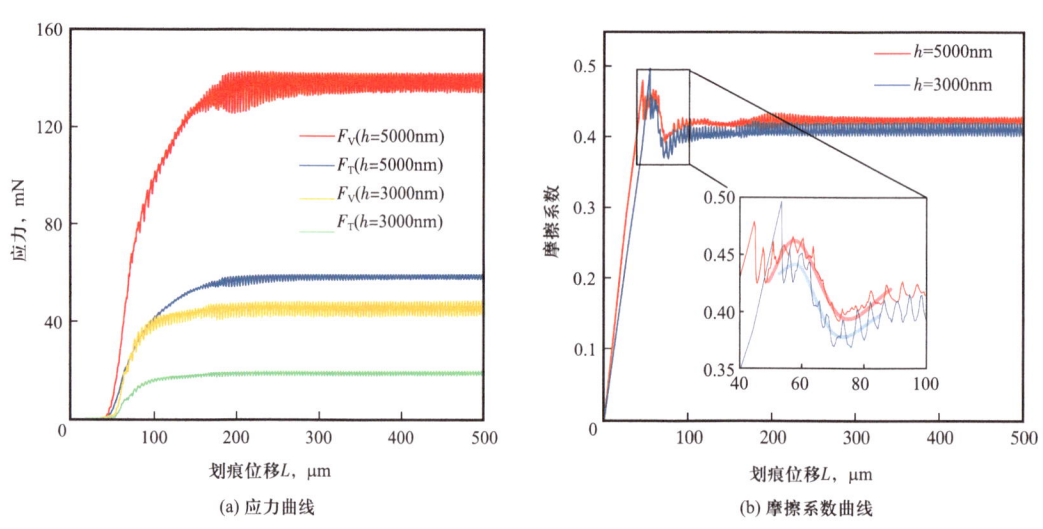

图 5.34　界面过渡区的应力和摩擦系数曲线

5.4 纳米划痕弹塑性参数无量纲关系

5.4.1 纳米划痕过程量纲分析

当压入深度为常数时，划痕摩擦过程通常由以下过程所构成（图5.35）：首先是恒定位移作用下的接触过程；然后是法向应力与切向应力共同作用下的暂态滑动摩擦，但这时的划伤面积 δ、划伤残余深度 h_r、切向应力 F_t 和法向应力 F_n 等划痕的应变参数仍处于波动改变过程。

在压入深度为常数时，一个典型的滑动摩擦过程往往由三个阶段组成（图5.35）：首先是恒定位移作用下的接触过程；然后是在法向载荷、切向载荷共同作用下的瞬态滑动摩擦，这时的划痕宽度 δ、划痕残余深度 h_r、切向力 F_t 和法向应力 F_n 等划痕响应参数仍处于波动变化阶段；当压入深度恒定时，划痕形貌和压头受到的作用力会达到稳定阶段，此时划痕实验过程处于稳态。图5.36为划痕方向横截面形貌示意图，包括材料堆积高度 h_p、划痕宽度 δ 和残余深度 h_r。

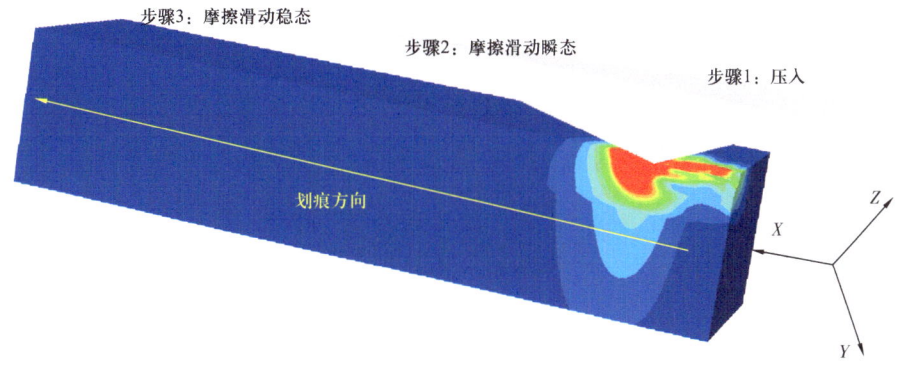

图5.35 恒定法向载荷下划痕过程

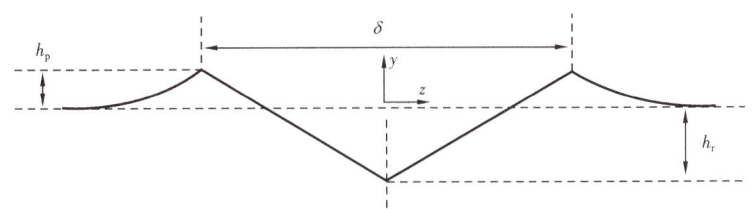

图5.36 划痕方向横截面形貌示意图

对于划痕过程，选取切向应力 F_t、法向应力 F_n、划痕宽度 δ 作为变量，它们可以使用 h_r、E、Y、ν、μ_s、β 进行量纲组合来表示。

$$F_n = f_1(h_r,\ Y,\ E,\ \nu,\ \beta,\ \mu_s) \qquad (5.7)$$

$$\delta = f_2(h_\text{r},\ Y,\ E,\ \nu,\ \beta,\ \mu_\text{s}) \tag{5.8}$$

$$F_\text{t} = f_3(h_\text{r},\ Y,\ E,\ \nu,\ \beta,\ \mu_\text{s}) \tag{5.9}$$

式中 E——杨氏模量；

Y——屈服应力；

ν——泊松比；

μ_s——滑动摩擦系数；

β——划痕有限元模拟压头偏转角。

选用 E 和 h 作为独立变量，其他量均可以用这两个量表示。

$$\begin{aligned}&\Pi_1 = F_\text{n}E^{-1}h_\text{r}^{-2},\ \Pi_2 = \delta E^0 h_\text{r}^{-1} = \delta F_\text{n}^{-0.5}E^{0.5},\ \Pi_3 = F_\text{t}E^{-1}h_\text{r}^{-2} = F_\text{t}F_\text{n}^{-1} \\ & \Pi_4 = YE^{-1}h_\text{r}^0,\ \Pi_5 = \beta E^0 h_\text{r}^0,\ \Pi_6 = \mu_\text{s}E^0 h_\text{r}^0,\ \Pi_7 = \nu E^0 h_\text{r}^0 \end{aligned} \tag{5.10}$$

根据 Liu 等和 Zhang 等的报道，泊松比的影响可以忽略，得到如下关系：

$$\Pi_1 = f_4(\Pi_4,\ \Pi_5,\ \Pi_6) \tag{5.11}$$

$$\Pi_2 = f_5(\Pi_4,\ \Pi_5,\ \Pi_6) \tag{5.12}$$

$$\Pi_3 = f_6(\Pi_4,\ \Pi_5,\ \Pi_6) \tag{5.13}$$

应用 Π 定理进行参数无量纲化，同时可以得到：

$$\Pi_1 = \frac{F_\text{n}}{Eh_\text{r}^2} = f_7\left(\frac{Y}{E},\ \beta,\ \mu_\text{s}\right) \tag{5.14}$$

$$\Pi_2 = \frac{\delta}{\sqrt{F_\text{n}/E}} = f_8\left(\frac{Y}{E},\ \beta,\ \mu_\text{s}\right) \tag{5.15}$$

$$\Pi_3 = \frac{F_\text{t}}{F_\text{n}} = f_9\left(\frac{Y}{E},\ \beta,\ \mu_\text{s}\right) \tag{5.16}$$

5.4.2 无量纲应力函数的表征

已有研究表明，划入深度对 $F_\text{n}/(Eh_\text{r}^2)$ 影响不大，不同的摩擦系数得到的结果相似。在划痕实验过程中，材料法向变形主要受到弹性模量的影响，即无量纲方程变为：

$$\frac{F_\text{n}}{Eh_\text{r}^2} = \Pi_1\left(\frac{Y}{E},\ \beta\right) \tag{5.17}$$

图 5.37（a）显示了不同弹性模量和压头偏转角度对无量纲法向应力的影响。Y/E 增

大造成 $F_n/(Eh_r^2)$ 稳步上升，Y/E 小于 0.009 时，压头偏转角度 β 对 $F_n/(Eh_r^2)$ 的影响较小，而 Y/E 对 $F_n/(Eh_r^2)$ 具有显著的影响。当 Y/E 大于 0.012 时，$F_n/(Eh_r^2)$ 随着压头偏转角度的增大呈现先减少后增大的趋势，其中 $\beta=0°$ 时无量纲法向载荷达到最大数值。由图 5.37（b）可以观察到，随着 $\sin\beta$ 和 Y/E 的增大，$F_n/(Eh_r^2)$ 近似线性上升。借助 3D-Plane 函数拟合出式（5.18），其中杨氏模量的单位为 MPa。

$$\frac{F_n}{Eh_r^2} = 0.0296 + 62.6843\frac{Y}{E} - 0.0832\sin\beta \tag{5.18}$$

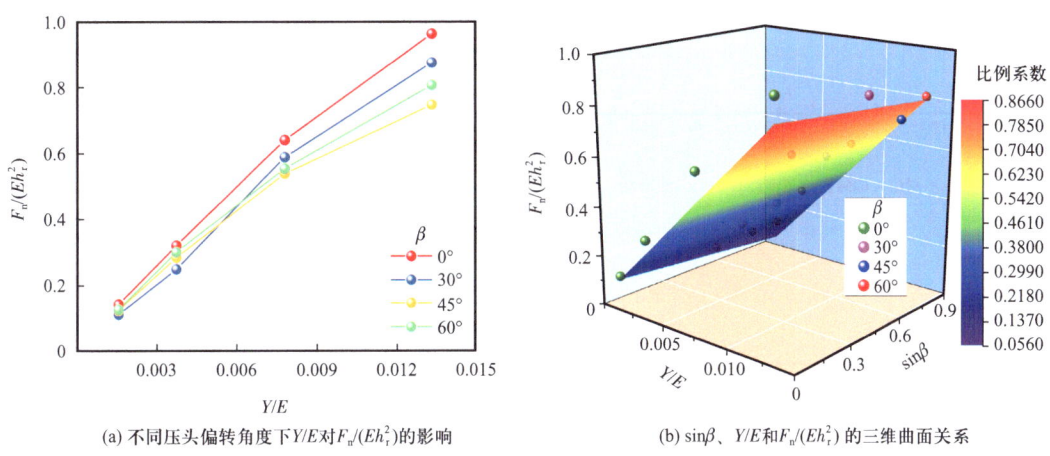

(a) 不同压头偏转角度下 Y/E 对 $F_n/(Eh_r^2)$ 的影响
(b) $\sin\beta$、Y/E 和 $F_n/(Eh_r^2)$ 的三维曲面关系

图 5.37 不同压头偏转角下 Y/E 和 $F_n/(Eh_r^2)$ 的无量纲关系

屈服强度较大程度上决定了材料的切向破坏，为了提高拟合公式的精确性，将无量纲函数 $F_T/(Yh_r^2)$ 与 E/Y 和压头偏转角度 β 的关系进行分析[式（5.19）]。需要注意的是，该过程始终遵循量纲齐次化原理，即横纵坐标量纲均为 1。

$$\frac{F_T}{Yh_r^2} = \Pi_2\left(\frac{E}{Y}, \beta\right) \tag{5.19}$$

图 5.38（a）显示了不同弹性模量和压头偏转角度与无量纲切向应力之间的关系，E/Y 增大造成 $F_n/(Eh_r^2)$ 快速上升。压头偏转角度 β 对 $F_n/(Eh_r^2)$ 的影响较大，压头偏转角度为 60° 时，$F_T/(Yh_r^2)$ 达到最大。值得注意的是，压头偏转角度为 0° 和 45° 时的无量纲切向应力较为接近，当 E/Y 小于 120 时，β 为 0° 时无量纲切向应力较大；而 E/Y 大于 120 时，β 为 45° 时的无量纲切应力较大。由图 5.38（b）可以观察到，随着 $\sin\beta$ 和 E/Y 增加，$F_n/(Eh_r^2)$ 近似线性上升。借助 3D-Plane 函数拟合出式（5.20）。

$$\frac{F_T}{Yh_r^2} = 23.069 - 0.0187\frac{E}{Y} + 3.6657\sin\beta \tag{5.20}$$

根据纳米划痕的实验结果，F_T、F_n、h_r^2 等参数可以根据力学参数传感器进行收集，压头偏转角 β 可以提前进行设置，因此针对划痕结果，结合式（5.19）和式（5.20）针对

屈服强度 Y 和弹性模量 E 两个未知数形成二元一次方程组，基于划痕实验对材料的弹性模量和屈服强度进行计算，具体流程如图 5.39 所示。

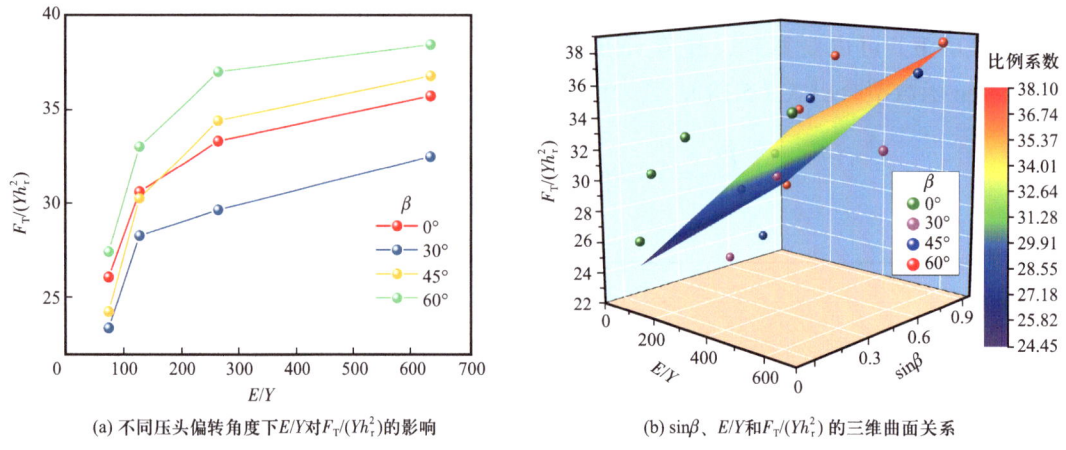

(a) 不同压头偏转角度下 E/Y 对 $F_T/(Yh_r^2)$ 的影响

(b) $\sin\beta$、E/Y 和 $F_T/(Yh_r^2)$ 的三维曲面关系

图 5.38　不同压头偏转角度下 E/Y 和 $F_T/(Yh_r^2)$ 的无量纲关系

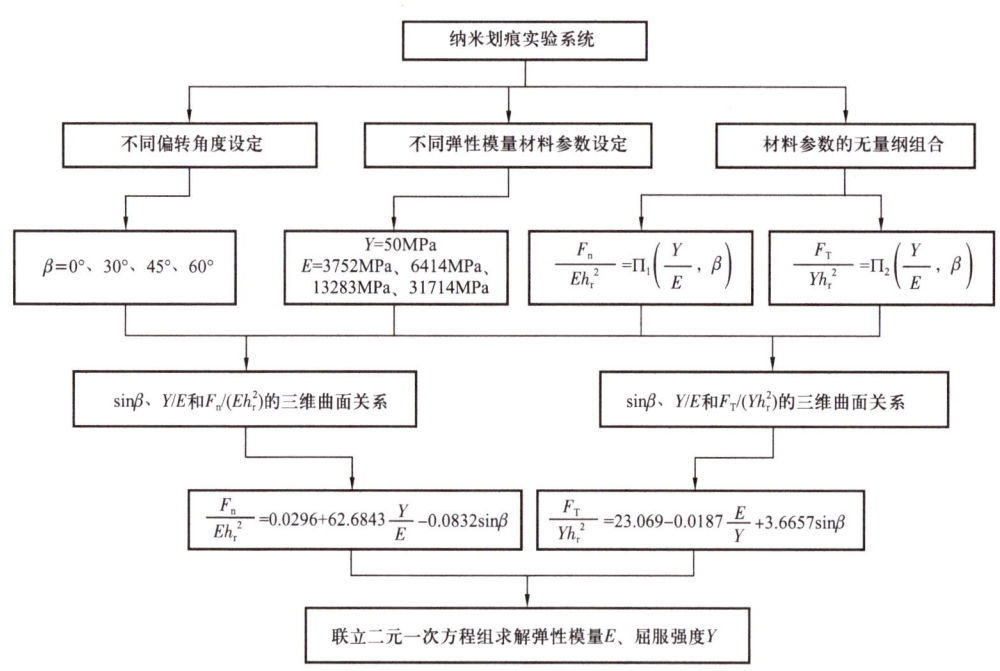

图 5.39　划痕实验反演弹性模量和屈服强度流程

5.4.3　弹性模量反演结果

弹性模量是描述材料在受力时变形程度的指标，高弹性模量意味着岩石在受到应力时会更快速地发生形变，从而更容易破碎。基于划痕实验反演计算纹层页岩表面弹性模量大小及分布特征，可以为非常规能源页岩油的可压性"甜点"评价提供重要参考价

值。根据提出的弹塑性力学参数反演无量纲方程,对第三章中开展的8组纳米划痕样品进行弹性模量的反推。图5.40和图5.41显示了反演结果。对于1#和2#样品,由于伊利石矿物含量较高,质地较软,大部分划痕曲线收集到的弹性模量为0～20GPa,由于划痕路径后方存在着石英和黄铁矿等脆性矿物,导致少数位置出现了较高的弹性模量峰值。

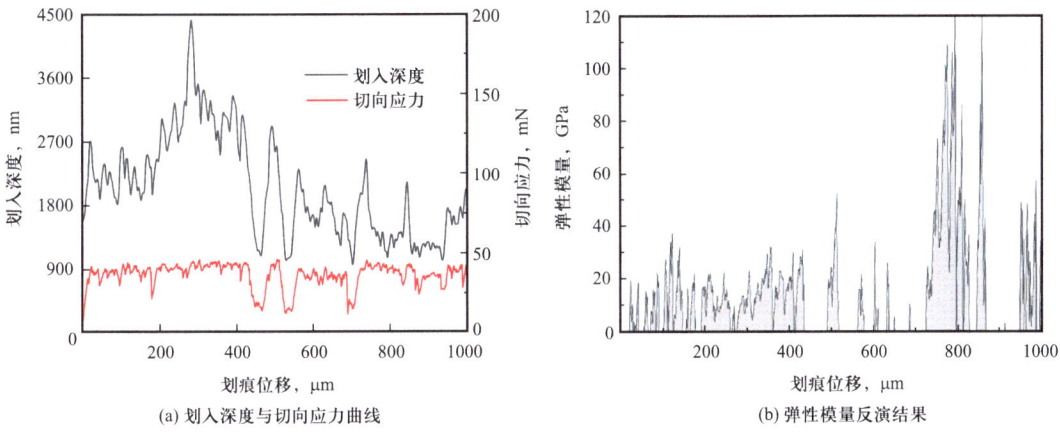

图 5.40 1# 样品弹性模量反演结果

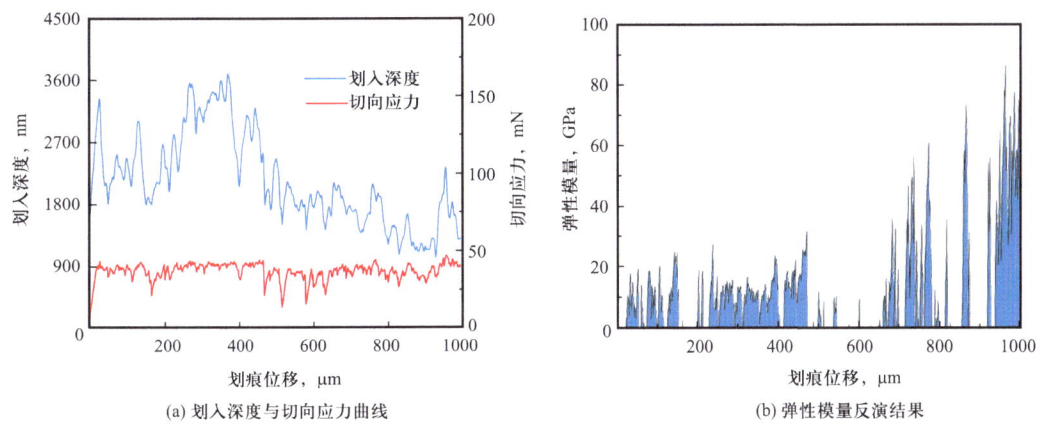

图 5.41 2# 样品弹性模量反演结果

在水力压裂开采页岩油气的过程中,高弹性模量的岩石更容易受到压力的影响,当注入高压水流时,岩石更容易受到挤压和破碎,从而形成裂缝和通道,有利于释放页岩中的油气。因此,对于页岩的弹性模量进行反演分析并进行压裂"甜点"预测具有重要意义。图5.42(a)显示了3#至8#样品共6条划痕曲线的弹性模量反演曲线,由于页岩的强非均质性,曲线呈现出十分剧烈的上下波动。伊利石等塑性矿物的弹性模量较小,波峰幅值接近水平,而脆性矿物的波峰较高,所以导致无法从划痕弹性模量曲线上对页岩力学特征进行准确评估。图5.42(b)显示了6组划痕曲线反演的弹性模量平

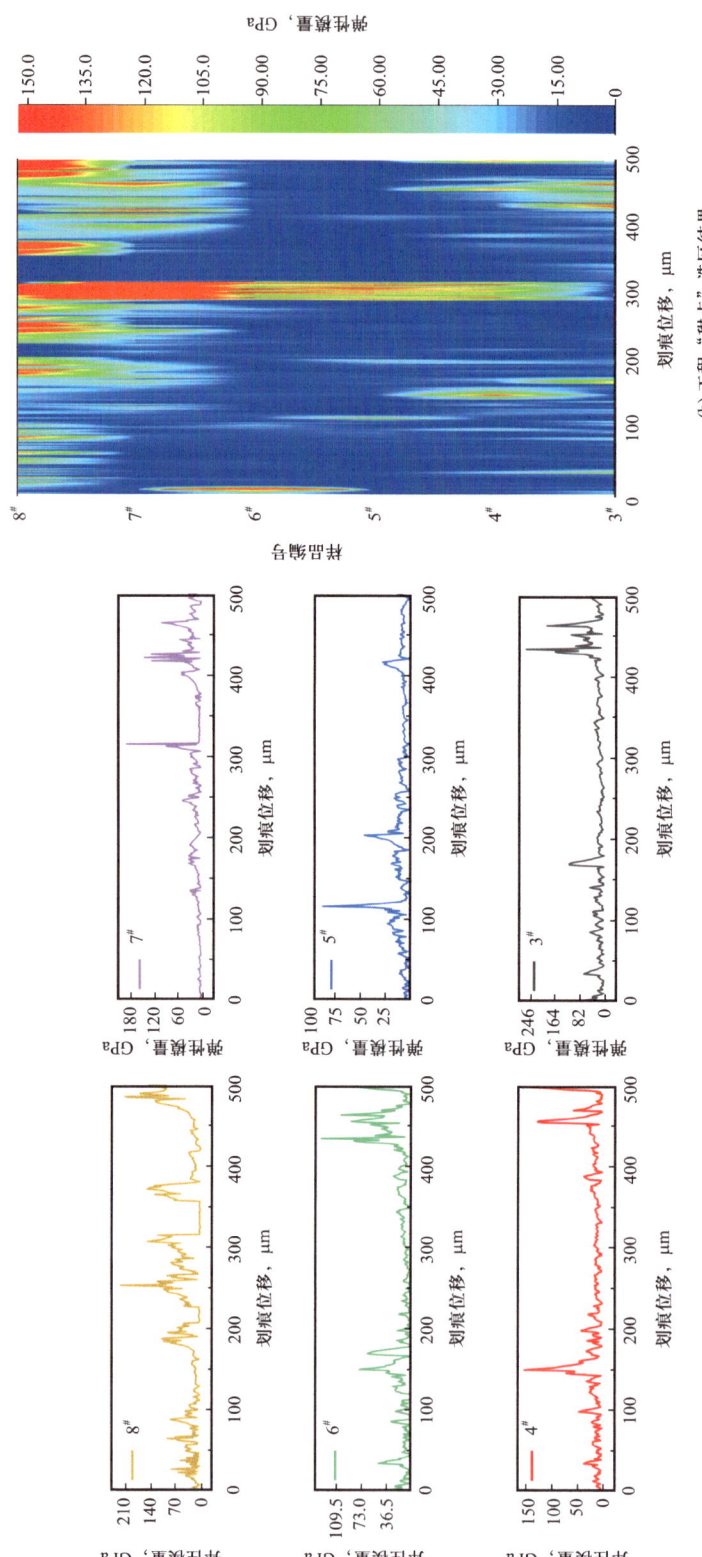

图5.42 基于划痕弹性模量工程"甜点"选区结果

面热图，设置色谱区间为0～150GPa，高于150GPa数据点在图上显示为红色，从而进行工程"甜点"预测。根据热图中的红色区域分布，可以观察到7#和8#样品在划痕位移300μm处是预测到的工程"甜点区"，这也证明了提出的力学参数反演方法的准确可行性。

5.4.4 无量纲划痕宽度的表征

在划痕实验测试过程中，相同屈服强度和摩擦系数条件下，压入深度对$\delta/\sqrt{F_n/E}$影响较弱，摩擦系数的影响同样较小。因此，可以忽略摩擦系数μ_s和压痕深度h对归一化划痕宽度$\delta/\sqrt{F_n/E}$的影响，即无量纲方程变为：

$$\frac{\delta}{\sqrt{F_n/E}} = \Pi_3\left(\frac{Y}{E}, \beta\right) \tag{5.21}$$

图5.43（a）显示了无量纲划痕宽度$\delta/\sqrt{F_n/E}$与Y/E以及压头偏转角β正弦值之间的参数化关系。总体趋势来看，随着Y/E增大，$\delta/\sqrt{F_n/E}$呈现剧烈下降后缓慢下降的趋势，压头偏转角β的变化对无量纲划痕宽度$\delta/\sqrt{F_n/E}$的影响不明显，Y/E对$\delta/\sqrt{F_n/E}$有着显著的影响。为了更好地分析压头偏转角与力学表现之间的关系，取压头偏转角的正弦函数$\sin\beta$与Y/E和$\delta/\sqrt{F_n/E}$形成的三维空间数据分布进行分析。在图5.43（b）中，借助三维曲面函数对无量纲划痕宽度进行曲面拟合，得到无量纲函数解析式：

$$\frac{\delta}{\sqrt{F_n/E}} = 30.96 - 2623.31\frac{Y}{E} - 7.12\sin\beta + 8.64\times10^4\frac{Y^2}{E^2} + 10.97\sin^2\beta - 401.21\frac{Y}{E}\sin\beta \tag{5.22}$$

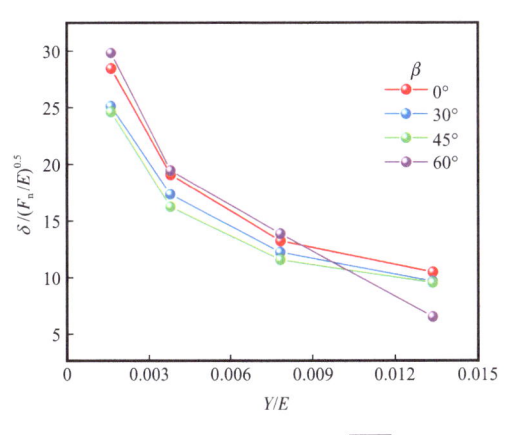
(a) 不同压头偏转角度下Y/E对$\delta/\sqrt{F_n/E}$的影响

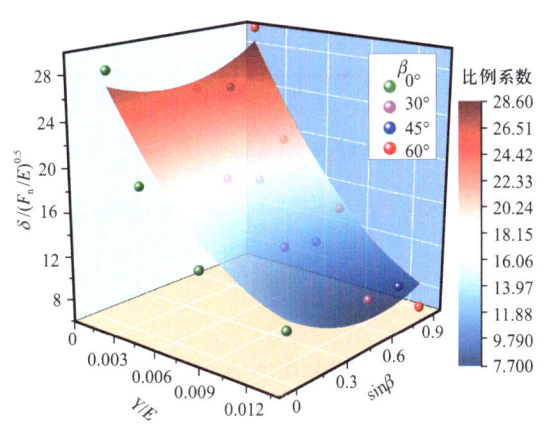
(b) $\sin\beta$、Y/E和$\delta/\sqrt{F_n/E}$的三维曲面关系

图5.43 不同压头偏转角度下Y/E和$\delta/\sqrt{F_n/E}$的无量纲关系

为了综合考虑切向应力和法向应力对无量纲划痕宽度的影响,与式(5.19)相似,原始归一化划痕宽度 $\delta/\sqrt{F_\text{T}/Y}$ 作为新的无量纲函数,将其与 Y/E 和压头偏转角 β 的关系进行分析,即无量纲方程变为:

$$\frac{\delta}{\sqrt{F_\text{T}/Y}} = \Pi_3\left(\frac{Y}{E},\ \beta\right) \quad (5.23)$$

在图 5.44(a)中,随着 Y/E 增大,$\delta/\sqrt{F_\text{T}/Y}$ 呈现较为缓慢的上升趋势,Y/E 对 $\delta/\sqrt{F_\text{n}/Y}$ 有着显著的影响,压头偏转角 β 的变化对无量纲划痕宽度 $\delta/\sqrt{F_\text{T}/Y}$ 的影响较为明显。β 分别为 0° 和 60° 时,$\delta/\sqrt{F_\text{T}/Y}$ 值分别位于第一和第二位。在图 5.44(b)中,借助多项式三维平面函数对无量纲划痕宽度进行曲面拟合:

$$\frac{\delta}{\sqrt{F_\text{T}/Y}} = 1.78 + 9.53\frac{Y}{E} - 1.54\sin\beta + 688.02\frac{Y^2}{E^2} + 1.66\sin^2\beta - 5.81\frac{Y}{E}\sin\beta \quad (5.24)$$

拟合出的无量纲应力、无量纲划痕宽度和 Y/E 与 $\sin\beta$ 的关系与以往学者采用圆锥压头的研究相似。通过划痕实验得到划痕宽度与应力数据,结合式(5.18)、式(5.20)、式(5.22)和式(5.24)可以得到材料屈服应力和弹性模量的数值解析解。

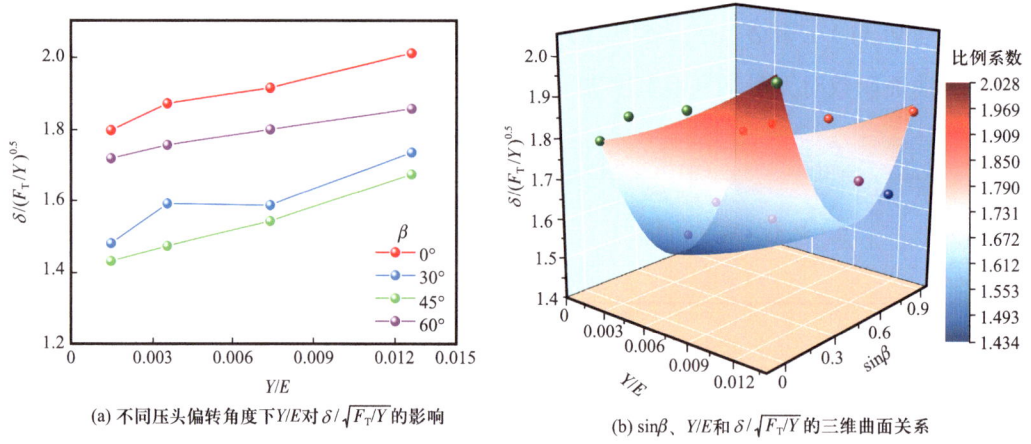

图 5.44 不同压头偏转角度下 Y/E 和 $\delta/\sqrt{F_\text{T}/Y}$ 的无量纲关系

参 考 文 献

[1] Simões M I, Martins A X, Antunes J M, et al. Numerical simulation study of the Knoop indentation test [C]. XI International Conference on Computational Plasticity: Fundamentals and Applications, 2011: 287-294.

[2] Dasari A, Yu Z Z, Mai Y W. Fundamental aspects and recent progress on wear/scratch damage

in polymer nanocomposites[J]. Materials Science and Engineering, R.Reports: A Review Journal, 2009, 63(2): 31-80.

[3] Zhang J, Li Y, Zheng X, et al. Determination of plastic properties of surface modification layer of metallic materials from scratch tests[J]. Engineering Failure Analysis, 2022, 142: 106754.

[4] Hodzic A, Kalyanasundaram S, Kim J K, et al. Application of nano-indentation, nano-scratch and single fibre tests in investigation of interphases in composite materials[J]. Micron, 2001, 32(8): 765-775.

[5] Dash R, Bhattacharyya K, Bhattacharyya A S. Film failure at earlier and later stages of nanoindentation in static and sliding modes[J]. Engineering Failure Analysis, 2023, 150: 107353.

第6章

CO_2—水作用下划痕力学特性变化

常规力学方法难以评价超临界 CO_2—水软化机理中的纹层力学差异化特征。本章介绍了流体作用下纹层页岩划痕力学性质的变化规律，基于纳米、厘米划痕技术和微观电镜，对纹层页岩 CO_2—水作用下微观孔隙结构、矿物组成及力学性质变化机理进行了重点介绍，探讨了不同力学性质的纹层在流体作用下的差异化变化规律。

6.1 CO_2—水—页岩相互作用实验

6.1.1 厘米尺度实验方法

不同的纹层通常以不同的矿物组成和不同的厚度（从几十微米到几毫米不等）来区分（图6.1）。Ⅰ层主要由图6.1中黄色边缘区域内的富含黏土纹层组成，厚度为4mm。Ⅱ层主要富含方解石，厚度为2.5mm。Ⅲ层为石英/方解石层，厚度为7mm。

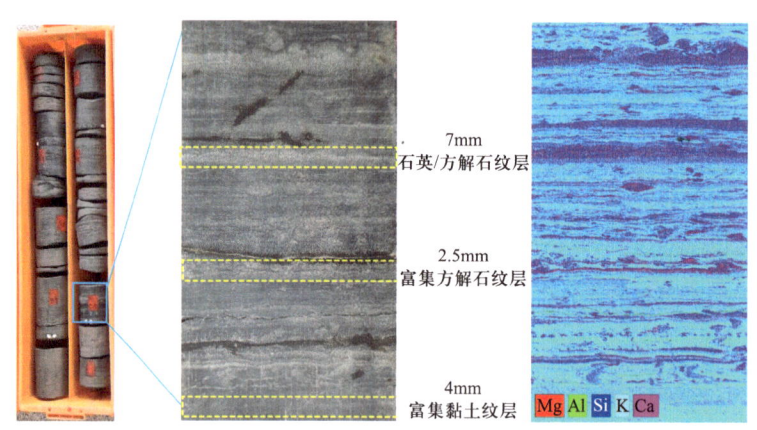

图6.1 厘米尺度样品照片

流体与页岩相互作用实验分为三部分：（1）页岩样品暴露于超临界 CO_2—水中；（2）X射线荧光光谱大面积元素扫描分析；（3）开展划痕实验及显微镜观测，整个实验过程如图6.2所示。所有的页岩样品都装在密封的氮气袋中运输，以尽量减少储存过程中的变化，并在相同的条件下浸泡在超临界 CO_2—水中。为了确保准确性，划痕测试使用了来自同一区块和地层的页岩岩心，以防止岩层和各向异性的影响。在抛光以满足划痕测试标准之前，将页岩加工成立方样品。用 X 射线荧光光谱仪对页岩进行分析，发现它主要由 Mg、Al、Si、K 和 Ca 5 种元素组成。这表明页岩含有大量的石英和方解石，以及黏土矿物和长石。研究重点为富黏土纹层、富方解石纹层和石英/方解石纹层。

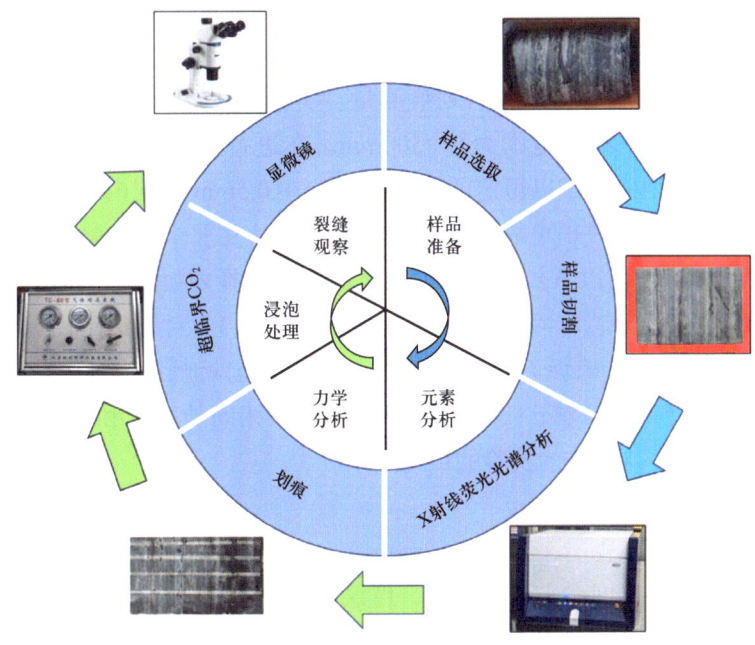

图 6.2 厘米尺度实验流程

超临界 CO_2—水处理测试设置如图 6.3 所示。CO_2 增压系统是自主研制的通过控制温度和压力将 CO_2 转化为超临界状态的实验装置，浸入温度为 65℃，压力为 15MPa。具体步骤如下：

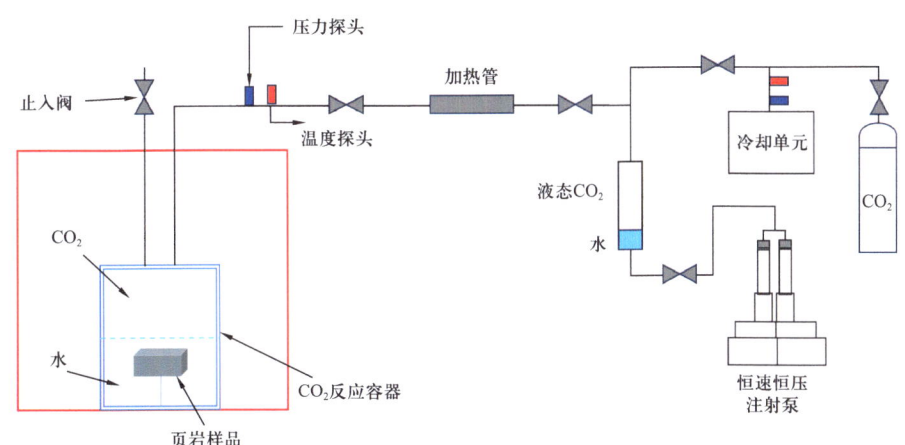

图 6.3 高温高压流体浸泡实验装置示意图

（1）超临界 CO_2 处理前，对设备进行抽真空，然后注入 CO_2 至一定的压力并控制温度，使 CO_2 进入超临界状态。

（2）将典型页岩试样置于超临界 CO_2 处理室中。

（3）浸没槽必须有足够的密封，并保持1d、2d和3d的高温高压条件。

（4）处理后，对不同处理次数的试样进行划痕实验、显微实验和X射线荧光光谱分析。

为了连续定量分析浸泡超临界 CO_2—水处理页岩的力学特性，使用自行设计的HADHJ-25/100-Ⅳ实验装置进行页岩划痕测量。实验叶片宽度范围为2~8mm，深度测量范围为0~1mm，水平移动范围为0~500mm。在进行划痕测试之前，需要进行调平程序以使表面平整。划痕测试以恒定的切割深度（在0.5mm范围内）和速度沿着岩心进行，垂直于层压线。为了获得可靠的数据，划痕长度达几厘米，实验中使用的工具宽度为2mm。划痕实验应遵循以下步骤：（1）在样品表面选择划痕路径，确保划痕方向与薄片方向垂直；（2）将样品芯牢固地固定在样品支架上；（3）对划痕路径进行预处理，对表面进行多次划痕处理，确保刀具边缘与样品表面均匀接触；（4）等速恒深划伤运动表面，监测并记录受力和位移；（5）对同一表面，以相同的速度和深度重复测试两次；（6）将三次测量值取平均值作为实验的最终结果。

6.1.2 纳米尺度实验方法

研究所用岩心纹层厚度多小于0.5mm，纹层样品如图6.4所示。由于宏观尺度和微观尺度实验所需的样品尺寸和加工要求不同，需将样品加工成10mm×10mm×5mm的厚切片用于纳米划痕测试，获取页岩微观尺度的弹性模量。另外，考虑到纳米划痕测试的表面粗糙度和平坦度要求，首先使用砂纸对样品表面进行机械抛光，然后使用氩离子抛光器进行二次精密抛光。页岩样品的均方根（RMS）粗糙度控制在120~150nm以内。

图6.4 纹层样品示意图

页岩样品的 CO_2 处理过程如图6.5所示。为防止黏土膨胀并模拟地下水溶液，采用2%（质量分数）的NaCl和1%（质量分数）的KCl配制卤水溶液。将页岩放入真空处理后的容器中的反应台上,向其中加入卤水,然后使用超临界 CO_2 注入式压裂地层测试系统将容器加压至 15MPa。使用水浴系统将整个处理系统的温度保持在 70℃。在此条件下,超过了超临界 CO_2 的临界温度(31.04℃)。通过压力传感器监测容器中的压力,以确保压力超过 CO_2 的临界压力,使得 CO_2 在处理期间保持在超临界状态。将处理持续时间分别设定为 2d、4d、6d 和 8d,以研究与 CO_2—水—页岩相互作用相关的时间依赖性效应。在每个处理期后取出样品,并在 6h 内进行纳米划痕测试,以尽量减少暴露于空气中的时间。

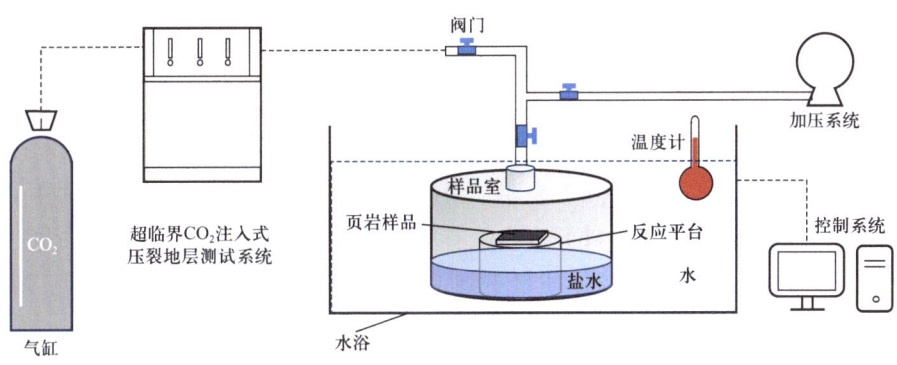

图 6.5　浸泡 CO_2 流程

纳米尺度实验流程如图 6.6 所示。QEMSCAN 的能谱探头通过接收特征 X 射线信息判别该点的元素信息,通过元素信息的强度及不同的元素含量获得纹层和基质的矿物组成及分布。纳米划痕测试表征了处理前后页岩的力学性能,以跟踪力学性能的变化。

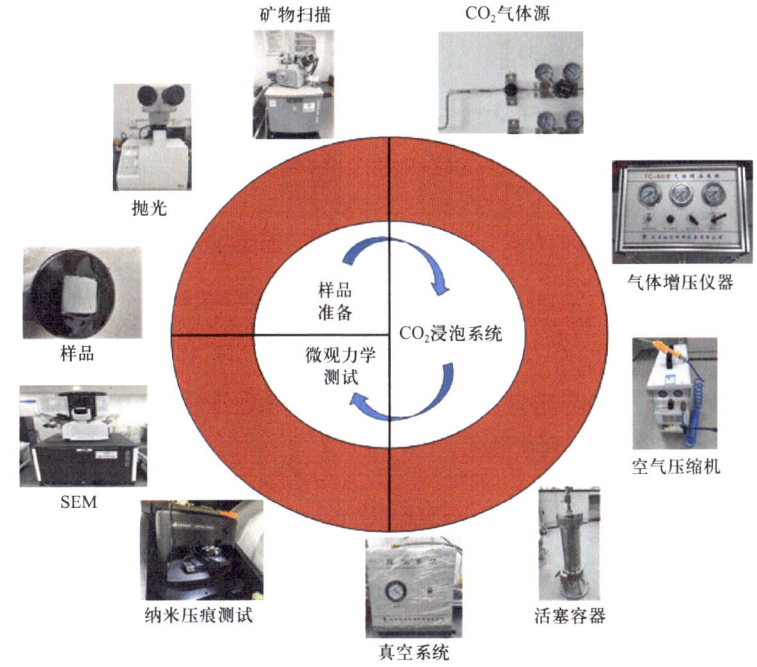

图 6.6　纳米尺度实验流程图

SEM 用于定位划痕并提供残留物的形态，而 EDS 提供关于划痕表面化学成分的信息，并促进矿物识别。结合 QEMSCAN-SEM-EDS 结果和纳米划痕，可以直接观察到纹层和基质相关的力学变化。

6.2 厘米划痕实验力学性质变化

6.2.1 实验前后元素变化

图 6.7 显示了暴露于超临界 CO_2—水前后页岩样品元素组成的变化。如图 6.7（a）所示，经超临界 CO_2—水浸泡后，页岩中 Ca 元素的颜色明显降低，说明 Ca 元素在超临界 CO_2—水接触后被溶解。图 6.7（b）表明，暴露于超临界 CO_2—水会导致页岩中 Ca、Al、K 和 Mg 元素含量减少。然而，硅元素含量有所增加。由于超临界 CO_2—水未与石英发生反应，部分矿物溶解导致页岩整体质量下降，导致石英比例逐渐增加。同时，黏土矿物与 CO_2 反应，生成石英。CO_2 双效处理后，石英含量显著提高。

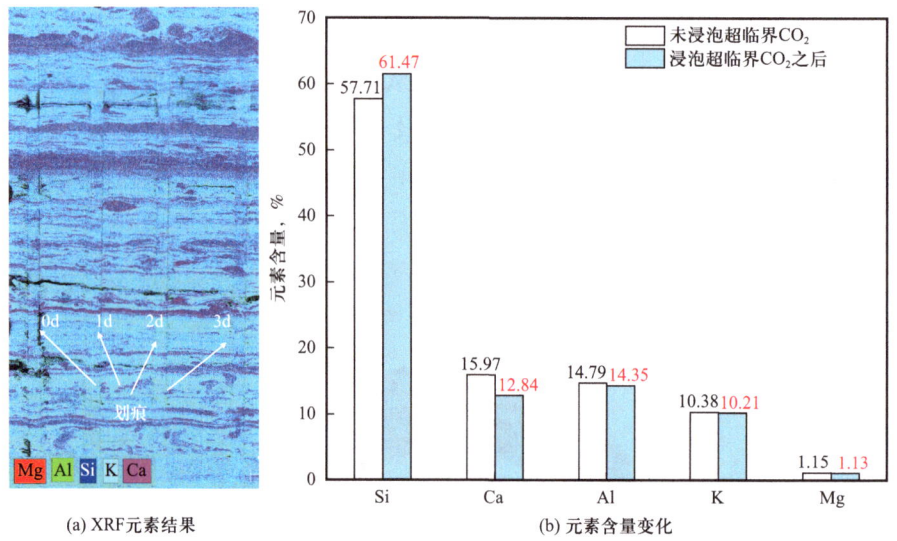

图 6.7　超临界 CO_2—水浸泡后页岩表面元素组成变化

矿物组分溶解能力的差异对应于超临界 CO_2—水和页岩的相互作用。当 CO_2 溶解于水中生成碳酸时，该溶液与页岩矿物发生如下反应[1-2]。

$$CO_2 + H_2O \rightleftharpoons H_2CO_3 \rightleftharpoons H^+ + HCO_3^- \qquad (6.1)$$

$$方解石：CaCO_3 + 2H^+ \rightleftharpoons Ca^{2+} + CO_2 + H_2O \qquad (6.2)$$

$$石英：SiO_2 + 4H^+ \rightleftharpoons Si^{4+} + 2H_2O \qquad (6.3)$$

伊利石：$KAl_2(Si_3, Al)O_{10}(OH)_2 + 8H^+ \rightleftharpoons 0.6K^+ + 2.3Al^{3+} + 0.25Mg^{2+} + 3.5SiO_2 + 5H_2O$

（6.4）

钾长石：$2KAlSiO_8 + 2H^+ + 9H_2O \rightleftharpoons 2K^+ + 4H_4SiO_4 + Al_2SiO_3(OH)_4$ （6.5）

由式（6.1）至式（6.5）可知，CO_2和水与无机矿物（主要是方解石和黏土矿物）发生反应。这导致页岩中的矿物质溶解，离子被释放到溶液中。方解石在页岩中溶解导致Ca^{2+}移动，见式（6.2）；而特定黏土矿物的溶解与溶液中部分Al^{3+}的释放有关，见式（6.4）。由式（6.5）可知，K^+的迁移可归因于钾长石的溶解。此外，矿物水解和离子交换对酸性条件下页岩元素的调动也有影响[3-4]。在矿物水解过程中，水电离产生的氢离子和氢氧根离子进入矿物晶格，与各自的正负离子发生反应。

元素迁移率可以反映页岩中不同矿物的溶解速率。量化元素迁移率的方程为[5]：

$$\eta = \frac{|C_b - C_a|}{C_b} \times 100\%$$ （6.6）

式中　C_b——浸泡超临界CO_2—水前的元素含量；
　　　C_a——暴露后对应的元素含量。

如图6.8所示，用超临界CO_2—水浸泡后Ca^{2+}溶解速率最高，说明方解石溶解明显，方解石含量降低，导致机械强度迅速下降。此外，碳酸化、水解和元素交换与碳酸盐和黏土矿物的还原有关。

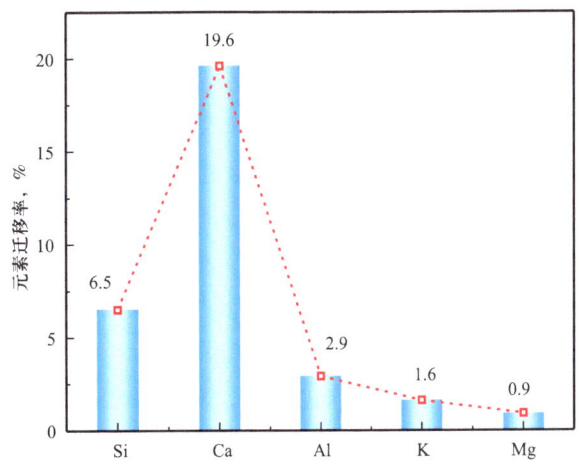

图6.8　超临界CO_2—水浸泡诱导页岩中主要元素的迁移率

6.2.2　划痕表面破坏特征

首先，对同一位置的页岩表面进行显微观察，如图6.9所示。通过对比超临界CO_2—水浸泡前后页岩表面的显微图像可以看出，裂缝逐渐扩大，这与碳酸盐矿物的溶蚀作用有关。浸泡1d后，裂缝内方解石溶蚀，裂缝逐渐张开。浸泡2d后，显微图像上最大裂纹点孔径增大至0.71mm。

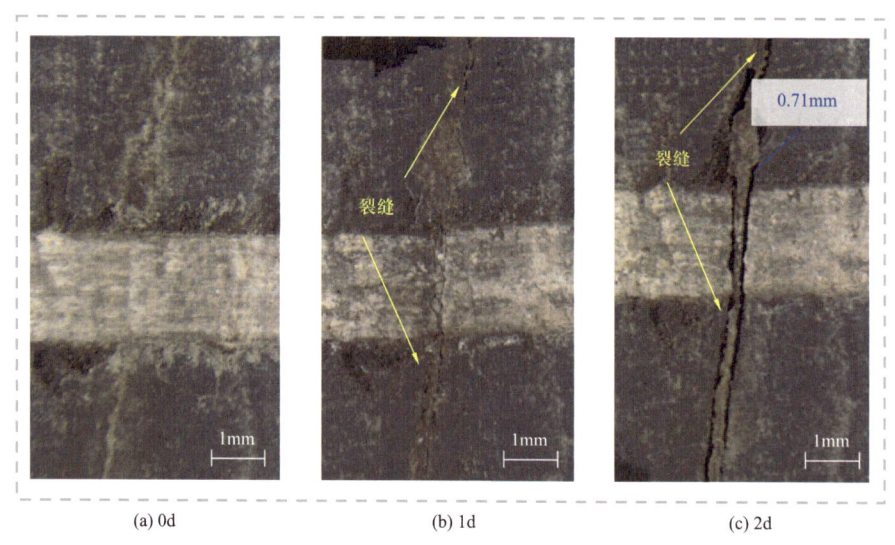

(a) 0d　　　　　　　　　(b) 1d　　　　　　　　　(c) 2d

图6.9　超临界CO_2—水浸泡后原位裂缝变化

图6.10为不同浸泡时间下不同位置页岩表面的显微图像。通过对比超临界CO_2—水暴露后页岩表面的显微图像可以看出，随着浸泡时间的延长，超临界CO_2吸附在裂缝最宽处的位置，从裂缝开口逐渐扩散。浸泡2d后，显微图像上的裂纹孔径变宽，同时出现了狭窄的次生裂纹扩散和矿物溶解。浸泡3d后，裂缝张开明显，出现二次裂缝，矿物溶解量增加。

在超临界CO_2—水作用下，页岩中的伊蒙混层黏土矿物易发生水化膨胀，伊利石易发生垮塌。因此，内部可见明显的颗粒脱落、黏土矿物晶层剥离及诱导裂缝张开。超临界CO_2在页岩中吸附会导致页岩膨胀变形。浸泡实验过程中，CO_2在岩心内外压差作用下主要沿着渗透性较强的纹层进入页岩岩心内部，吸附于黏土矿物颗粒表面。因此，吸附导致的膨胀变形作用主要发生在纹层状结构内部。当膨胀应力高于纹层力学强度时，形成诱导裂缝。CO_2吸附引发的诱导裂缝宽度随着浸泡时间的增加逐渐增宽。此外，由于CO_2的溶蚀作用，页岩表面原始孔隙增大或形成新的微孔隙。

为了揭示超临界CO_2—水浸泡后的软化程度，对样品表面划痕诱导裂缝宽度进行统计，以定量评价不同浸泡条件下页岩表面的划痕损伤程度。通过划痕实验观察表面。划痕损伤特征量化如图6.11所示。在超临界CO_2—水浸泡前，黏土与纹层界面处存在明显的划痕损伤特征。在富黏土层和石英/方解石层中，样品表面呈现明显的"丰"字形裂纹，损伤尤为明显。这一特征在其他区域也可以观察到，如含黏土丰富的层板，但其特征不如界面附近明显。在较硬的纹层中，如那些富含方解石纹层或石英/方解石混合纹层，划伤损伤不太明显，导致样品表面更光滑。经过超临界CO_2—水浸泡后，试样表面基本保持光滑，划痕引起的裂纹明显减少。

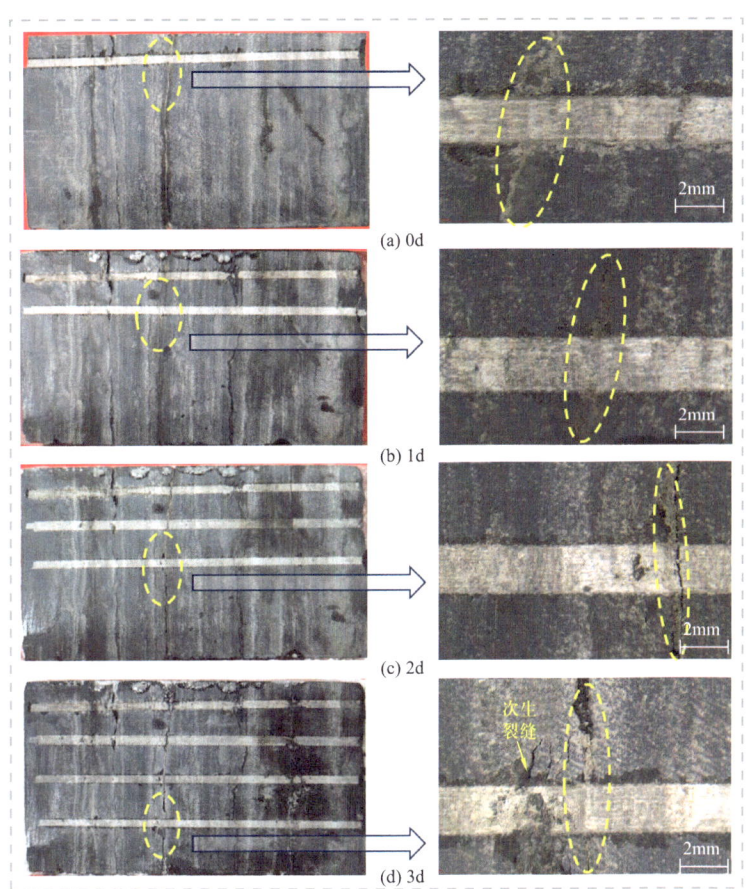

图 6.10 超临界 CO_2—水浸泡后的裂缝变化

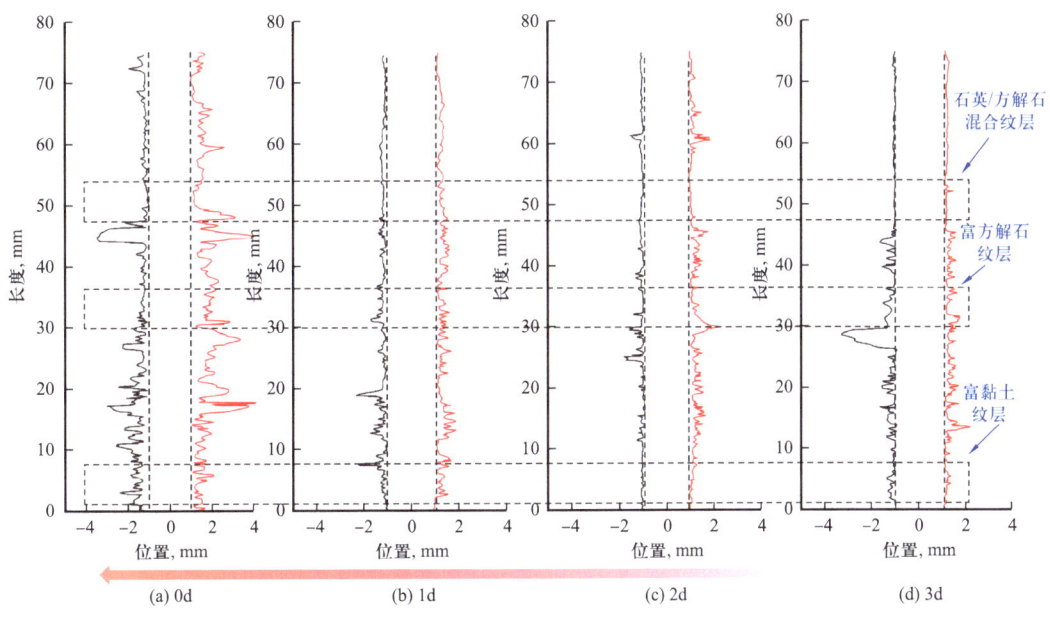

图 6.11 裂缝破坏模式

由于黏土层和石英/方解石层附近存在明显的划痕损伤特征和较大的裂缝宽度，使用显微镜对石英/方解石层附近的页岩表面进行观察。结果表明：随着保温时间的延长，页岩表面软化，裂缝宽度明显减小；如图6.12（a）和图6.13（a）所示，裂缝在不同层板的界面处扩展，宽度为2.12mm。而超临界CO_2—水浸泡1d后，裂纹扩展明显减小至0.4mm［图6.12（b）和图6.13（b）］；随着保温时间由2d增加到3d，裂纹宽度由0.4mm增加到0.83mm，而整体尺寸减小了约60.8%［图6.12（c）、图6.12（d）、图6.13（c）和图6.13（d）］。

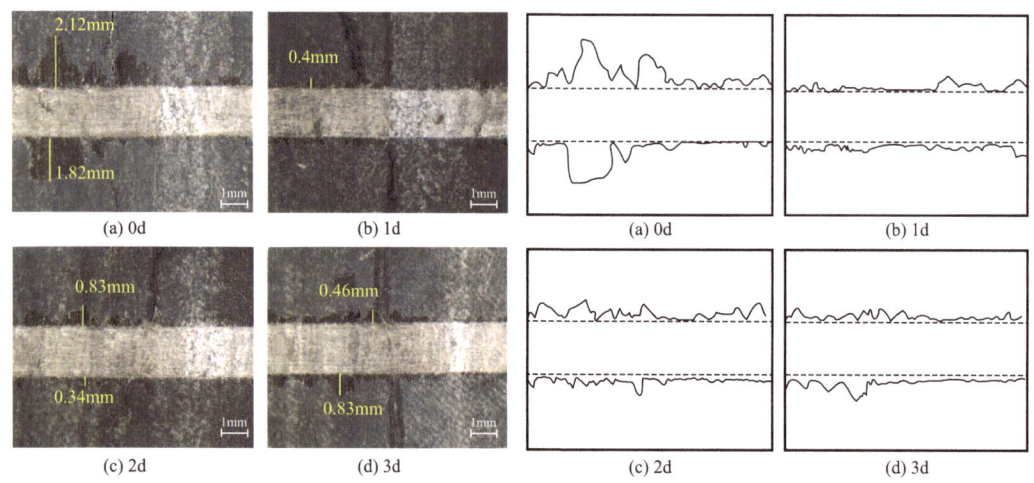

图6.12　典型纹层划痕破坏模式　　　图6.13　典型纹层划痕破坏模式示意图

综上所述，页岩表面划伤程度表征与超临界CO_2—水浸泡密切相关。不同纹层表现出不同的划伤损伤特征，这与页岩裂缝扩展密切相关。该研究有助于了解页岩裂缝扩展模式。

6.2.3　纹层页岩力学响应规律

划痕实验能够连续测量和表征层状页岩的宏观力学性能，在以往的研究中得到了广泛的应用。划痕测试可以连续测量页岩样品纵剖面的岩石强度，定量评估岩石力学特性的不均匀分布特征，识别力学弱面。为了研究浸泡过程中超临界CO_2—水对不同层板宏观力学性能的影响，分析了三种层板的变化模式。不同浸泡时间后力信号随位移的变化情况如图6.14所示。

由图6.14可见，力信号经历了一个下降阶段，然后小幅上升。超临界CO_2—水浸泡前，划痕力信号平均在102N左右，超临界CO_2—水浸泡后划痕力保持在平均值以下。当穿过石英/方解石层（图6.14中红色虚线框）时，力峰值向左下方移动。这与超临界CO_2—水浸泡后方解石在页岩表面的溶解和矿物迁移有关。

为了进一步探讨页岩软化行为对力学性能的影响，通过划痕实验表征了不同层位的力学变化模式。结合划伤曲线和力学参数的演化模式，总结出三种典型的层状结构。

6.2.3.1 富黏土纹层划痕力学参数

从图 6.15（a）和图 6.16（a）可以看出，富黏土层暴露于超临界 CO_2—水中后，断裂韧性和硬度明显下降。浸泡 1d 后降幅最大。浸泡 3d 后，这些数值分别下降了 45.8% 和 47.1%。在 2～3d 的浸泡时间内，该数值基本保持不变。富黏土层的断裂韧性和硬度明显小于其他两种纹层。在压力作用下，CO_2 侵入岩心内部，腐蚀部分矿物，改变原始孔隙结构，诱导裂缝进一步扩展，并在岩心薄弱面处产生新裂缝，从而显著降低页岩力学强度。

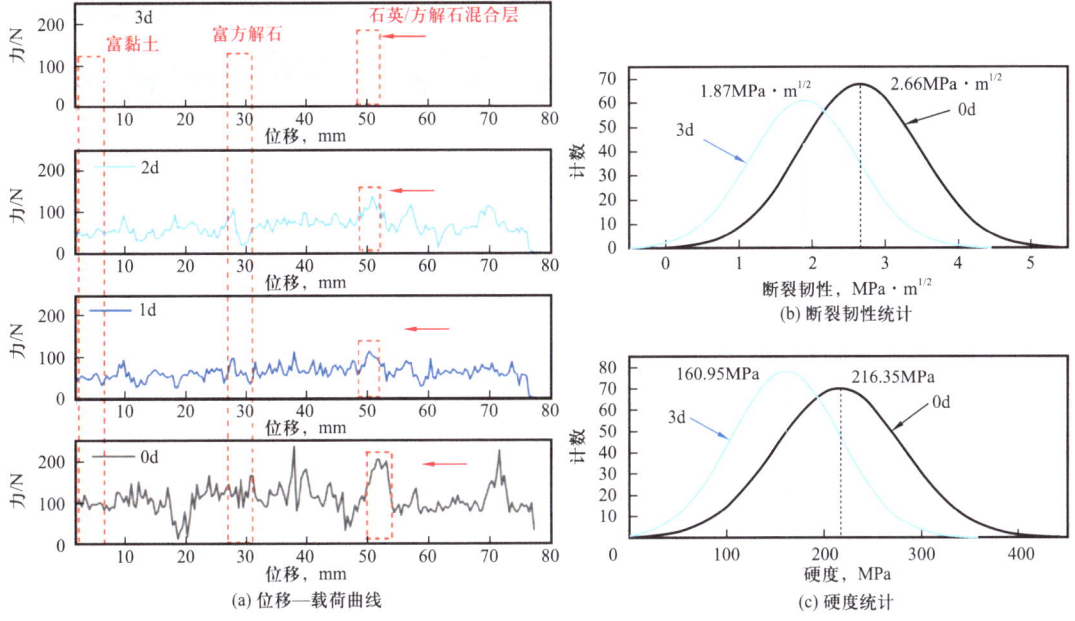

图 6.14　划痕力信号随着浸泡时间的变化

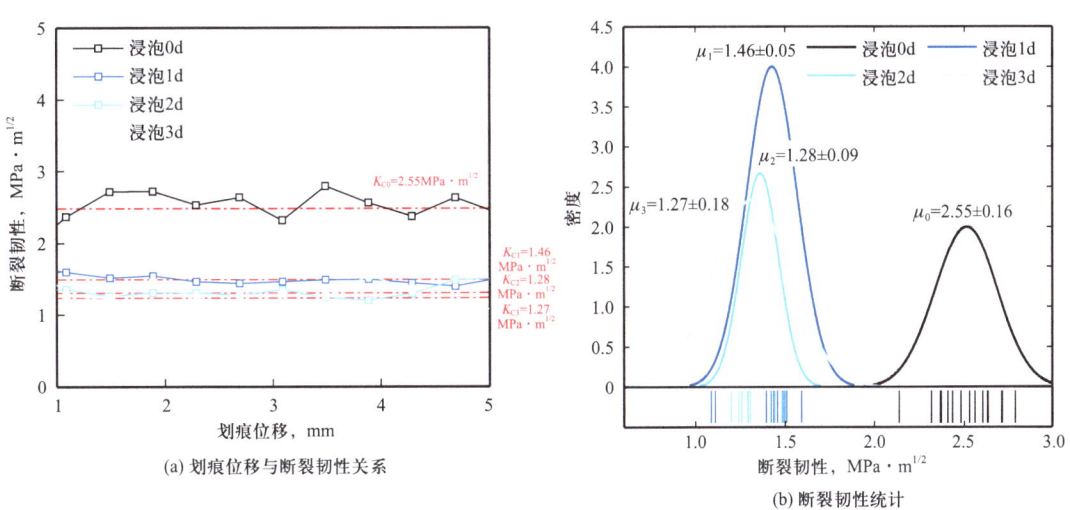

图 6.15　超临界 CO_2—水浸泡后富黏土层的断裂韧性变化

μ_0，μ_1，μ_2，μ_3——0d、1d、2d、3d 实验的平均值

原始页岩试样的断裂韧性主要分布在 2.0~3.0MPa·m$^{1/2}$ 之间，峰值为 2.55MPa·m$^{1/2}$，呈正态分布（图 6.15）；原始页岩试样的硬度主要分布在 160~250MPa 之间，峰值约为 208MPa（图 6.16）。富黏土层的分布曲线随着超临界 CO_2—水中浸泡时间的增加而向左移动，浸泡 1d 后，断裂韧性分布集中在 1.0~1.8MPa·m$^{1/2}$ 之间，峰值为 1.46MPa·m$^{1/2}$；浸泡 2d 后，断裂韧性的正态分布曲线峰值向左移动，峰值为 1.28MPa·m$^{1/2}$。从图 6.16（b）可以明显看出，硬度遵循相同的模式，浸泡 1d 后，硬度主要分布在 80~180MPa 之间，正态分布曲线峰值为 127.05MPa；浸泡 2d 和 3d 后，峰值分别为 107.44MPa 和 104.33MPa。

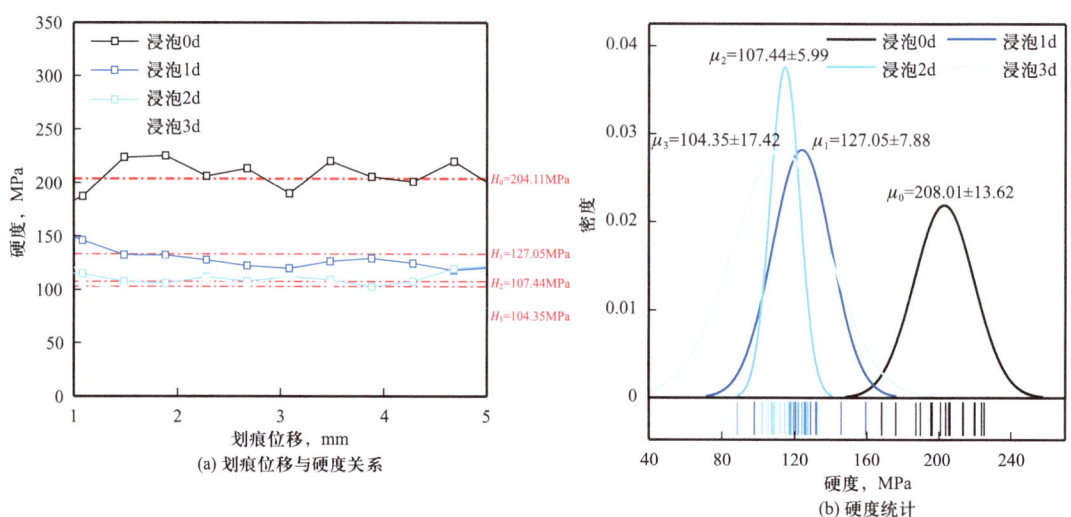

图 6.16　超临界 CO_2—水浸泡后富黏土层的硬度变化

6.2.3.2　富方解石纹层划痕力学参数

由图 6.17 和图 6.18 可见，在超临界 CO_2—水暴露过程中，富方解石层的断裂韧性和硬度随着时间的推移而降低，浸泡 2d 后下降幅度最大。保温 1d 后，断裂韧性和硬度分别下降 40.9% 和 34%，浸泡 3d 后，断裂韧性和硬度分别下降 80% 和 83.6%。这可能是由于方解石矿物被超临界 CO_2—水溶解造成的。从图 6.17 和图 6.18 可以看出，页岩初始试样的断裂韧性主要分布在 1.5~4.0MPa·m$^{1/2}$ 之间，峰值为 2.81MPa·m$^{1/2}$；初始硬度主要分布在 120~300MPa 之间，峰值为 216.04MPa。富方解石层的断裂韧性和硬度明显高于富黏土层。超临界 CO_2—水浸泡后，随着浸泡时间的延长，断裂韧性和硬度分布曲线的峰值也向左移动。由于富方解石纹层型页岩内部存在大尺度溶蚀孔，对页岩原始骨架结构造成极大影响，因此强度下降幅度更加显著。

断裂韧性主要分布在 0.8~2.5MPa·m$^{1/2}$ 之间，浸泡 1d 后峰值为 1.66MPa·m$^{1/2}$；浸泡 2d 后，峰值向左移动，峰值为 0.85MPa·m$^{1/2}$；浸泡 3d 后，断裂韧性正态分布曲线的峰值向左移动。同样，浸泡 1d 后，硬度主要分布在 75~200MPa 之间，峰值为 142.57MPa；浸泡 2d 后，硬度主要分布在 0～160MPa 之间，峰值为 65.18MPa；浸泡 3d 后，硬度峰值向左移动，但幅度明显减小，硬度主要分布在 0～75MPa 之间，正态分布曲线峰值为 32.50MPa。

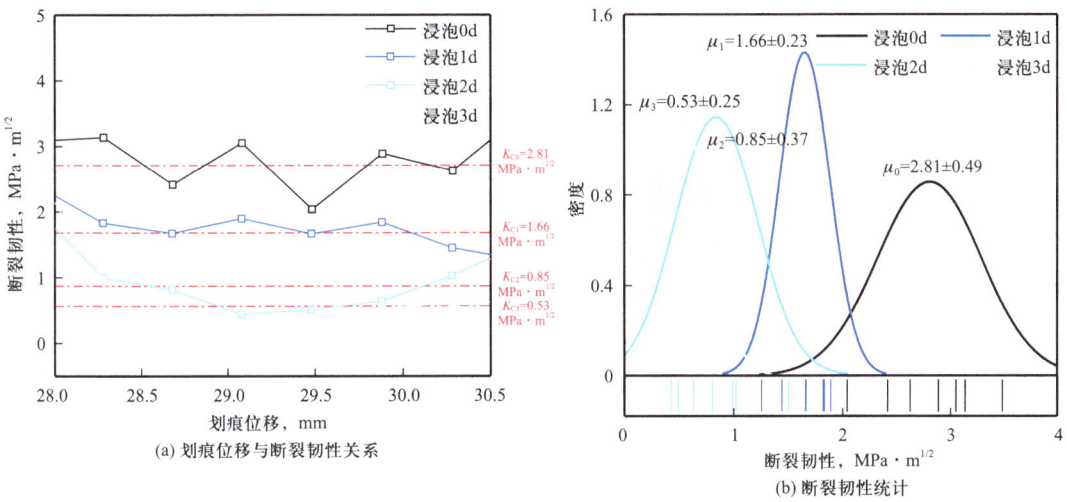

图 6.17　超临界 CO_2—水浸泡后富方解石层的断裂韧性变化

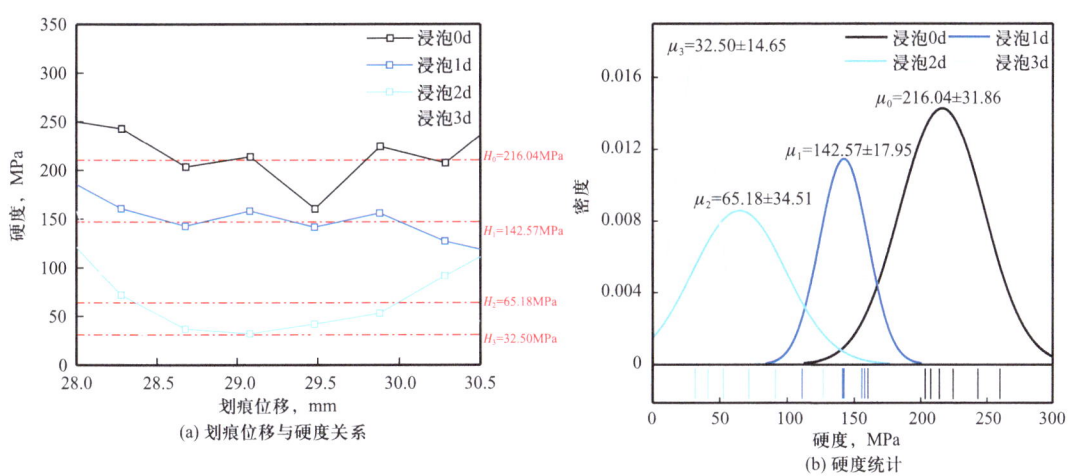

图 6.18　超临界 CO_2—水浸泡后富方解石层的硬度变化

6.2.3.3　石英/方解石混合纹层划痕力学参数

随着浸泡超临界 CO_2 时间的延长，石英/方解石层的断裂韧性和硬度呈现先降低后略微升高的趋势，但总体而言，趋势是下降的[图 6.19（a）、图 6.20（a）]。随着保温时间的增加，试样的断裂韧性峰值分别为 3.69MPa·m$^{1/2}$、2.25MPa·m$^{1/2}$、2.58MPa·m$^{1/2}$ 和 2.74MPa·m$^{1/2}$，硬度峰值分别为 291.03MPa、191.57MPa、220MPa 和 232.21MPa。浸泡 1d 后，断裂韧性和硬度分别下降 40.3% 和 37.4%；浸泡 2d 和 3d 后，划痕曲线略有上升，可能是由于超临界 CO_2—水与方解石发生反应和随后的沉淀所致，断裂韧性和硬度最终分别下降 27.3% 和 24.7%。这类纹层的断裂韧性和硬度值在三种纹层中最高。

原始页岩试样的断裂韧性分布在 $0\sim6\text{MPa}\cdot\text{m}^{1/2}$ 之间，如图 6.19（b）所示；浸泡 1d 后，断裂韧性主要分布在 $0\sim4\text{MPa}\cdot\text{m}^{1/2}$ 之间；浸泡 2d 后，峰值开始右移，断裂韧性主要分布在 $0\sim5\text{MPa}\cdot\text{m}^{1/2}$ 之间；浸泡 3d 后，峰值继续向右移动，但幅度相对较小，断裂韧性主要分布在 $0\sim6\text{MPa}\cdot\text{m}^{1/2}$ 之间。同样，原始页岩试样的硬度也主要分布在 $0\sim500\text{MPa}$ 之间［图 6.20（b）］；浸泡 1d 后，硬度主要分布在 $0\sim325\text{MPa}$ 之间；浸泡 2d 后，硬度正态分布曲线的峰值向右移动，硬度主要分布在 $0\sim450\text{MPa}$ 之间；浸泡 3d 后，峰值继续向右移动。可能是由于矿物溶解和页岩表面软化，然后出现新的沉淀，导致出现先下降后小幅上升的现象。

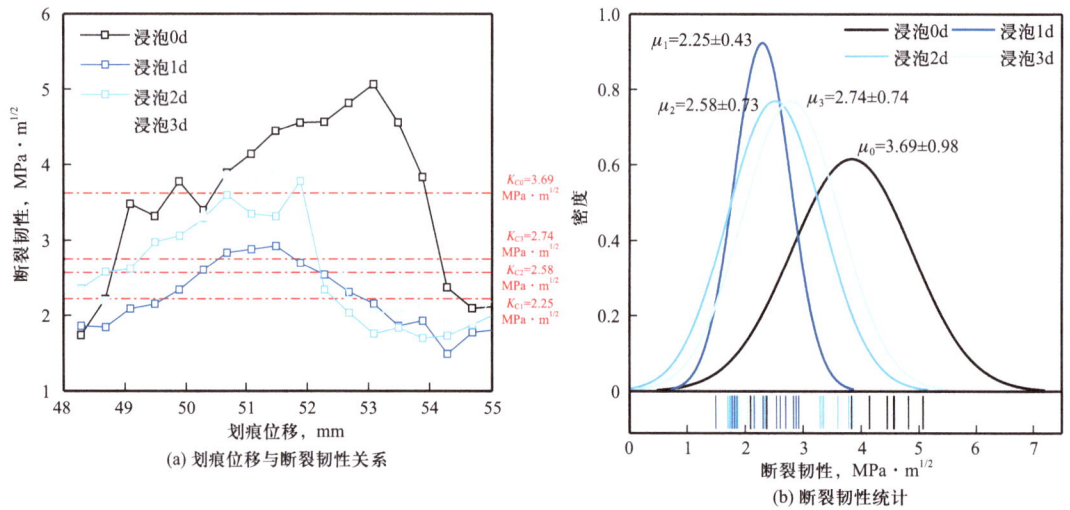

图 6.19　超临界 CO_2—水浸泡后石英/方解石层的断裂韧性变化

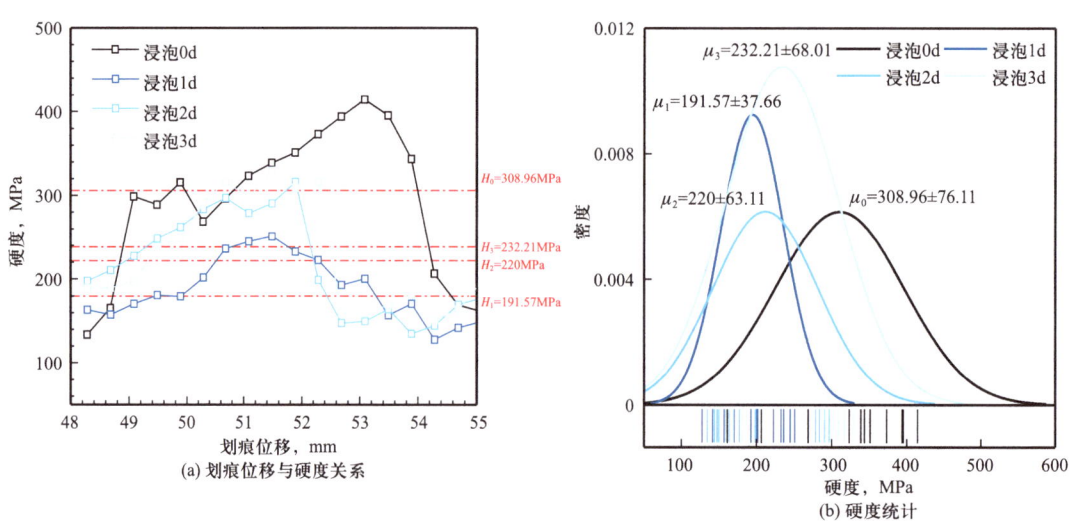

图 6.20　超临界 CO_2—水浸泡后石英/方解石层的硬度变化

6.2.4 纹层页岩非均质性变化

纹层页岩发育程度高，受古沉积物来源、气候和水环境的影响，主要矿物成分为石英、碳酸盐和黏土。不同层间矿物成分的差异导致了极端的非均质性，从而导致了不同的力学性能。在页岩气勘探开发过程中，页岩储层的非均质性一直受到人们的重视。厘米划痕实验的优势在于可以连续测量力学参数，从而表征页岩的非均质性。因此，提出的参数 δ 旨在利用划痕断裂韧性曲线来量化页岩中的非均质性。

$$\delta = a\sqrt{\frac{1}{N}\sum_{i=1}^{N}(x_i - \mu)^2} \tag{6.7}$$

式中 a——曲线中波峰到波谷（或波谷到波峰）距离大于或等于标准差的时间（由图 6.21 导出）；

N——划痕表面断裂韧性的试样总数；

x_i——划痕穿过试样表面的每个点的断裂韧性值；

μ——断裂韧性的平均值。

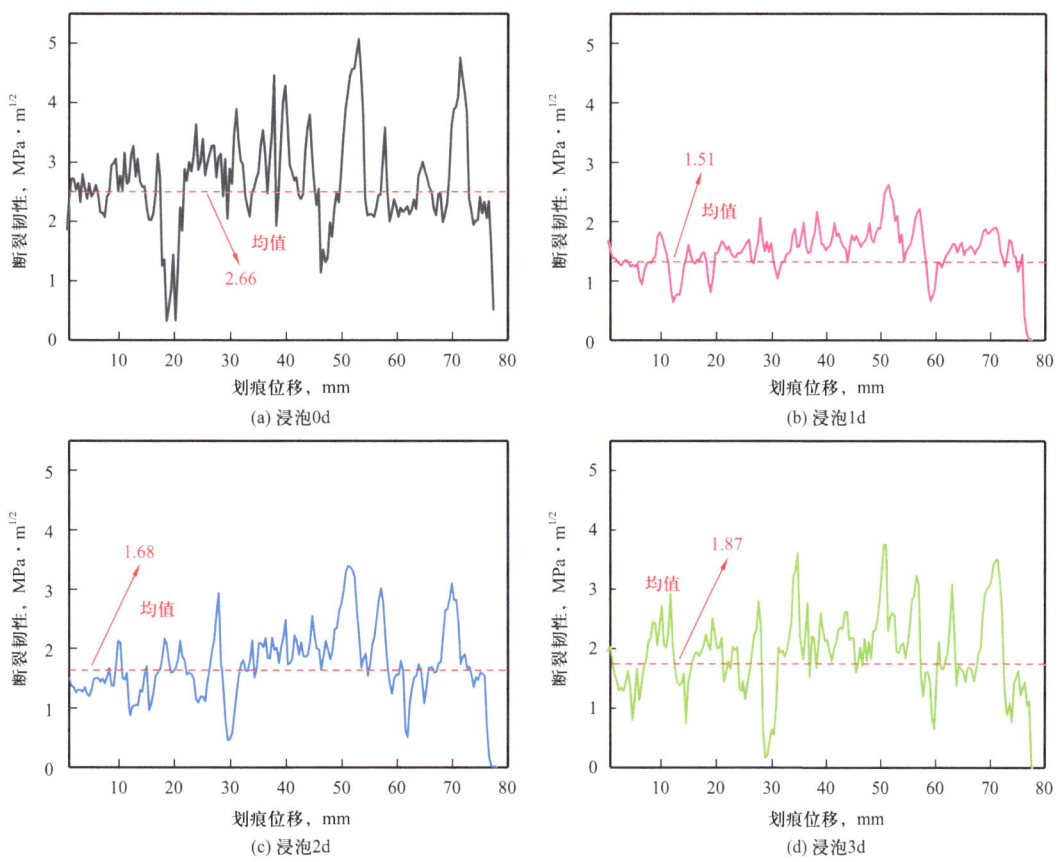

图 6.21 不同浸泡时间的划痕断裂韧性变化曲线

如图 6.22 所示，随着浸泡时间的延长，页岩表面的非均质性先降低后略有增加，最终导致非均质性整体降低。这种现象归因于页岩表面矿物的变化：浸泡 1d 后，超临界 CO_2—水溶解了页岩表面的方解石，这大大降低了页岩的非均质性；浸泡 2~3d 后，页岩样品中的方解石大部分溶解，形成新的析出物，这个过程会导致非均质性的轻微增加。

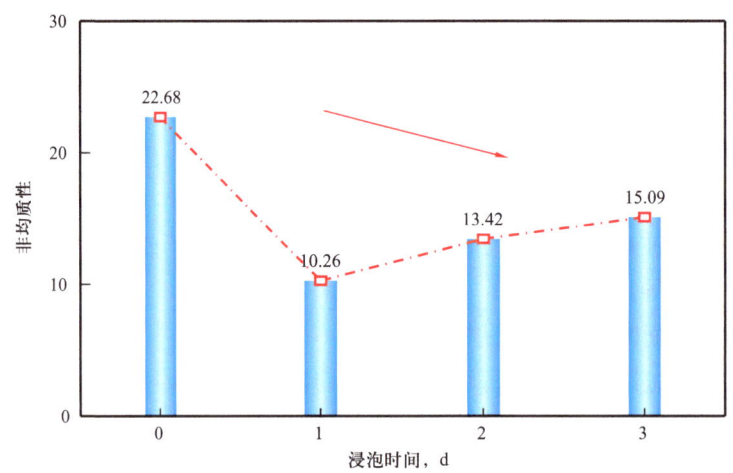

图 6.22　不同浸泡时间的页岩非均质性变化

6.3　纳米划痕实验力学性质变化

6.3.1　微观矿物分布变化

根据 QEMSCAN 结果分析了成岩矿物的含量，矿物组成分布如图 6.23 所示。纹层页岩由伊利石、石英、方解石、钠长石、白云石、白云母、磷灰石、高岭石和黄铁矿组成。纹层页岩基质主要由 43.94% 的伊利石、25.2% 的石英、12.36% 的钠长石和 6.26% 的方解石组成。纹层页岩纹层主要由 59.93% 的方解石、16.58% 的石英、6.27% 的伊利石和 8.83% 的钠长石组成，其中白云石、白云母、高岭石、磷灰石和黄铁矿的总体矿物占比小于 5%，忽略超临界 CO_2—盐水对这些矿物产生的影响（图 6.24）。

经超临界 CO_2—盐水浸泡 8d 后，基质中方解石、钠长石和黏土的含量分别下降了 0.25 个百分点、0.20 个百分点和 0.04 个百分点，石英含量增加了 2.32 个百分点。当超临界 CO_2 与水接触时形成碳酸（H_2CO_3），溶解黏土和碳酸盐矿物。伊利石在溶液中存在 H^+ 的情况下溶解，并生成少量石英。生成的石英颗粒在酸性环境中是稳定的。这是基质中石英含量增加和黏土矿物减少的原因。

纹层中方解石含量下降了 15%，黏土含量增加了 0.74%，钠长石含量增加了 0.69%。方解石的矿物碳酸化长期发生，可以溶解在水中并作为碳酸盐固体沉淀。由于纹层处的方解石被超临界 CO_2 溶解，方解石含量降低，纹层处其他矿物含量有所上升。

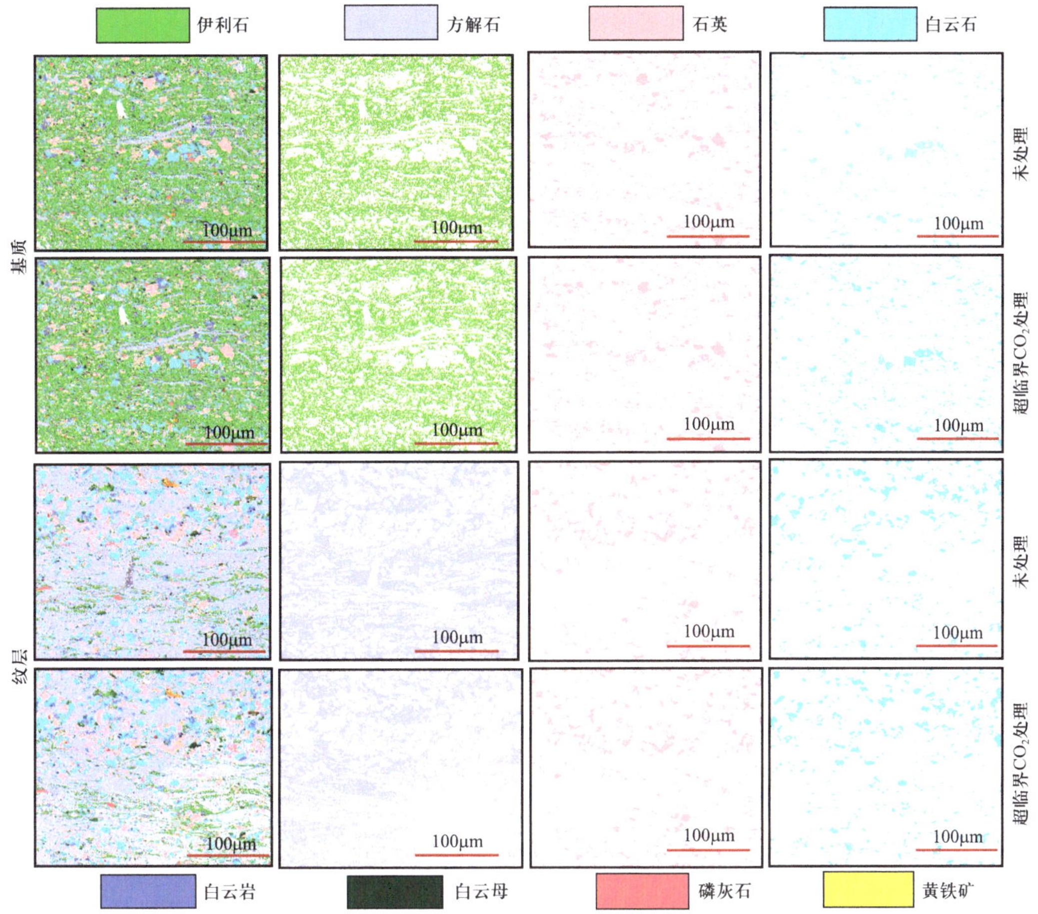

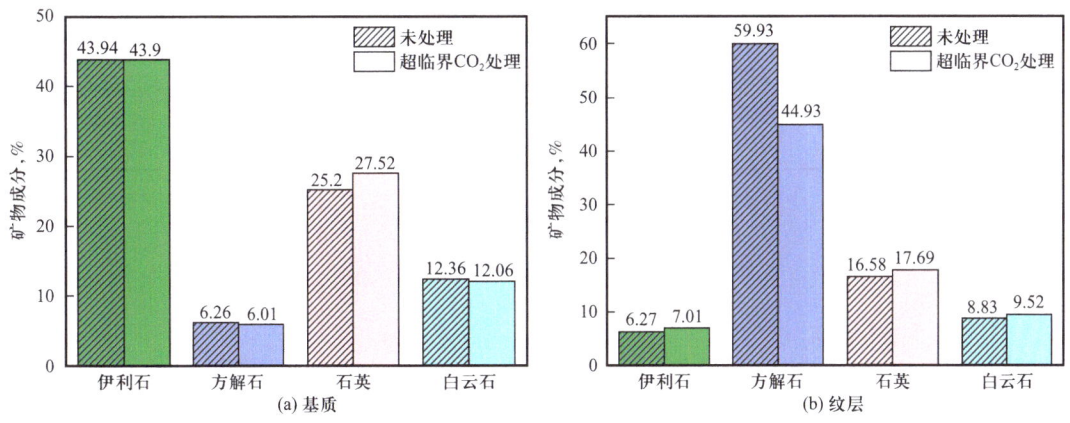

图6.23 QEMSCAN 页岩表面矿物成分定量分布

图6.24 纹层页岩基质和纹层的矿物成分变化

综上可知，超临界 CO_2 与基质发生的矿物反应较弱，基质矿物分布没有发生剧烈变化，超临界 CO_2 与纹层发生有限的矿物反应。这是由于水蒸气和超临界 CO_2 反应生成的碳酸量远小于水与超临界 CO_2 直接接触生成的碳酸量。页岩与超临界 CO_2—盐水的矿化过程需要进一步研究，以了解长期的矿物捕集机制。

6.3.2 微观结构变化

划痕刮擦过程中破坏了岩石原有的抛光表面，形成了孔隙结构和微裂缝发育的划痕沟槽。通过 SEM 观察了不同超临界 CO_2—盐水静态浸泡时间处理后的初始划痕沟槽位置和未破坏表面位置，揭示了超临界 CO_2—盐水对泥页岩微观结构的影响。

基质浸泡 2d 的表面形貌如图 6.25（a）所示。相比于原始基质表面，划痕沟槽的部分矿物在超临界 CO_2—盐水作用下逃逸和迁移，产生一些新的孔隙；未破坏表面没有明显变化。基质浸泡 4d 的划痕表面形貌如图 6.25（b）所示。划痕沟槽处发生了初始的化学反应，产生了絮状晶体，伴有新孔隙产生；未破坏表面并未发生剧烈的反应变化。基质浸泡 6d 的划痕表面形貌如图 6.25（c）所示，划痕沟槽处化学反应加剧，生成了颗粒状晶

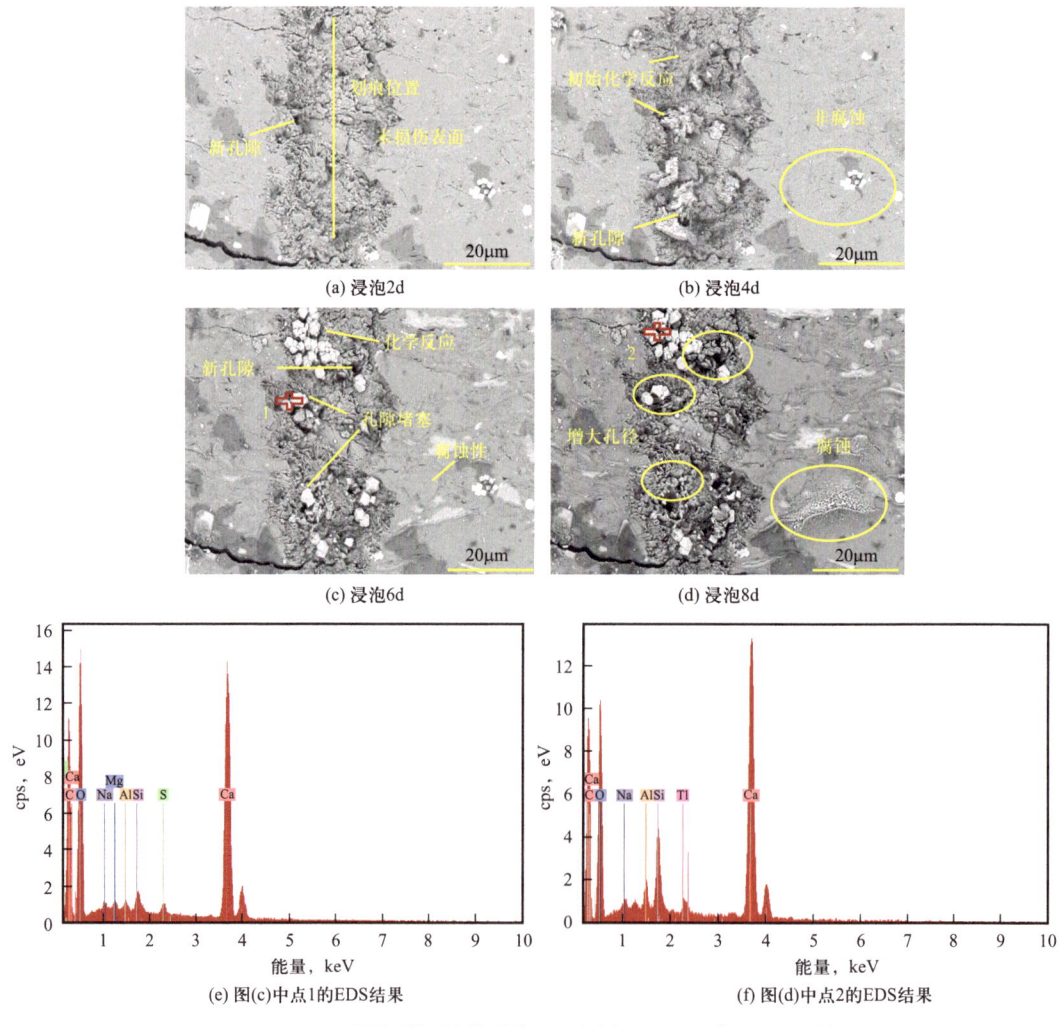

图 6.25 不同浸泡时间的基质处同一划痕 SEM 图像及 EDS 结果

体，伴有新孔隙产生，并且新产生的矿物存在堵塞基质划痕处孔隙的现象；未破坏表面发生较为剧烈的反应变化，表面出现大量新矿物，这些新矿物的产生可能是由于是表面浅层矿物溶蚀后而显露的下一层矿物。基质浸泡 8d 的划痕表面形貌如图 6.25（d）所示，划痕位置处的孔隙数量和孔径大小都大幅度增加。图 6.25（c）中溶蚀处较为完整的类三角形状矿物在超临界 CO_2—盐水的作用下溶蚀分解成小颗粒状破碎矿物。另外，浸泡 6d 和 8d 后划痕位置处出现的颗粒状的晶体 EDS 能谱结果如图 6.25（e）和图 6.25（f）所示，点 1 和点 2 均为以碳酸钙为主的方解石混合矿物。

纹层浸泡 2d 的表面形貌如图 6.26（a）所示，相比于图 6.27（c）所示的原始纹层表面，划痕沟槽的部分矿物在超临界 CO_2—盐水运移或溶蚀作用下消失；未破坏表面没有明显变化。基质浸泡 4d 的划痕表面形貌如图 6.26（b）所示，划痕位置处发生了轻微的化学反应，未破坏表面衍生出大量浅显的微裂缝。纹层浸泡 6d 的划痕表面形貌如图 6.26（c）所示，未破坏表面发生较为剧烈的反应变化，表面开始出现矿物被溶蚀的现象，进一步加剧微小裂缝的生成与扩展。纹层浸泡 8d 的划痕表面形貌如图 6.26（d）所示，未破坏表面发生剧烈的反应变化，表面出现大量矿物被溶蚀的现象，出现大量的微小裂缝，划痕位置处的大量微裂缝溶蚀贯通，形成颗粒状条带。

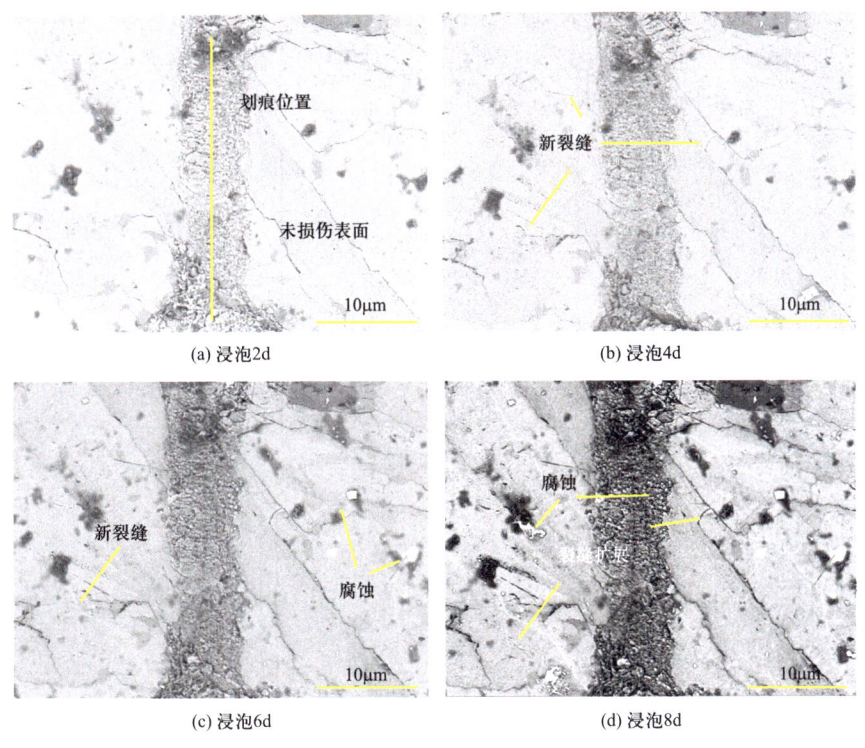

图 6.26　不同浸泡时间的纹层处同一划痕的 SEM 图像

综上所述，超临界 CO_2—盐水对基质和纹层微孔和裂缝发育处的损伤程度影响较大。这是由于超临界 CO_2 的超低界面张力和黏度使其更容易穿透页岩微孔和薄层，因此超临

界 CO_2 会倾向于裂缝和孔隙发育处吸附平衡。另外，由于基质的吸附能力和孔隙发育程度远大于纹层，纹层微裂缝数量大于基质微裂缝的数量。因此，超临界 CO_2—盐水浸泡后的基质表面的孔隙数量显著增加，孔径显著增大；纹层微裂缝的数量显著增加，孔径显著增大。超临界 CO_2—盐水还会对基质和纹层表面产生一定的溶蚀作用，并且这种溶蚀作用的程度受时间的影响。

6.3.3 初始划痕破坏形态与曲线特征

划痕刮擦岩石表面形成穿过岩石一定厚度的沟槽，这种穿透厚度的裂纹称为贯穿裂纹，沟槽位置与周围矿物之间的失效方式称为界面失效模式。这些变化反映了表面发生的物理变化和破坏形态。采用 SEM 观察了不同位置残余划痕的形貌，结合载荷划入深度和水平力曲线总结出了典型的划痕模式。而韧性破坏的特征在于压头尖端周围的塑性流动。

划痕位于基质区域，如图 6.27（a）所示，划痕方向从下到上，图中的黄色条带位置是划痕压头穿过基质一定厚度形成的沟槽。由于黏土颗粒的黏结强度较弱，基质沟槽表现为碎裂（fracture）的破坏模式。基质的贯穿裂纹是韧性裂纹，呈弯曲状分布，图中的红色条带是基质沟槽与周围矿物的界面失效区。划痕引起基质局部区域的塑性变形，形成划痕沟槽周围的塑性变形区。失效区存在塑性变形和剪切破坏（shear failure）的破坏形式。由于划痕导致沟槽与周围矿物之间出现应力集中现象，划痕界面边缘呈现波浪状的界面形态，并伴有矿物剥离的现象［图 6.27（b）］。

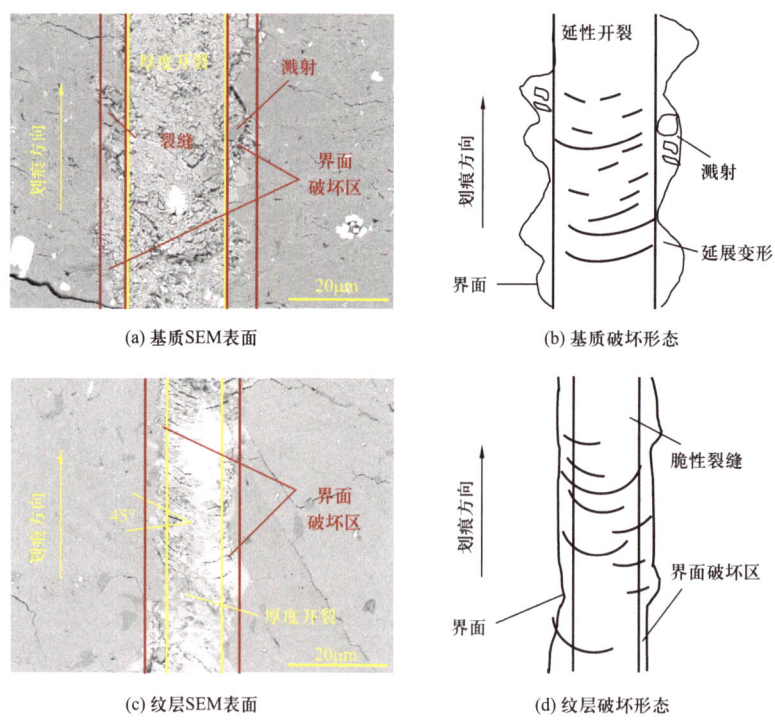

图 6.27 页岩基质典型划痕形貌特征

划痕位于纹层区域，如图6.27（c）所示，划痕方向从下到上。纹层沟槽具有尖锐的破坏表面，表现为脆性破坏特征。纹层的贯穿裂纹是脆性裂纹，呈弯曲状分布，且裂纹角度约呈45°。沟槽裂纹可以被看作是由剪切损伤部位产生的屈曲裂纹。划痕界面呈现直线状的界面形态，沟槽内的弯曲裂纹屈曲失效后延伸到划痕界面边缘［图6.27（d）］。

基质划痕水平力—位移曲线和划入深度—位移曲线分别如图6.28（a）和图6.28（c）所示，两条曲线都呈锯齿状。划痕的最大水平力为43.01mN，最小水平力为31.13mN，平均水平力为39.24mN。最大划入深度为4759.89nm，最小划入深度为3563.04nm，平均划痕深度为4138.32nm。纹层划痕水平力—位移曲线和划入深度—位移曲线分别如图6.28（b）和图6.28（d）所示，两条曲线都呈锯齿状。划痕的最大水平力为42.5mN，最小水平力为32.8mN，平均水平力为37.8mN。纹层的平均水平力（37.8mN）小于基

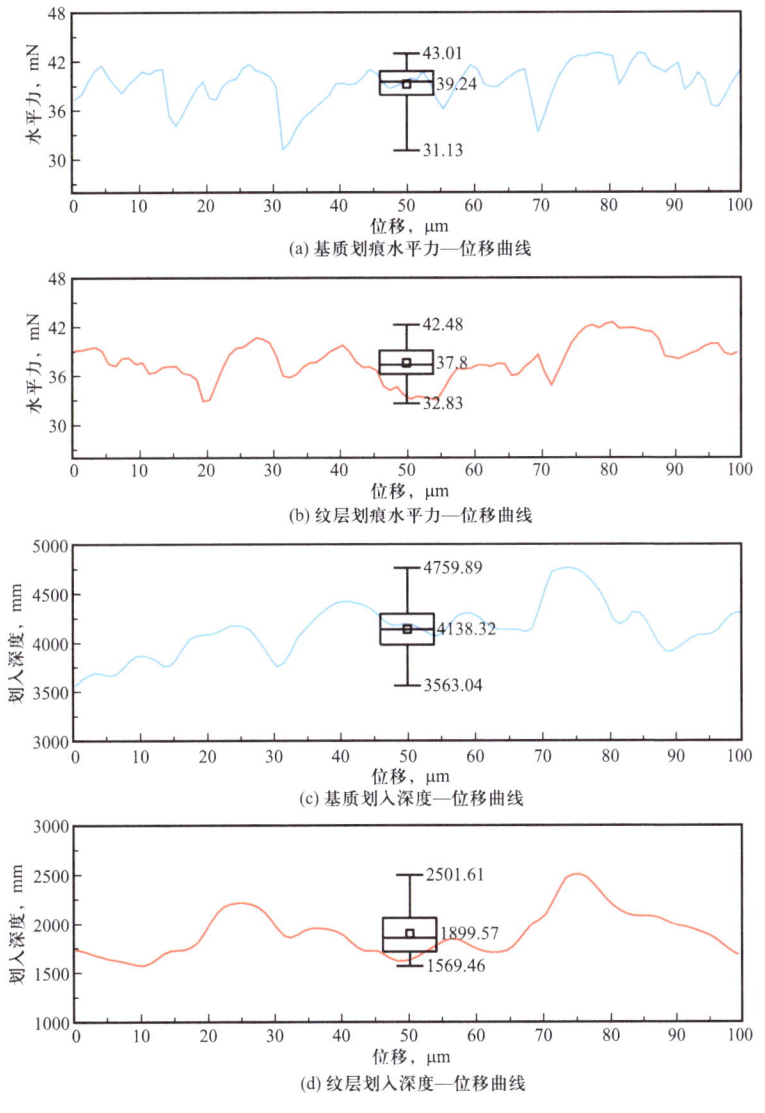

图6.28　基质典型划痕曲线特征

质的平均水平力（39.24mN），表明基质具有更好的抗剪切能力。纹层的最大划入深度为2501.61nm，最小划入深度为1569.46nm，平均划入深度为1899.57nm。纹层的平均划入深度（1899.57nm）小于基质的平均划入深度（3897.97nm），更小的划入深度意味着样品越硬，纹层的硬度大于基质的硬度。

6.3.4 微观破坏模式

纳米划痕实验后，获得页岩浸泡前后表面的水平力—位移曲线。脆性破坏和韧性破坏具有明显的水平力信号，结合页岩表面不同浸泡时间的水平力—划痕曲线特征，可将划痕水平力—位移曲线大致划分为如下 3 类。

第Ⅰ类如图 6.29（a）所示，OA 段基本上呈直线，在此期间岩石中的初始微裂缝受压闭合，属于弹性力学范畴；到达峰值点 A 后（AB 段），曲线迅速线性下降。声发射监测表明，应力引起的损坏事件通常对应于在脆性材料中产生划痕时水平力的突然下降。这种脆性破坏的失效机制是以张拉为主的破裂。

第Ⅱ类如图 6.29（b）所示，OA 段基本上呈直线，属于弹性力学范畴；到达峰值点 A 后（AB 段），曲线呈不规律的斜率下降。这种失效破坏机制是剪切流动破裂。岩石变形主要表现为塑性变形和弹性变形的共存，岩石的应力应变曲线呈现出复杂的特征。

第Ⅲ类如图 6.29（c）所示，OA 段基本上呈直线，属于弹性力学范畴；到达峰值点 A 后（AB 段），水平力不再增加，位移不断增大。这种韧性破坏的失效机制是塑性流动破裂。塑性流动不表现出快速应变能释放的现象，这是由于岩石中颗粒胶结不良所导致的。

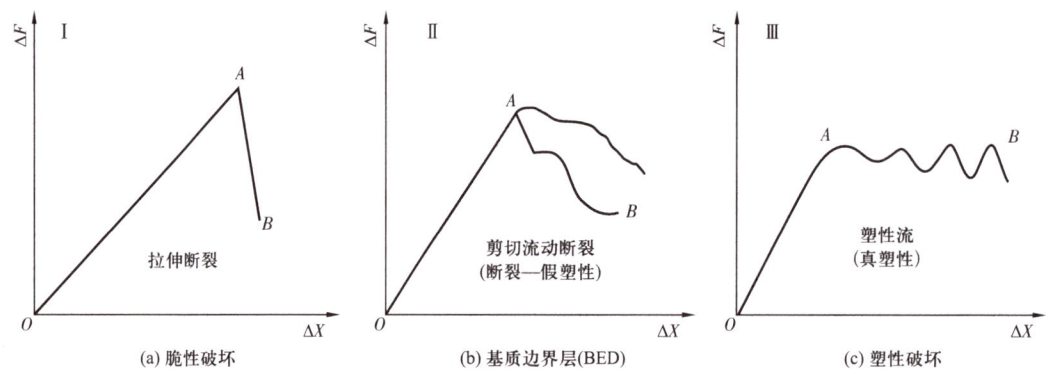

图 6.29 页岩典型划痕水平力—位移曲线形态特征

脆性破坏和韧性破坏具有明显的横向力信号。脆性破坏具有明显的锯齿形横向力响应特征，波动较大，而韧性破坏具有波动较小的轮廓。不同浸泡时间下，基质的水平力与位移的结果如图 6.30（a）所示，其中红色虚线框代表Ⅰ类，蓝色虚线框代表Ⅱ类，黑色虚线框代表Ⅲ类。在没有任何流体处理的情况下，破坏面如图 6.30（b）所示，初始平均划痕宽度为 26.83μm，划痕过程的破坏机制中第Ⅰ类占比 27.4%，第Ⅱ类占比 47.4%，第Ⅲ类占比 25.2%。超临界 CO_2—盐水浸泡 2d 后的划入深度如图 6.30（c）所示，平均划痕宽度为

27.76μm，划痕过程的破坏机制中第Ⅰ类占比30.9%，第Ⅱ类占比20%，第Ⅲ类占比30.9%。超临界CO_2—盐水浸泡4d后的划痕宽度如图6.30（d）所示，平均划痕宽度为28.26μm，划痕过程的破坏机制中第Ⅰ类占比9%，第Ⅱ类占比23.9%，第Ⅲ类占比67.1%。超临界CO_2—盐水浸泡6d后的划痕宽度如图6.30（e）所示，平均划痕宽度为48.55μm，划痕过程的破坏机制中第Ⅰ类占比38.9%，第Ⅱ类占比29.8%，第Ⅲ类占比38.9%。超临界CO_2—盐水浸泡8d后的划痕宽度如图6.30（f）所示，平均划痕宽度为33.92μm（相比于处理前增加

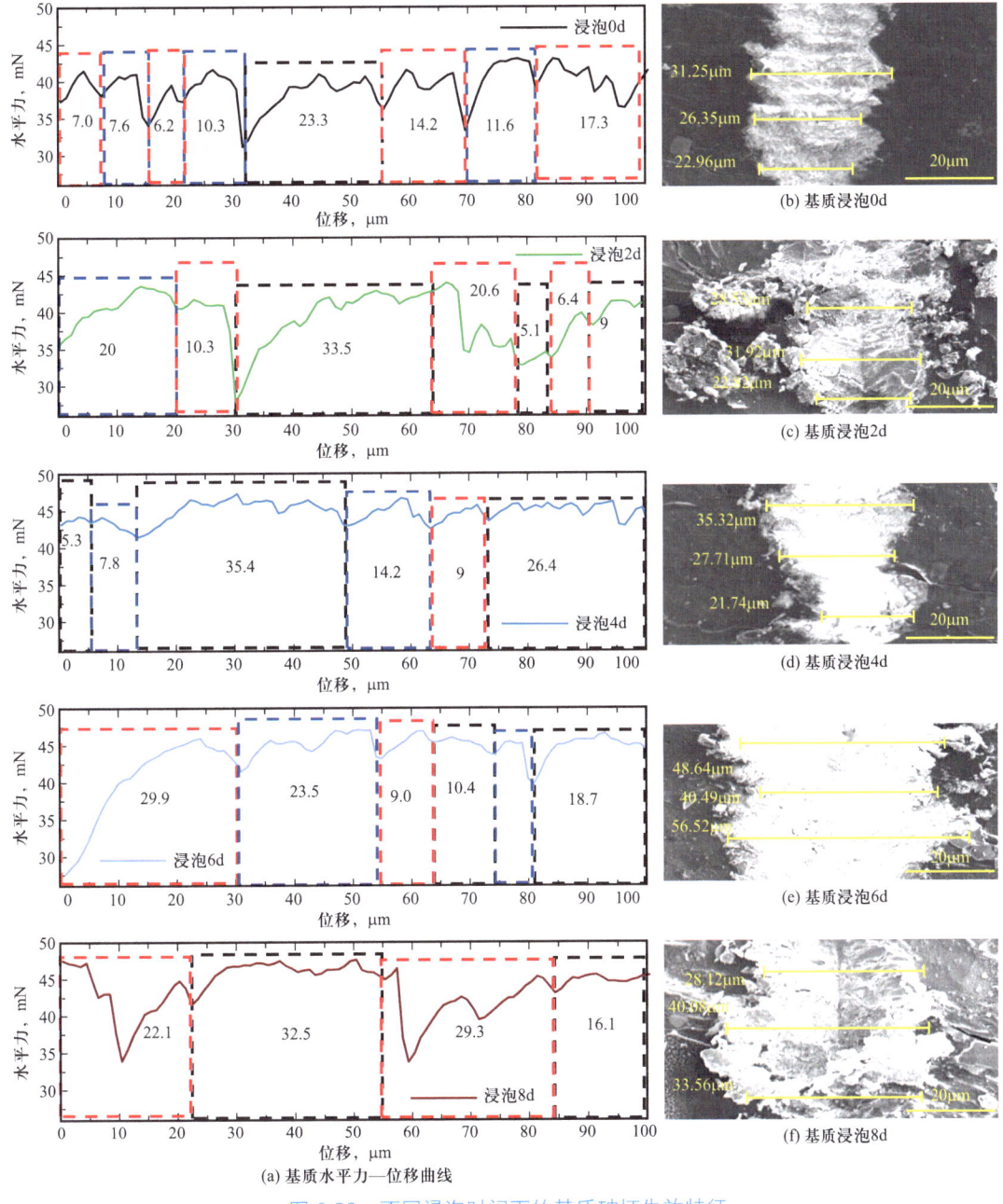

图6.30 不同浸泡时间下的基质破坏失效特征

了 26.42%），划痕过程的破坏机制中第Ⅰ类占比 51.2%（相比于处理前增加了 86.86%），第Ⅱ类占比 11.5%（相比于处理前降低了 75.74%），第Ⅲ类占比 37.3%（相比于处理前增加了 48.01%）。不同浸泡时间下的基质破坏机制统计结果如图 6.31（a）所示，超临界 CO_2—盐水浸泡提高了基质的脆性和塑性，这是由于超临界 CO_2—盐水浸泡大幅减弱了 BED 区，减弱的部分一部分提高了页岩塑性，另一部分提高了页岩的脆性。

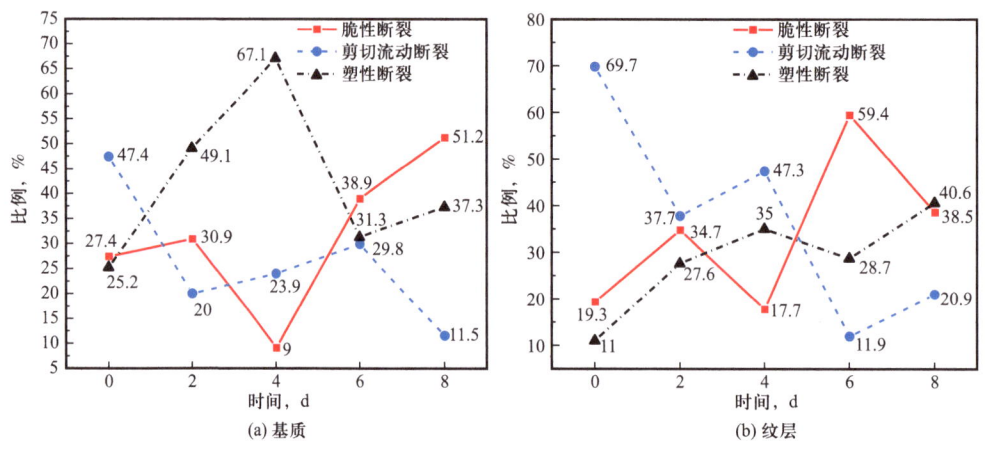

图 6.31 不同浸泡时间下的基质与纹层破坏机制统计结果

不同浸泡时间下，纹层破坏机制统计结果如图 6.31（b）所示，超临界 CO_2—盐水浸泡显著提高了纹层的脆性和塑性，大幅减弱了 BED 区的占比。不同浸泡时间下，基质的水平力与位移的结果如图 6.32（a）所示。在没有任何流体处理的情况下，破坏面如图 6.32（b）所示，初始平均划痕宽度为 13.08μm，划痕过程的破坏机制中第Ⅰ类占比 19.3%，第Ⅱ类占比 68.7%，第Ⅲ类占比 11%。超临界 CO_2—盐水浸泡 2d 后的划入深度如图 6.32（c）所示，划痕平均宽度为 11.61μm，划痕过程的破坏机制中第Ⅰ类占比 34.7%，第Ⅱ类占比 37.7%，第Ⅲ类占比 27.6%。超临界 CO_2—盐水浸泡 4d 后的划痕宽度如图 6.32（d）所示，划痕平均宽度为 11.23μm，划痕过程的破坏机制中第Ⅰ类占比 17.7%，第Ⅱ类占比 47.3%，第Ⅲ类占比 35%。超临界 CO_2—盐水浸泡 6d 后的划痕宽度如图 6.32（e）所示，划痕平均宽度为 12.54μm，划痕过程的破坏机制中第Ⅰ类占比 59.4%，第Ⅱ类占比 11.9%，第Ⅲ类占比 28.7%。超临界 CO_2—盐水浸泡 8d 后的划痕宽度如图 6.32（f）所示，划痕平均宽度为 13.62μm（相比于处理前增加了 4.12%），划痕过程的破坏机制中第Ⅰ类占比 38.5%（相比于处理前增加了 2.5 倍），第Ⅱ类占比 20.9%（相比于处理前降低了 70.01%），第Ⅲ类占比 40%（相比于处理前增加了 2.69 倍）。

可以观察到基质的划痕宽度大于纹层的划痕宽度。然而，在相同的浸泡时间下，每个阶段的基质和纹层的划痕表面形态有所不同。基质的初始划痕宽度（24.7μm）大于纹层的划痕宽度（12μm）。这表明基质较软、塑性高，纹层塑性较低。超临界 CO_2—盐水浸泡后基质划痕宽度增加了 41.9%，纹层划痕宽度增加了 2.1%，这表明超临界 CO_2—盐水提高了基质和纹层的塑性。

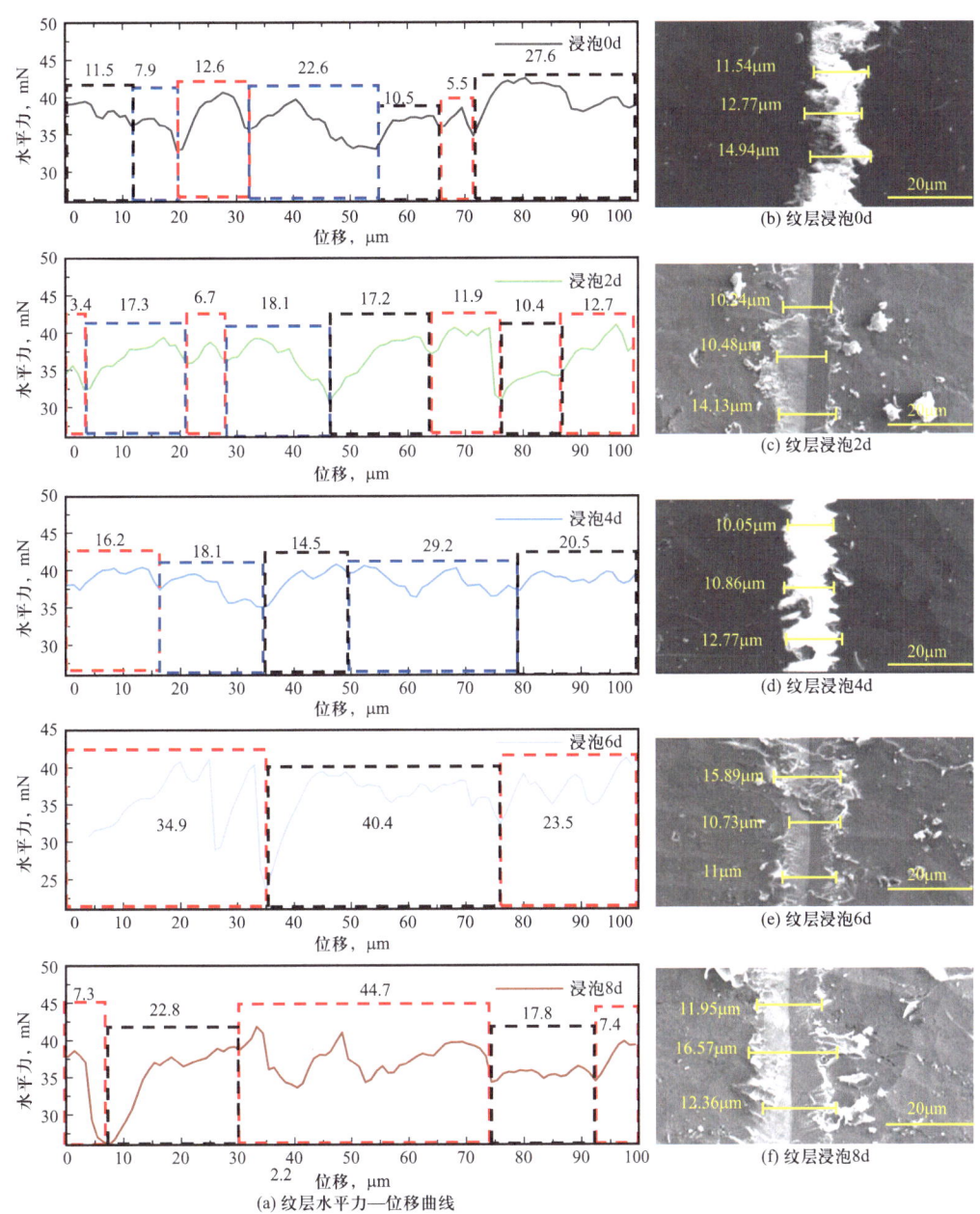

(a) 纹层水平力—位移曲线

图 6.32 不同浸泡时间下的纹层破坏失效特征

6.3.5 浸泡前后的划痕位移

点线图和箱形图都用于可视化参数值的变化。在箱形图中，箱形下方的线表示上限，箱形上方的线表示下限，黑点表示平均值。基质在超临界 CO_2—盐水浸泡后的划入深度如图 6.33 所示。在没有任何流体处理的情况下，初始平均划入深度为 4138.32nm。超临界 CO_2—盐水浸泡 2d 后的划痕深度为 3512.73nm，浸泡 4d 后的划入深度为 4041.19nm，浸泡

6d 后的划入深度为 3988.06nm，最终浸泡 8d 后的划入深度为 4180.58nm，平均划入深度增加了 1.02%。超临界 CO_2—盐水浸泡后基质的划入深度呈现先减小后增加的变化趋势。

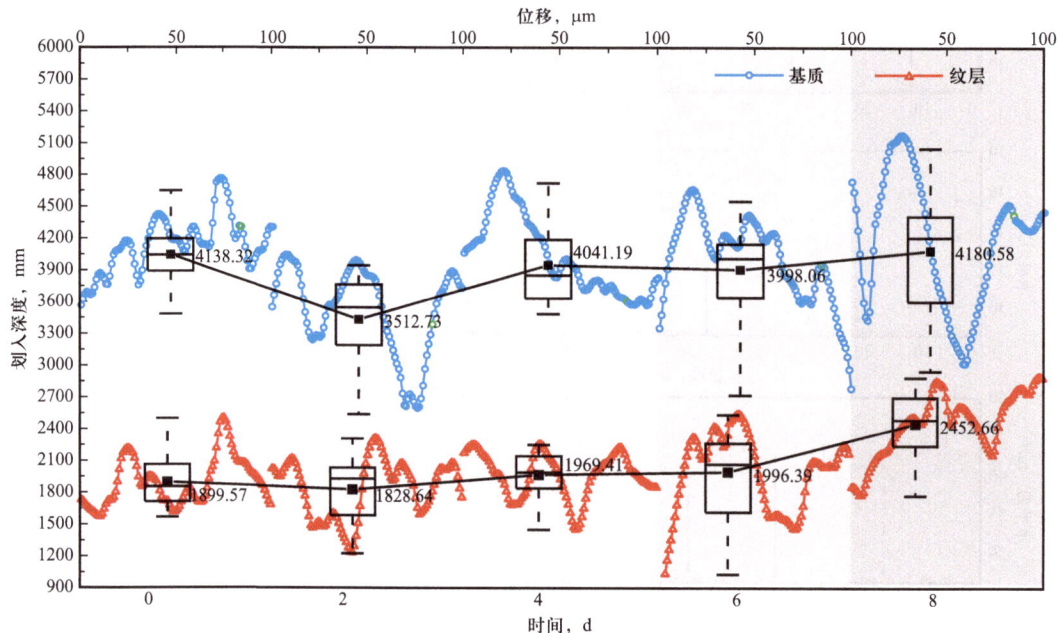

图 6.33 不同浸泡时间下的纹层和基质划入深度的演化过程

纹层在超临界 CO_2—盐水浸泡后的划入深度如图 6.33 所示。在没有任何流体处理的情况下，初始平均划入深度为 1899.57nm。超临界 CO_2—盐水浸泡 2d 后的划入深度为 1828.24nm，浸泡 4d 后的划入深度是 1969.41nm，浸泡 6d 后的划入深度为 1996.39nm，最终浸泡 8d 后的划入深度为 2452.66nm，平均划入深度增加了 29.12%。超临界 CO_2—盐水浸泡后，纹层的划入深度同样呈现先减小后增加的变化趋势。

进一步地，通过纳米划入深度—位移曲线的高度差（H_d）、最大深度（M_d）和峰值面积（P_a）对超临界 CO_2—盐水浸泡后的表面软化行为进行描述。峰值面积（P_a）是划痕位移—深度曲线积分，考虑了划痕的长度和深度，用于评估划痕对材料的整体损伤程度。其中，H_d、M_d 和 P_a 越大，样品表面强度越小。另外，通过轮廓峰数量（P_c）和半最大值全宽（FWHM）分析了超临界 CO_2—盐水作用后基质和纹层非均质性和吸附作用的变化。峰的数量越多，非均质性越强。FWHM 越大，页岩表面的吸附作用越强。

基质的初始划痕曲线如图 6.34（a）所示。H_d、M_d 和 P_a 分别为 1196.85nm、4759.89nm 和 57.37nm^2，P_c 为 5，FWHM 为 77.24μm。浸泡 8d 后基质的划入深度—位移曲线如图 6.34（b）所示，H_d、M_d 和 P_a 分别为 2160.13nm、5173.52nm 和 115.62nm^2，H_d 增加了 80.48%，M_d 增加了 24.37%，P_a 增加了 101.53%，这表明超临界 CO_2—盐水对基质表面强度产生弱化作用。另外，P_c 由 5 减少到 2，这表明超临界 CO_2—盐水削弱了基质的非均质性。FWHM 增加到 105.75μm，增加了 36.89%，这表明超临界 CO_2—盐水增强了基质的吸附能力。

纹层的初始划痕曲线如图6.34（c）所示，P_c的数量保持不变。这表明超临界CO_2—盐水对纹层的非均质性影响较小。H_d、M_d和P_a分别为932.15nm、2501.61nm和32.86nm^2，P_c为4，FWHM为67.42μm。浸泡8d后基质的划入深度—位移曲线如图6.34（d）所示，H_d、M_d和P_a分别为1113.98nm、2846.87nm和67.12nm^2，H_d增加了19.5%，M_d增加了13.8%，P_a增加了104.26%，这表明超临界CO_2—盐水对纹层表面强度产生弱化作用。从纹层P_a的增加量（104.26%）大于基质P_a的增加量（101.53%）可以发现，超临界CO_2—盐水对纹层的总体损伤程度大于对基质的总体损伤程度。另外，FWHM增加到77.13μm，增加了14.4%，这表明超临界CO_2—盐水增强了纹层的吸附能力。

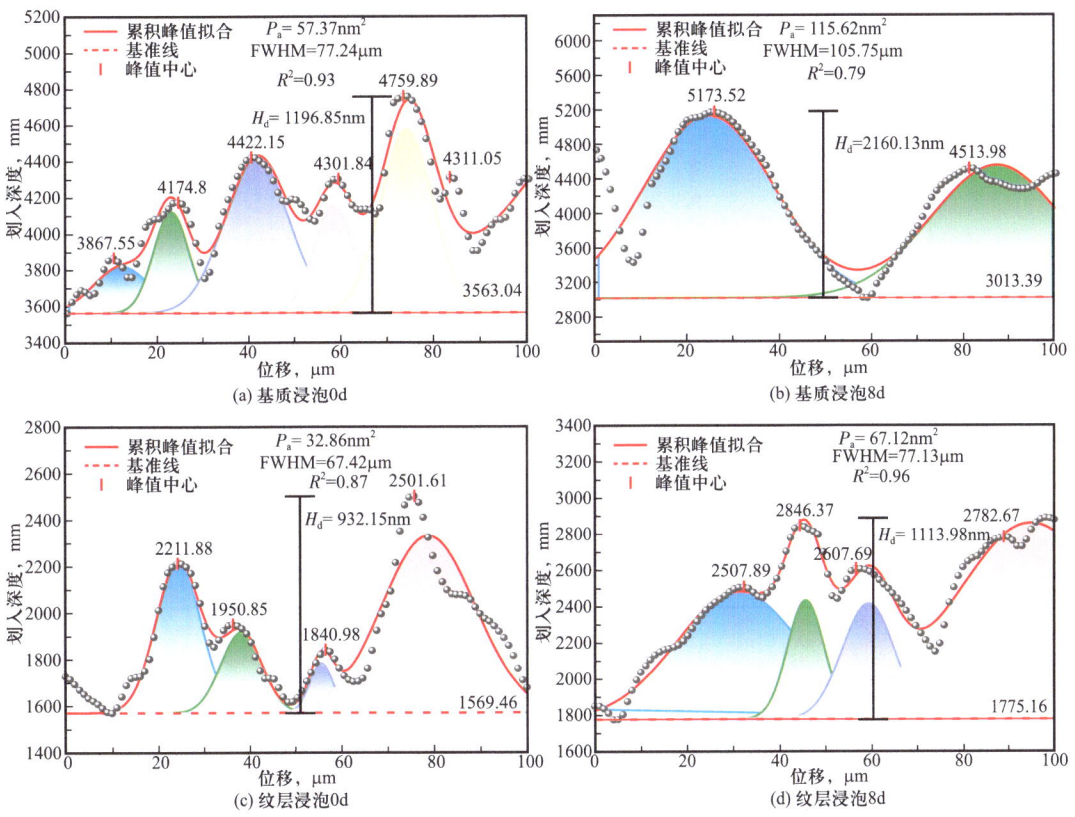

图6.34　纹层和基质浸泡前后划入深度—位移曲线形态特征

综上所述，超临界CO_2—盐水浸泡后基质和纹层的表面强度呈现先增加后减小的变化趋势，超临界CO_2—盐水对纹层和基质表面强度产生弱化作用，导致划痕作用后的表面的损伤程度加剧，其对基质、纹层表面产生的不同弱化作用与矿物组成和矿物结构排列有关。由于黏土基质具有较高的吸附能力、较弱的结构和较低的密度，因而基质的高度差、最大深度变化相对较大。方解石纹层的结构相对更均匀且稳定，因此高度差相对较小。此外，超临界CO_2—盐水削弱了基质非均质性，对纹层非均质性影响不大。

6.3.6 断裂韧性变化

纳米划痕刮擦页岩表面的过程中,岩石表面受水平剪切力的作用,表面发生断裂。基质在超临界 CO_2—盐水浸泡后的断裂韧性变化如图 6.35 蓝色曲线所示,基质的划痕断裂韧性总体呈现小幅度增加的变化趋势。在没有任何处理的情况下,初始平均断裂韧性为 $0.61MPa·m^{1/2}$,浸泡 2d 后的断裂韧性为 $0.8MPa·m^{1/2}$,浸泡 4d 后的断裂韧性为 $0.73MPa·m^{1/2}$,浸泡 6d 后的断裂韧性为 $0.73MPa·m^{1/2}$,浸泡 8d 后的断裂韧性为 $0.69MPa·m^{1/2}$,最终基质断裂韧性上升了 13.11%。断裂韧性小幅度上升的结果与 Cao 的实验结果一致。这种变化的原因可能是超临界 CO_2—盐水浸入基质后促进材料内部孔隙的渗透和填充,增加了材料的内部密实性,从而小幅度增加了基质的断裂韧性。

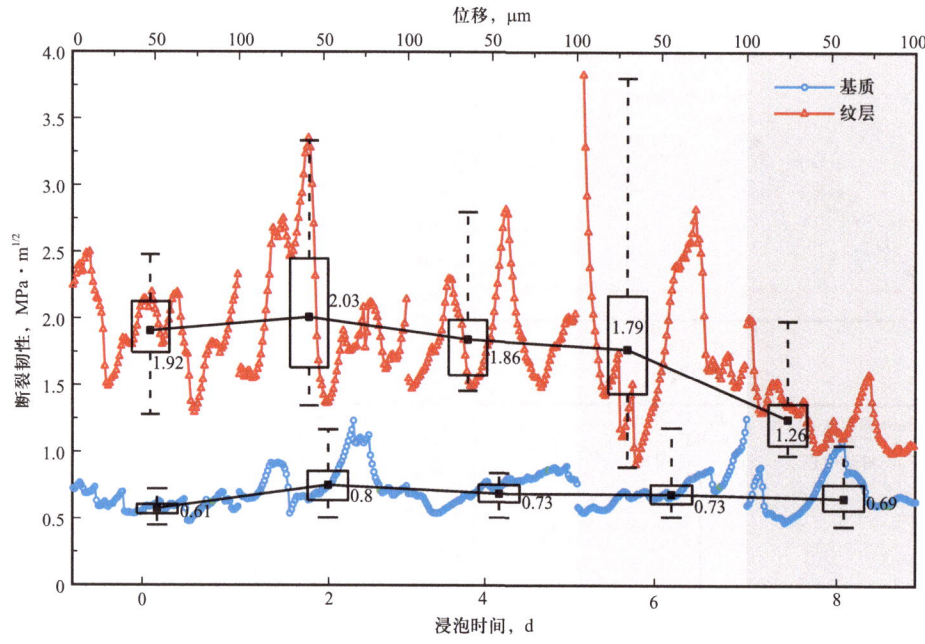

图 6.35 不同浸泡时间下的基质和纹层断裂韧性的演化过程

纹层在超临界 CO_2—盐水浸泡后的断裂韧性如图 6.35 红色曲线所示,纹层的划痕断裂韧性总体呈现先增加后减小的变化趋势。在没有任何处理的情况下,初始平均断裂韧性为 $1.92MPa·m^{1/2}$,浸泡 2d 后的断裂韧性为 $2.03MPa·m^{1/2}$,浸泡 4d 后的断裂韧性为 $1.86MPa·m^{1/2}$,浸泡 6d 后的断裂韧性为 $1.79MPa·m^{1/2}$,浸泡 8d 后的断裂韧性为 $1.26MPa·m^{1/2}$,最终纹层的平均断裂韧性下降了 34.38%。纹层的初始断裂韧性($1.92MPa·m^{1/2}$)大于基质的初始断裂韧性($0.61MPa·m^{1/2}$),这表明纹层的断裂韧性大于基质的断裂韧性。另外,超临界 CO_2—盐水的强渗透作用扩大了纹层中存在的微裂缝,这种化学反应和渗透性降低了纹层的断裂韧性和强度。

页岩断裂韧性的变化与不同的矿物和超临界 CO_2—盐水反应程度有关。结合图 6.8 所示的基质中伊利石占比最多,纹层中方解石占比最多。如图 6.36(a)所示,浸泡前后基质的断裂韧性均呈正态分布，分布曲线中最大的密度值对应了基质中的伊利石矿物。在没有任何处理的情况下，基质的断裂韧性为 0.60MPa·m$^{1/2}$ 时，密度最大（6.45）。浸泡前基质最大密度值对应的断裂韧性为 0.60MPa·m$^{1/2}$，与平均断裂韧性值 0.61MPa·m$^{1/2}$ 仅仅相差 1.67%，这表明伊利石矿物是影响基质断裂韧性的主要原因之一。超临界 CO_2—盐水浸泡 8d 后，基质的断裂韧性为 0.64MPa·m$^{1/2}$ 时，密度最大（5.25）。浸泡后密度最大值处断裂韧性增加了 6.67%，与浸泡后的平均断裂韧性值增加了 13.11% 的增加比率相近，这表明超临界 CO_2—盐水与基质中伊利石相互作用造成了基质整体断裂韧性的变化。

如图 6.36（b）所示，浸泡前后纹层的断裂韧性均呈正态分布，分布曲线中最大的密度值对应了纹层中的方解石矿物。在没有任何处理的情况下，纹层的断裂韧性为 1.85MPa·m$^{1/2}$ 时，密度最大（1.40）。浸泡前纹层最大密度值对应的断裂韧性（1.85MPa·m$^{1/2}$）与平均断裂韧性值（1.92MPa·m$^{1/2}$）仅仅相差 3.78%，这表明方解石矿物是影响纹层断裂韧性的主要原因之一。超临界 CO_2—盐水浸泡 8d 后，纹层的断裂韧性为 1.20MPa·m$^{1/2}$ 时，密度最大（2.1）。浸泡后密度最大值处的断裂韧性降低了 35.13%，与浸泡后的平均断裂韧性值降低 34.38% 的降低比率相近，这表明超临界 CO_2—盐水与纹层中方解石的相互作用造成了纹层整体断裂韧性的降低。

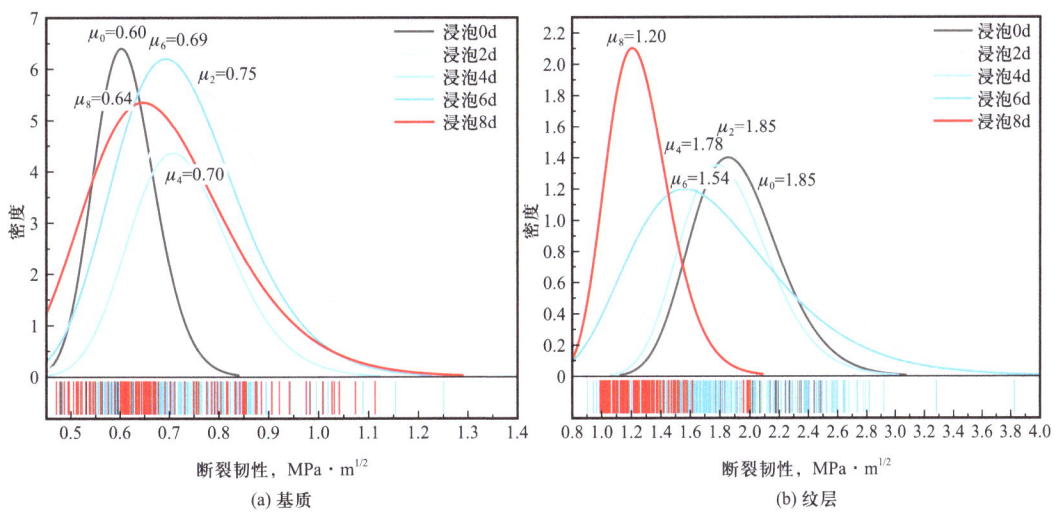

图 6.36　浸泡前后基质和纹层的断裂韧性分布

μ_0，μ_2，μ_4，μ_6，μ_8——0d、2d、4d、6d、8d 实验的平均值

参 考 文 献

[1] 韩强，屈展，叶正寅，等.基于微米力学实验的页岩Ⅰ型断裂韧度表征[J].力学学报，2019，51（4）：1245-1254.

[2] Akono A T. Energetic size effect law at the microscopic scale: application to progressive-load scratch testing [J]. Journal of Nanomechanics Micromechanics, 2016, 6（2）: 04016001.

[3] Liu J H, Zeng Q, Xu S L. The state-of-art in characterizing the micro/nano-structure and mechanical properties of cement-based materials via scratch test [J]. Construction and Building Materials, 2020, 254: 119255.

[4] Liu A, Liu S, Liu Y, et al. Characterizing mechanical heterogeneity of coal at nano-to-micro scale using combined nanoindentation and FESEM-EDS [J]. International Journal of Coal Geology, 2022, 261: 104081.

[5] Hernandez-Uribe L A, Aman M, Espinoza D N. Assessment of mudrock brittleness with micro-scratch testing [J]. Rock Mechanics and Rock Engineering, 2017, 50: 2849-2860.

第7章
基于全井段厘米划痕的工程"甜点"评价

以弹性参数和矿物组成为基础构建的工程"甜点"评价方法，无法考虑纹层结构特征对现场施工的影响，因此不适用于纹层页岩的工程"甜点"分类评价。本章基于划痕曲线定量表征纹层页岩纹层发育指数，并提出以抗压强度和纹层发育指数两个指标构建工程"甜点"评价模型。利用连续划痕曲线对测井数据进行比对、关联分析，将岩心划痕结果推广到现场，提升了传统测井曲线的精度，建立了适用于纹层页岩的工程"甜点"评价方法。

7.1 全井段厘米划痕曲线响应

7.1.1 区块地质构造

松辽盆地北部下白垩统青山口组为最大湖泛期沉积，发育了广泛分布的富有机质暗色泥页岩，成熟度相对较高。青山口组在松辽盆地中是最主要的烃源岩，其地层厚度在260~500m之间，受沉积条件控制，发育互层型、夹层型和纯页岩型3种不同类型页岩油。此外，脆性矿物的含量相对较高，黏土矿物的含量在30%~60%之间，微纳米孔和微裂缝高度发育。英雄岭构造带坐落在柴达木盆地柴西凹陷的核心区域，是柴西古近系—新近系含油气系统的一部分。据估算，该区域内的石油资源量高达19×10^8t，已探明的石油地质储量为5×10^8t，显示出巨大的资源开发潜力。页岩厚度达到1000~2000m，形成大面积混积型湖相碳酸盐岩与纹层状泥岩高频叠置组合，沉积物以细粒沉积岩为主，源储混积度较高[1-3]。

选取松辽盆地C41-70和TY-2两口井的岩心样本，以及柴达木盆地英雄岭地区C2-4井的岩心样本，开展全井段厘米划痕实验测试。研究结果表明，松辽盆地的岩心样本主要分为页岩、粉砂岩、砂岩夹层、石灰岩以及含有白云石结核，可以进一步将其划分为黏土质页岩和纹层型页岩这两个主要类别。粉砂岩、砂岩夹层、石灰岩以及白云质岩夹层的数量相对较少，并且厚度也相对较薄。青山口组黏土质页岩和纹层型页岩的厚度占比高达95%以上，而其他类型的岩性占比则不到5%。英雄岭下干柴沟组的岩相类型以纹层状黏土质页岩、层状泥岩、纹层状云灰岩、层状灰云岩和砂岩最为常见，其他类岩相含量较少，可以忽略不计。页岩纹层可以划分为长英质纹层、白云石纹层、方解石纹层和黏土纹层四大类。

基于岩心的描述和 XRF 的元素面扫技术，对页岩中的元素分布进行了详细的表征。纹层页岩样本的元素扫描结果如图 7.1 所示，可以观察到黏土质页岩中元素的分布相对均匀，而纹层型页岩基于不同元素的组成，可以进一步分为长英质纹层和混合质纹层。黏土质页岩通常为黑色，页理非常发育，元素分布相对均匀，各纹层之间的差异小。长英质纹层页岩通常呈灰黑色，纹层主要由硅和铁元素组成，表面有着明显的不同纹层交互层现象，并且纹层中还发育有黄铁矿条带。混合质纹层页岩大都呈灰黑色，纹层厚度通常超过 1mm。纹层主要由硅、铁、钙元素组成，而高有机质的页岩层与含钙的混合质纹层是交替的。

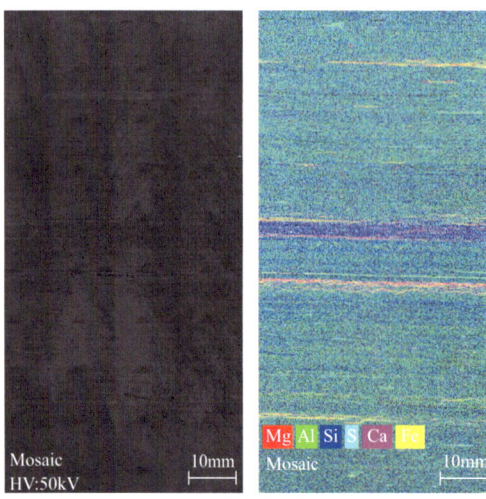
(a) 黏土质页岩

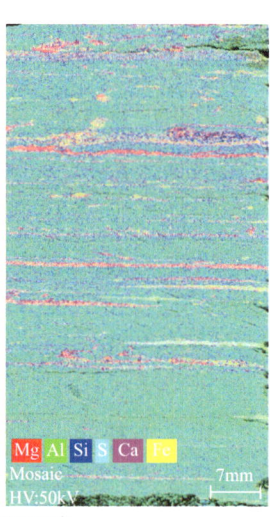
(b) 长英质纹层页岩

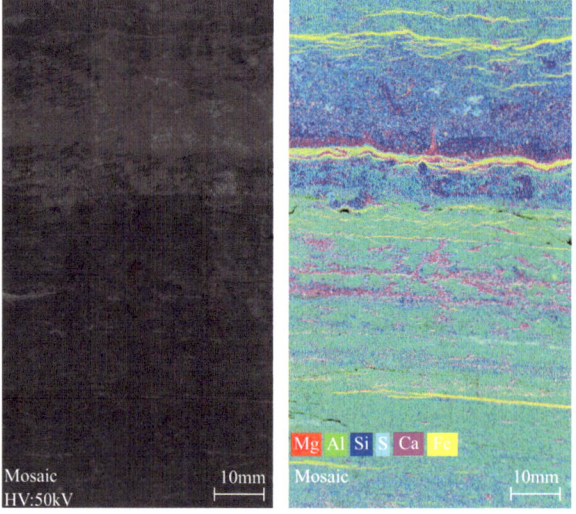
(c) 混合质纹层页岩

图 7.1　纹层页岩岩心观察与 XRF 分析结果

为了有针对性地分析主要岩性样本的矿物成分，在 XRF 元素扫描分析的基础上，对页岩样本进行了有针对性的取样并进行矿物组成分析。三种不同岩相的矿物组成如图 7.2 所示。其中，黏土质页岩中黏土矿物的含量占比为 56%，而石英和长石矿物的占比分别为 21.2% 和 14%，碳酸盐矿物含量仅为 6.5%；在长英质纹层页岩中，石英和长石的矿物含量占比达到了 53%，而黏土矿物的占比为 43.1%；在混合质纹层页岩中，石英和长石的矿物含量占比达到 38.5%，而黏土矿物含量的占比为 40.3%。碳酸岩矿物含量也相对较高，其占比超过了 15%，而其他矿物的占比仅为 2.7%，这三种岩相矿物的组成存在明显的差异。

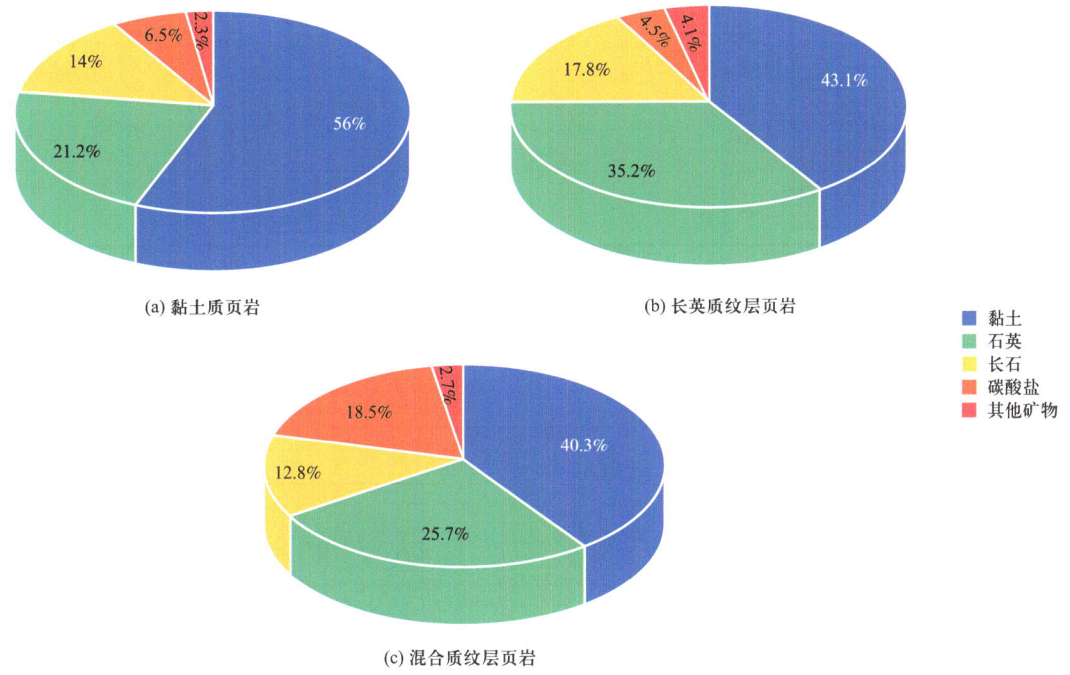

图 7.2　不同岩性页岩 XRD 矿物组成分析结果

7.1.2　全井段划痕力学性质

采用传统单轴实验计算的抗压强度验证全井段划痕曲线的合理性。英雄岭地区 C2-4 井不同深度的纹层页岩进行了传统单轴实验，结果（图 7.3）表明，页岩呈现明显的脆性劈裂破坏特征，加载过程中纹层出现层理剪切错动。柴达木盆地干柴沟组页岩整体单轴抗压强度较大，绝大部分单轴抗压强度在 160MPa 左右，最大值为 174.15MPa；弹性模量整体也比较大，大都在 28GPa 左右，最大值为 34.61GPa。

根据单轴实验结果对划痕实验进行了对比分析。图 7.4 表明，划痕抗压强度和传统单轴抗压强度实验结果接近，误差较小，相对于传统单轴实验，划痕实验结果可靠且连续变化，更适用于纹层页岩。划痕实验可以揭示页岩样品力学性质的非均质性。此外，划痕测试不仅能够定量描述页岩较强的非均质性，还能弥补传统实验方法无法获取岩石强度剖面及难以普遍测试页岩等复杂地层岩石强度的不足。

针对松辽盆地纹层页岩 C41-70 井、TY2 井和 QY1 井进行划痕实验，其中 TY2 井和 QY1 井挑选典型页岩样品进行划痕测试，C41-70 井为全井段划痕测试，且分为 Q1（2398～2410m）、Q2（2384～2398m）、Q3（2370～2384m）和 Q4（2360～2370m）4 个层段，共计 150 余块页岩样品进行划痕实验。各井的部分划痕实验结果如下，并且对比了英雄岭地区 C2-4 井纹层页岩的划痕实验结果。

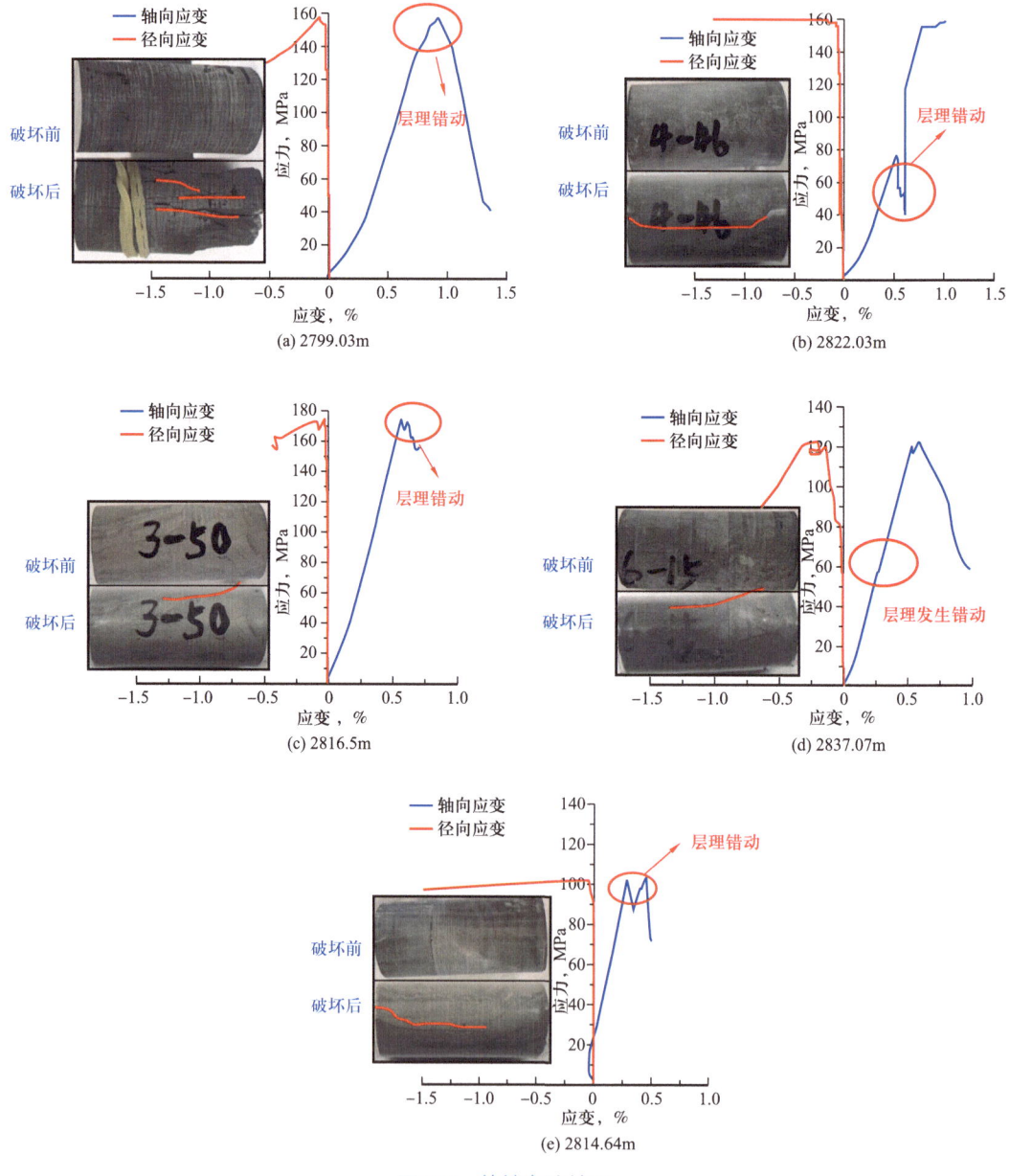

图 7.3 单轴实验结果

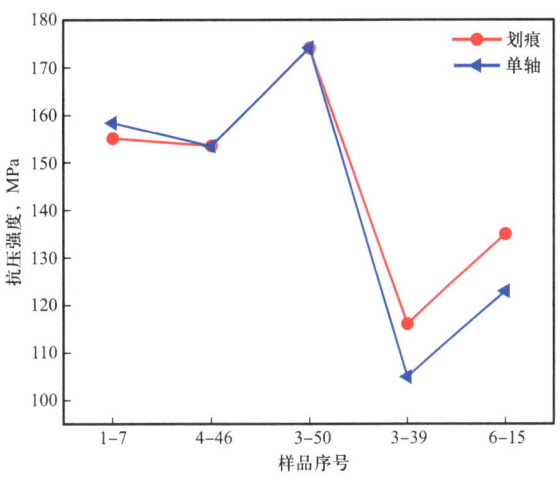

图 7.4 划痕实验结果和传统单轴实验结果对比

7.1.2.1 松辽盆地 C41-70 井全井段划痕

（1）Q1 层全井段划痕。

C41-70 井 Q1 层部分样品划痕实验结果如图 7.5 所示。如图 7.5（a）所示，页岩样品为长英质页岩，整体抗压强度较大，均值为 72.68MPa，在 10~35mm 测试段中力学性质高频旋回波动，划痕表面有明显破坏，上部和下部表面较光滑，曲线波动次数也明显减少。如图 7.5（b）所示，页岩样品 30~60mm 测试段为混合质页岩，0~30mm 测试段为黏土质页岩，可以明显看出，样品上部的抗压强度均值要大于下部，且样品上部表面光滑，没有明显划痕破坏特征，曲线波动旋回次数少；样品下部表面具有明显的划痕破坏特征且曲线波动旋回次数增多。如图 7.5（c）所示，页岩样品为长英质页岩，抗压强度均值为 104.41MPa，在 20~40mm 测试段纹层和纹层之间交互明显，存在明显的力学弱面，力学性质高频旋回波动，划痕表面有明显破坏，上部和下部表面较光滑，曲线波动明显减少。如图 7.5（d）所示，页岩样品为泥质介形虫灰岩，整体抗压强度较大，均值为 72.64MPa，整个样品表面比较光滑，没有明显的划痕破坏，曲线波动旋回次数明显减少。划痕曲线在均值范围内波动。如图 7.5（e）所示，页岩样品 52~90mm 测试段为混合质页岩，0~52mm 测试段为黏土质页岩，可以明显看出，样品上部的抗压强度明显大于下部，样品上部表面光滑没有明显划痕破坏特征，曲线波动旋回次数少；样品下部表面具有明显的划痕破坏特征，形成"丰"字形结构。如图 7.5（f）所示，页岩样品为长英质页岩，整体纹层和纹层之间交互明显，存在明显的力学弱面，划痕曲线波动明显，力学性质高频旋回波动，岩石的抗压强度非均质性变化十分强烈，沿着划痕方向抗压强度在 0~150MPa 之间剧烈起伏变化。

（2）Q2 层全井段划痕。

C41-70 井 Q2 层部分样品划痕实验结果如图 7.6 所示。如图 7.6（a）所示，页岩样品整体为黏土质页岩，中间夹杂长英质纹层，抗压强度均值为 72.11MPa，10~45mm 测试段力学

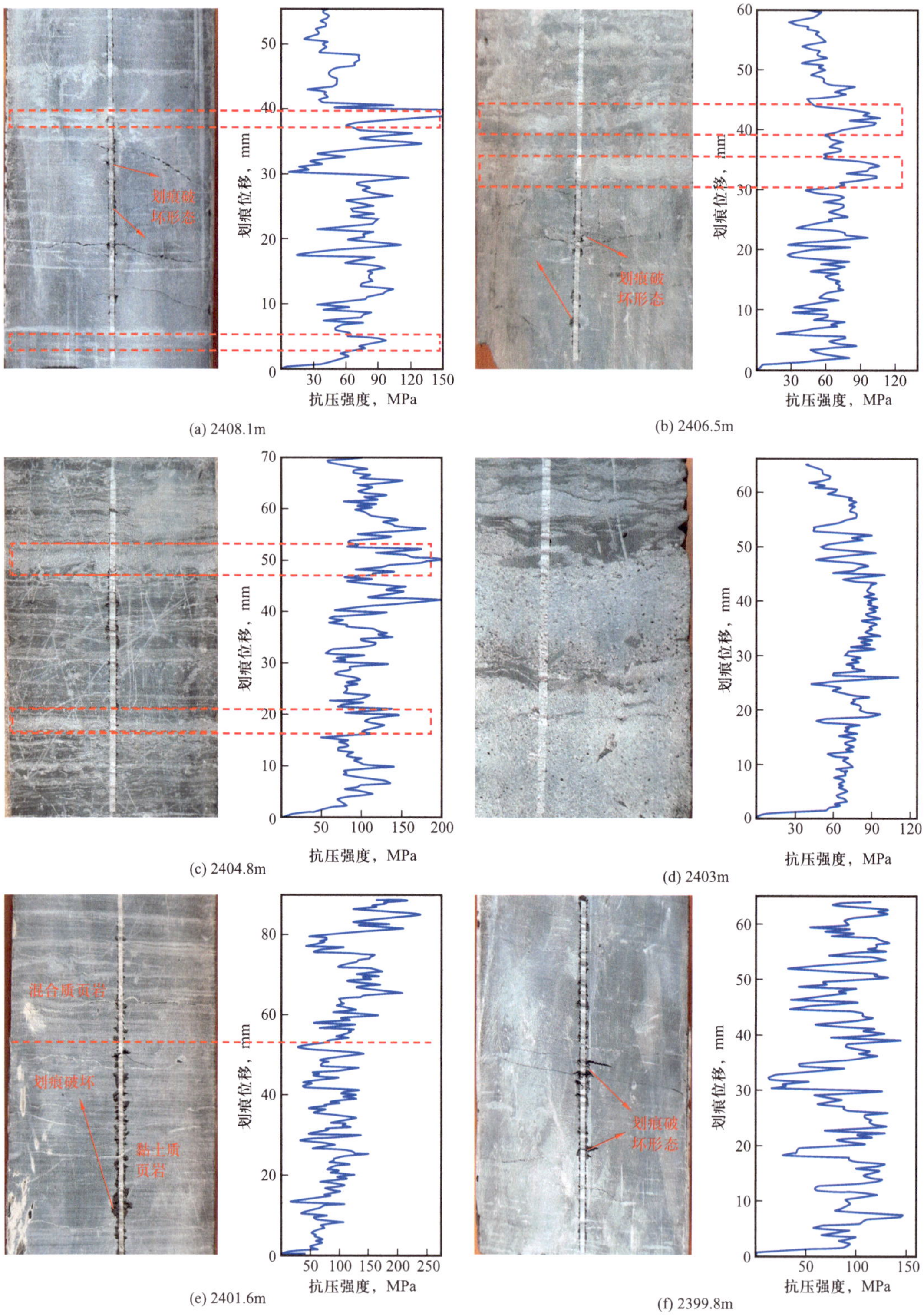

(a) 2408.1m

(b) 2406.5m

(c) 2404.8m

(d) 2403m

(e) 2401.6m

(f) 2399.8m

图 7.5　C41-70 井 Q1 层部分划痕实验结果

性质高频旋回波动，划痕表面有明显破坏。如图 7.6（b）所示，页岩样品为混合质页岩，抗压强度较大，均值为 90.12MPa，样品表面较为光滑，没有明显划痕破坏特征，曲线波动旋回次数少。如图 7.6（c）所示，页岩样品为长英质页岩，整体抗压强度较大，均值为 101.42MPa，40~60mm 测试段存在明显的力学弱面，力学性质高频旋回波动，划痕表面有明显破坏，上部和下部表面较光滑，曲线波动明显减少。如图 7.6（d）所示，页岩样品为粉砂质夹层，抗压强度均值为 103.45MPa，整个样品表面比较光滑，没有明显的划痕破坏，曲线波动旋回次数明显减少，划痕曲线在均值范围内波动。如图 7.6（e）和图 7.6（f）所示，页岩样品皆为黏土质页岩，可以明显看出，力学性质高频旋回波动，发现整段划痕表面均可见清晰高频薄互层结构特征，划痕两侧出现大量破坏面，形成"丰"字形结构，整体存在明显的力学弱面，力学性质高频旋回波动，划痕曲线波动明显，岩石的抗压强度非均质性表现十分剧烈，沿着划痕方向抗压强度剧烈起伏变化，抗压强度均值较小，均值分别为 69.70MPa 和 63.02MPa。

（3）Q3 层全井段划痕。

C41-70 井 Q3 层部分样品划痕实验结果如图 7.7 所示。如图 7.7（a）所示，页岩样品整体为黏土质页岩，抗压强度均值较小，均值为 45.23MPa，划痕两侧出现大量破坏面，形成"丰"字形结构。如图 7.7（b）所示，页岩样品上部为混合质页岩，下部为黏土质页岩，可以明显看出，样品上部的抗压强度大于下部，且样品上部表面光滑，样品下部表面具有明显的划痕破坏特征。如图 7.7（c）所示，页岩样品为粉砂岩，抗压强度较大，均值为 127.43MPa，样品表面较光滑且表面没有划痕破坏，曲线波动次数少。如图 7.7（d）所示，页岩样品 0~25mm 测试段为混合质页岩，25~55mm 测试段为黏土质页岩，整个样品表面比较光滑，没有明显的划痕破坏特征，曲线波动旋回次数明显减少。如图 7.7（e）所示，页岩样品为黏土质页岩，抗压强度均值较小，为 54.72MPa，划痕两侧出现大量破坏面，形成"丰"字形结构，力学性质高频旋回波动，划痕曲线波动明显，岩石的抗压强度非均质性表现十分剧烈，沿着刻划方向抗压强度在 0~90MPa 之间剧烈起伏变化。如图 7.7（f）所示，页岩样品 0~30mm 测试段为黏土质页岩，30~45mm 测试段为混合质页岩，整个样品表面比较光滑，仅在中间部分可见明显的划痕破坏。

（4）Q4 层全井段划痕。

C41-70 井 Q4 层部分样品划痕实验结果如图 7.8 所示。如图 7.8（a）、图 7.8（b）和图 7.8（f）所示，页岩样品皆为黏土质页岩，抗压强度均值较小，分别为 61.21MPa、60.67MPa 和 47.7MPa，划痕曲线波动明显，力学性质高频旋回波动，岩石的抗压强度非均质性表现十分剧烈，整段划痕表面均可见清晰高频薄互层结构特征，划痕两侧出现大量破坏面，形成"丰"字形结构。如图 7.8（c）所示，页岩样品 0~10mm 测试段为混合质页岩，10~40mm 测试段为黏土质页岩，样品上部的抗压强度大于下部，样品在 10~40mm 的测试段曲线波动旋回次数增多，样品表面具有明显的划痕破坏特征。如图 7.8（d）所示，页岩样品为混合质页岩，整体抗压强度较大，均值为 74.23MPa，整个样品表面比较光滑，没有明显的划痕破坏，曲线波动旋回次数少。如图 7.8（e）所示，页

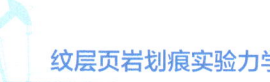

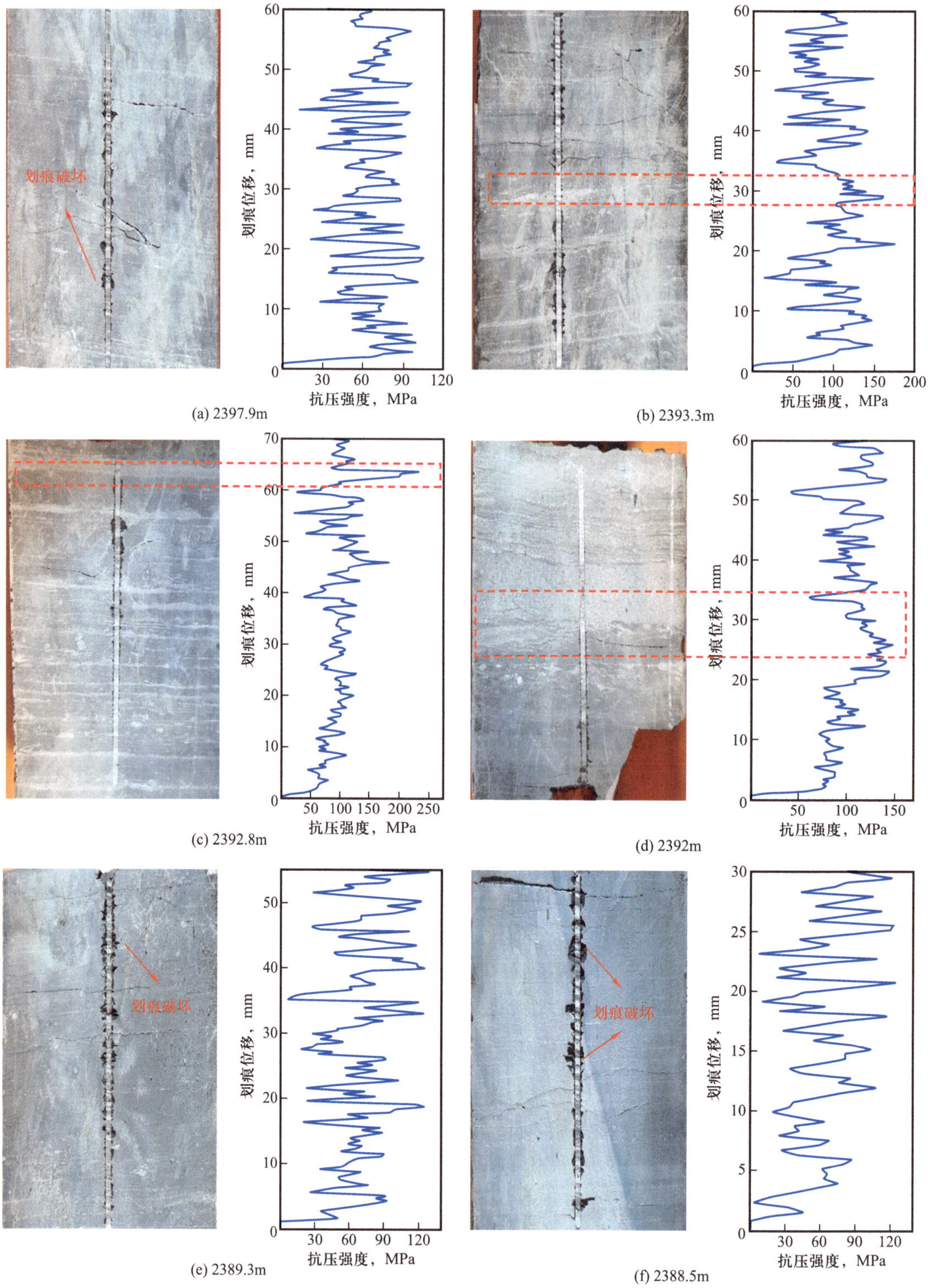
划痕破坏
划痕位移，mm
抗压强度，MPa
(a) 2397.9m
(b) 2393.3m
(c) 2392.8m
(d) 2392m
(e) 2389.3m
(f) 2388.5m

图 7.6　C41-70 井 Q2 层部分划痕实验结果

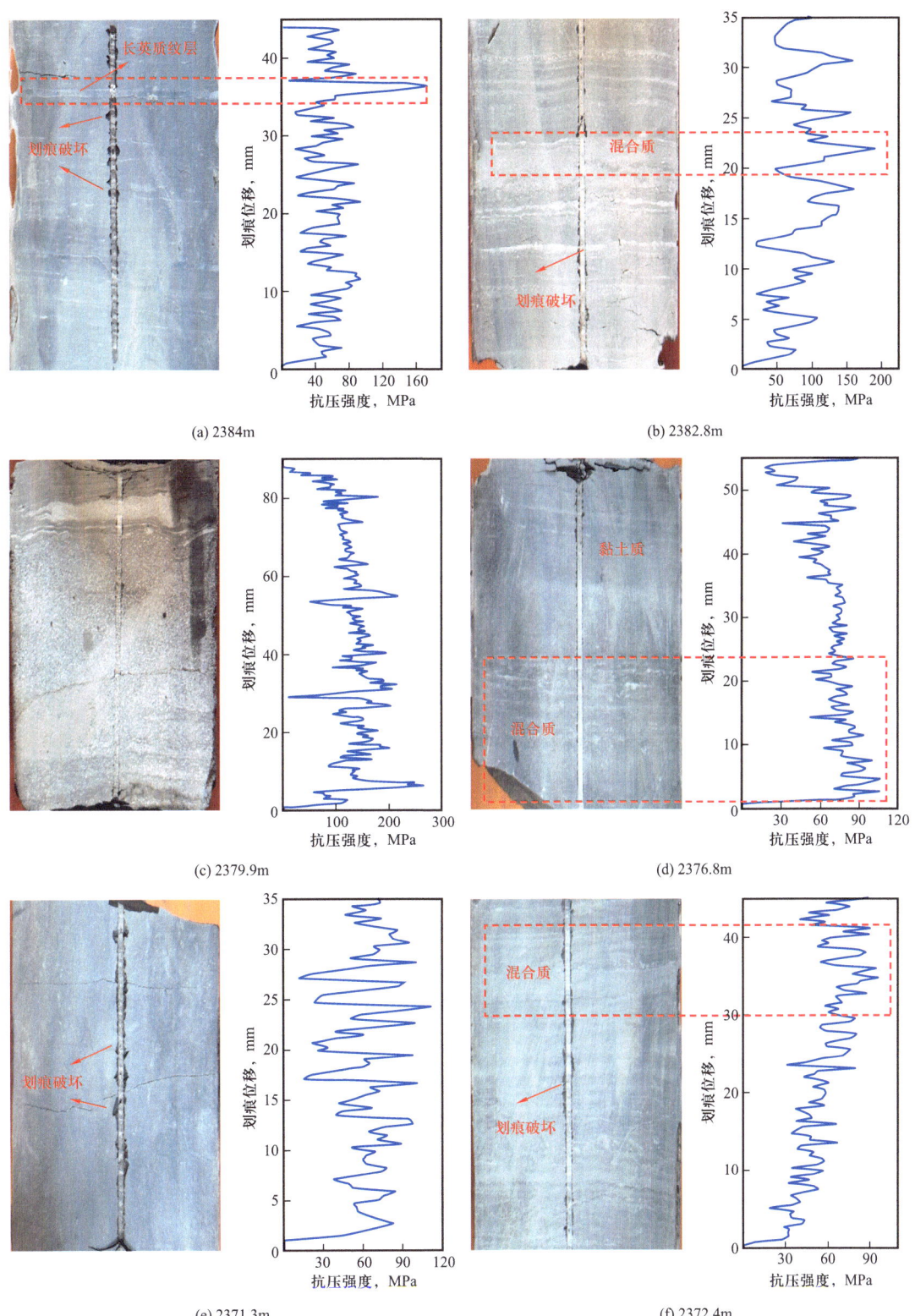

图 7.7　C41-70 井 Q3 层部分划痕实验结果

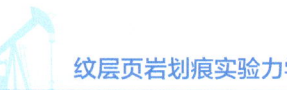

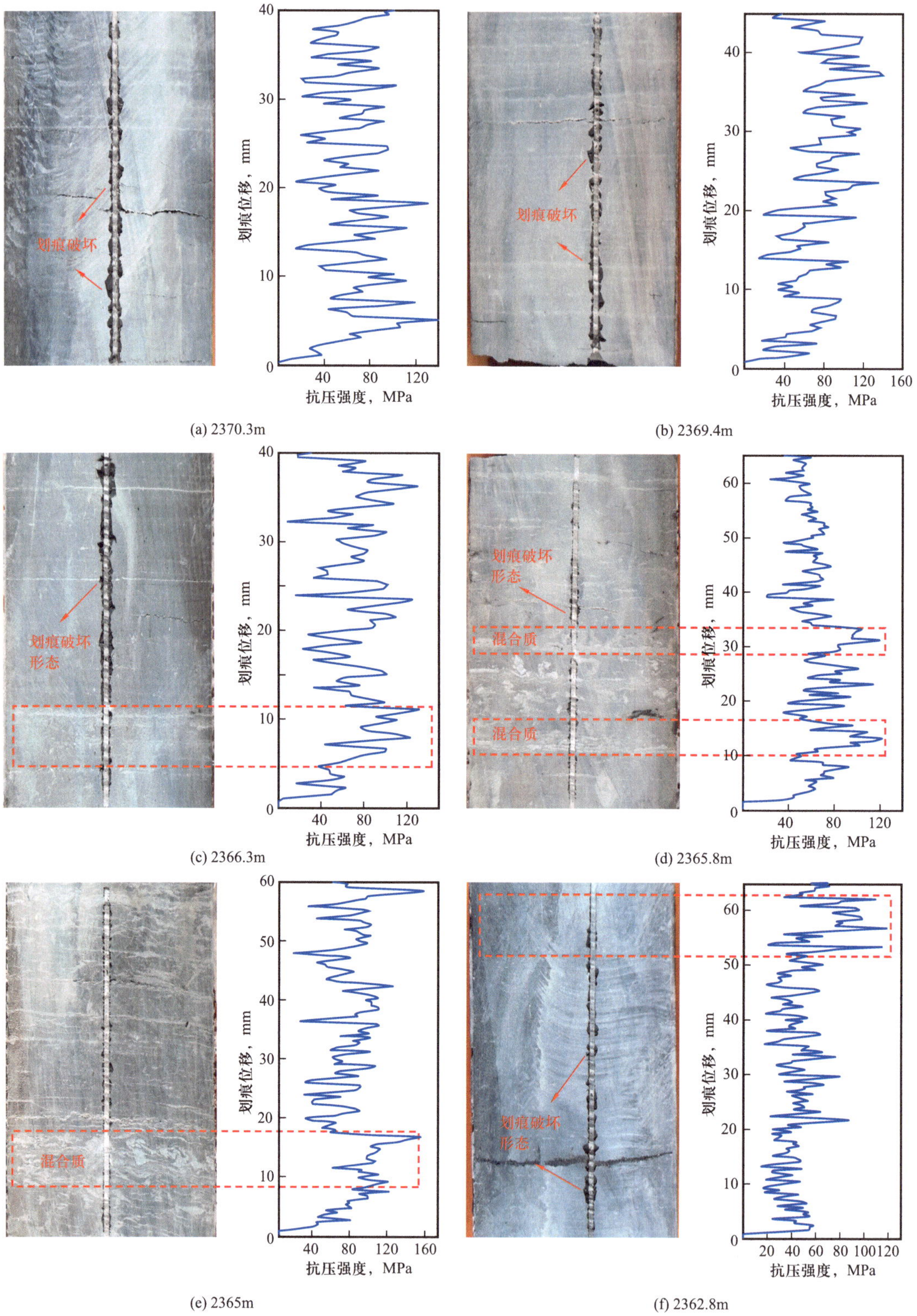
划痕破坏
划痕位移，mm
抗压强度，MPa
(a) 2370.3m
(b) 2369.4m
划痕破坏形态
(c) 2366.3m
混合质
(d) 2365.8m
(e) 2365m
(f) 2362.8m

图 7.8　C41-70 井 Q4 层部分划痕实验结果

岩样品 0～20mm 测试段为混合质页岩，20～60mm 测试段为黏土质页岩，上部的抗压强度明显小于下部，样品表面光滑，没有明显划痕破坏特征，曲线波动旋回次数少。

7.1.2.2　松辽盆地 QY1 井全井段划痕

QY1 井部分样品划痕实验结果如图 7.9 所示。如图 7.9（a）所示，页岩样品为混合质页岩，抗压强度均值为 120.84MPa，整个样品表面比较光滑，没有明显的划痕破坏特征，曲线波动旋回次数少。如图 7.9（b）所示，页岩样品为粉砂岩，抗压强度均值为 92.29MPa，样品表面少量划痕面具分层状特征，划痕两侧少量水平破坏面，曲线波动旋回次数少。如图 7.9（c）所示，页岩样品为黏土质页岩，抗压强度较小，均值为 61.18MPa，样品顶部划痕表面均可见清晰高频薄互层结构特征，划痕两侧出现大量破坏面，形成"丰"字形结构。如图 7.9（d）所示，页岩样品为长英质页岩，抗压强度均值为 79.93MPa，主要发育长英质粉砂纹层，划痕面分层状特征较明显，划痕两侧少量水平破坏面。

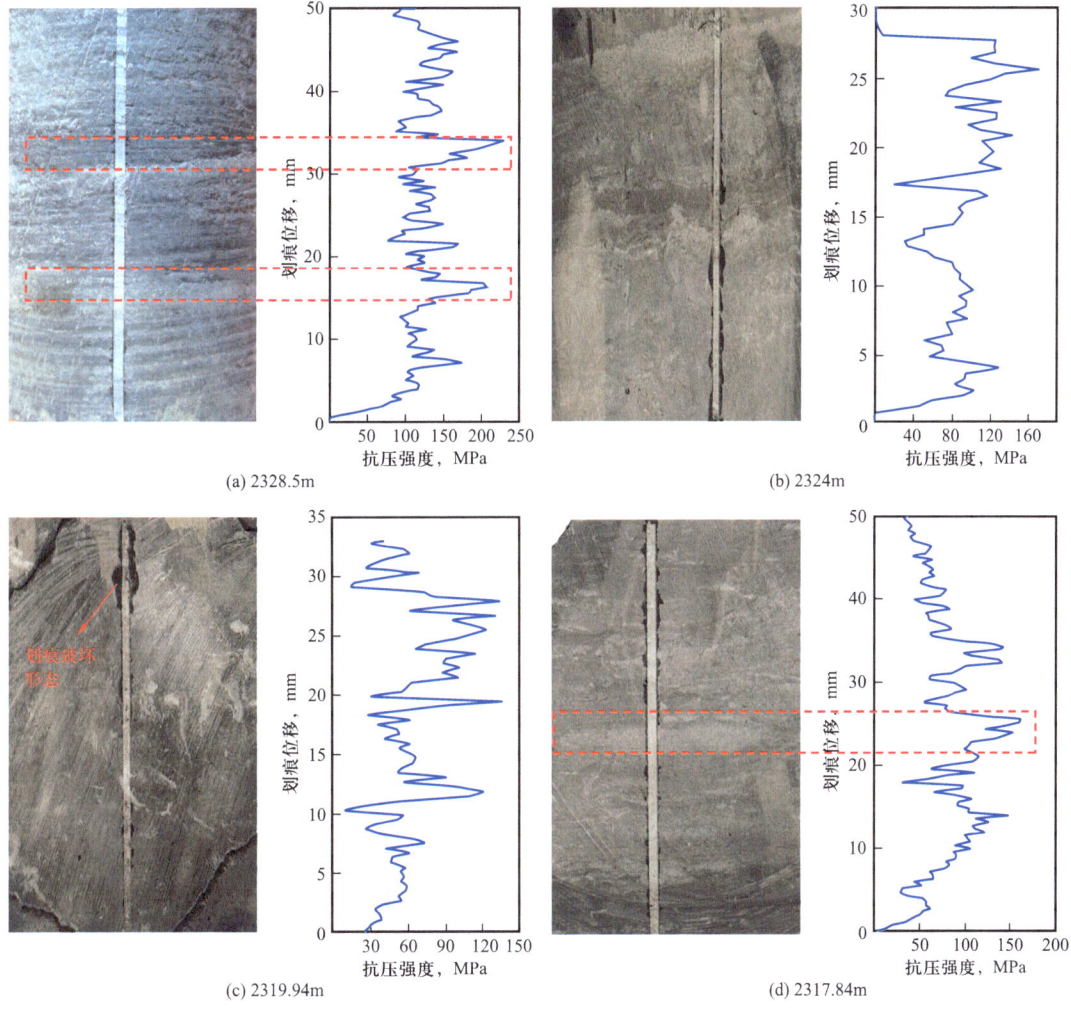

图 7.9　QY1 井部分划痕实验结果

7.1.2.3 松辽盆地 TY2 井全井段划痕

TY2 井的部分样品划痕实验结果如图 7.10 所示。如图 7.10（a）所示，页岩样品整体为长英质页岩，主要发育长英质粉砂纹层，划痕面分层状特征较明显，划痕两侧少量水平破坏面，抗压强度均值较大，为 73.92MPa。如图 7.10（b）所示，页岩样品顶部主要为黏土质页岩，划痕面分层状特征明显，划痕两侧大量水平破坏面，形成较高密度"丰"字形结构，0～25mm 测试段整体为混合质页岩，主要发育介形虫纹层，划痕分层特征不明显，25～70mm 测试段抗压强度均值为 63.58MPa，0～25mm 测试段抗压强度均值为 71.63MPa，样品下部样品表面比较光滑，没有明显的划痕破坏特征，曲线波动旋回次数少。如图 7.10（c）所示，页岩样品为黏土质页岩，发现整段划痕表面均可见清晰高频薄互层结构特征，划痕两侧出现大量破坏面，形成"丰"字形结构，抗压强度均值较小，均值为 61.28MPa。如图 7.10（d）所示，页岩样品以黏土质页岩为主，黏土矿物纹层划痕

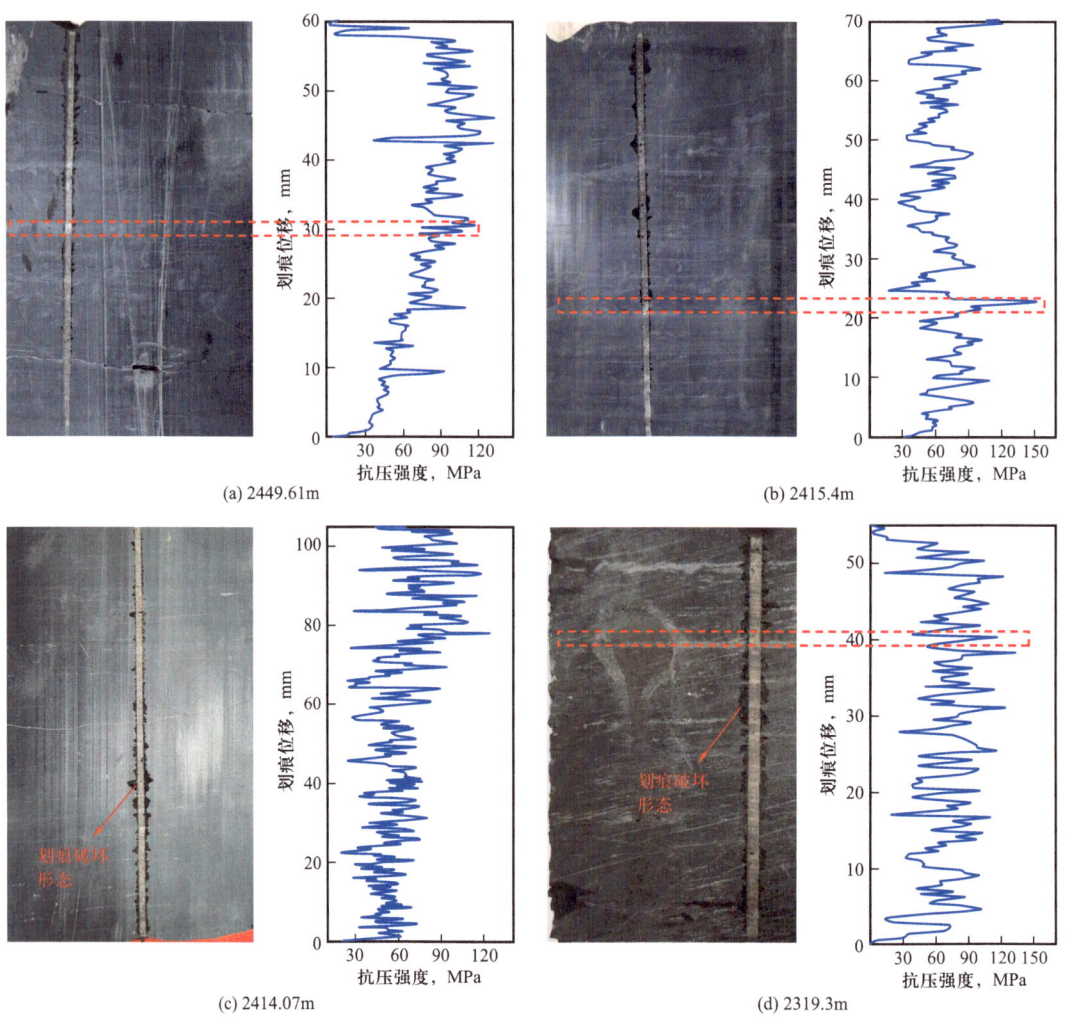

图 7.10　TY2 井部分划痕实验结果

两侧形成大量水平破坏面，形成高密度"丰"字形结构，整段划痕表面均可见清晰高频薄互层结构特征，中间层夹杂长英质纹层（白色条带），划痕分层特征明显，整体纹层和纹层之间交互明显，存在明显的力学弱面，力学性质高频旋回波动，划痕曲线波动明显，岩石的抗压强度非均质性表现十分剧烈。

7.1.2.4 英雄岭 C2-4 井全井段划痕

此外，对柴达木盆地英雄岭地区 C2-4 井页岩岩心进行了划痕测试，岩样源自井深 2798～2851m，划痕总长度达 15.26m，共计 160 余块样品。岩相类型涵盖纹层状云灰岩、层状灰云岩，纹层状黏土质页岩、层状黏土质页岩和砂砾岩。在此针对不同典型岩相进行举例分析其力学性质，部分样品涵盖 2～3 种岩相的组合，可以更加直观地认识到不同岩相间的力学差异。划痕曲线波动性能反映纹层发育程度，曲线陡变能够反映岩性界面变化。

如图 7.11（a）所示，页岩样品为砂砾岩，抗压强度整体较大，均值为 144.63MPa，抗压强度在均值范围内波动，样品表面光滑，没有明显划痕破坏特征。如图 7.11（b）所示，页岩岩心顶部和底部分别为一层相对均一的灰色层状泥岩，灰色纹层状黏土质页岩抗压强度高于灰色层状泥岩，划痕面仅中段部分具分层特征，划痕两侧破坏面也集中于中部，中间层裂缝宽度较两边小，层状灰云岩整体抗压强度较高，平均为 180MPa，但整体波动幅度最小。如图 7.11（c）所示，页岩样品顶部和底部为纹层状黏土质页岩，中间为层状灰云岩，顶部和底部划痕面具清晰层状特征，划痕两侧大量水平破坏面，形成低密度"丰"字形结构，纹层状黏土质页岩强度明显小于层状灰云岩，且黏土质页岩划痕划过以后碎屑堆积，划痕破坏面特征明显，裂缝宽度较大，而层状灰云岩表面几乎没有破坏面，裂缝宽度较小，层状灰云岩曲线波动比纹层状黏土质页岩小。如图 7.11（d）所示，页岩样品顶部为一层灰黑色的纹层状黏土质页岩，其中灰白色纹层呈毫米级，较平直，横向上总体连续，局部断续呈透镜状，灰黑色黏土质纹层厚度较大，此纹层状黏土质页岩与下部灰色层状泥岩接触界面较平直，沿接触界面发育一条较平直裂缝；下部灰色层状泥岩总体较均一，内部可见毫米级灰黑色泥质含量较高纹层，纹层呈透镜状分布，总体比例较小，内部发育一条沿层面扩展的水平裂缝和垂直层面的高角度裂缝，水平裂缝无充填，高角度裂缝内充填白色石膏。纹层状黏土质页岩强度高于灰色层状泥岩，在灰色层状泥岩与纹层状黏土质页岩交界处可能存在裂缝，造成曲线凸起。如图 7.11（e）所示，页岩样品为纹层状云灰岩，其中灰黑色部分主要为黏土质纹层，偏白色的平直细小纹层为碳酸盐岩纹层，岩心中发育水平裂缝，主要沿两类纹层的界面裂开。如图 7.11（f）所示，页岩样品为纹层状黏土质页岩，划痕划过以后表面具有明显清晰层状特征，划痕两侧形成大量水平破坏面，划痕碎屑明显堆积，裂缝扩展形成"丰"字形结构，裂缝宽度较大，但纹层状黏土质页岩整体抗压强度较小，平均为 91.83MPa。

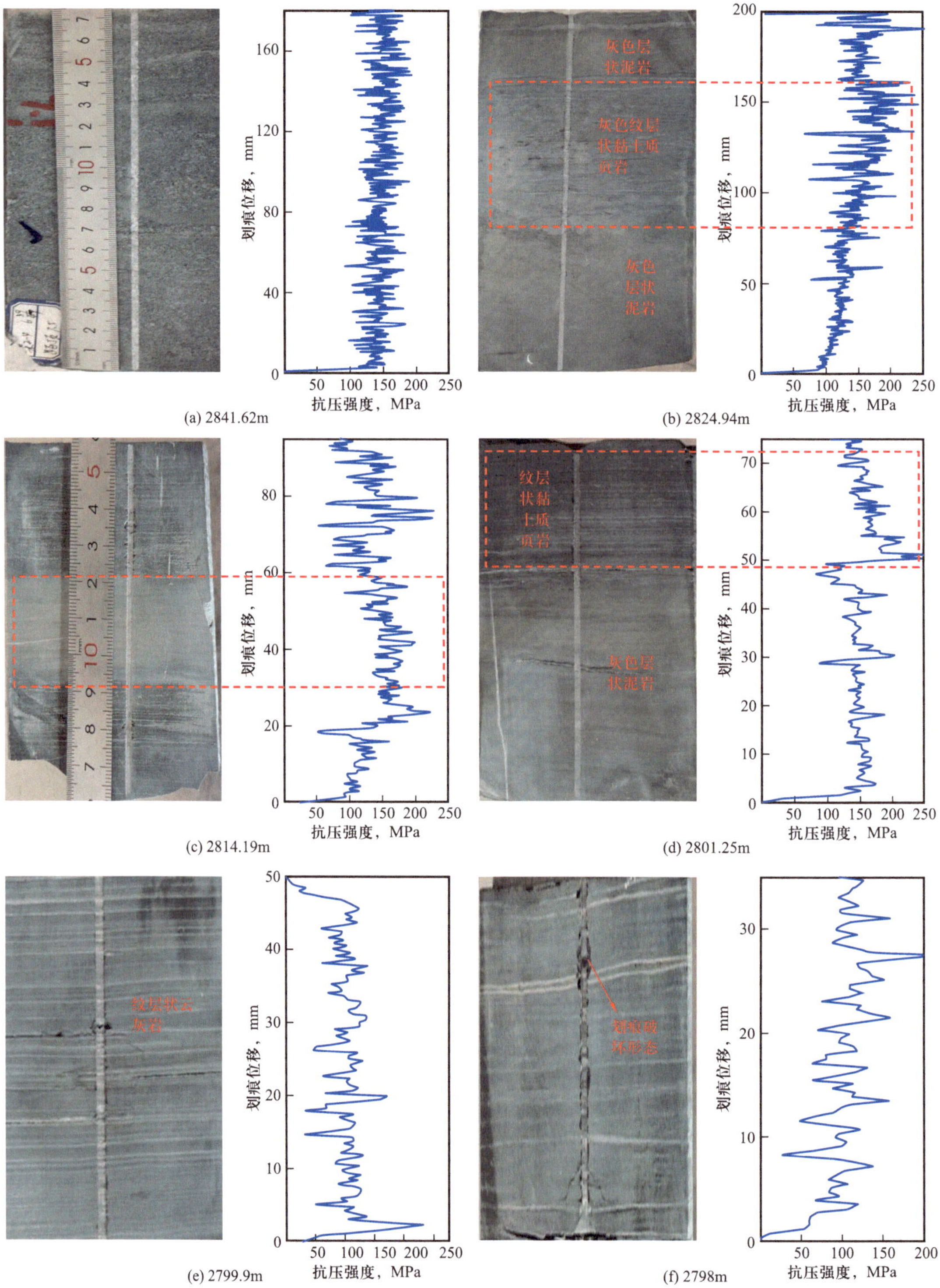

图 7.11　C2-4 井样品划痕实验结果

基于上述划痕实验，构建了松辽盆地 C41-70 井的强度剖面，QY1 井、TY2 井的部分样品力学参数以及英雄岭地区 C2-4 井段的强度剖面，统计了不同盆地、不同井段、不同储层的力学性质变化规律。如图 7.12 所示，青山口组 C41-70 井 Q1 层的抗压强度均值最大，为 88.08MPa，Q3 层的抗压强度、硬度和断裂韧性均值最小，分别为 68.96MPa、138.69MPa 和 1.71MPa·m$^{1/2}$。Q2 层的硬度和断裂韧性均值最大，分别为 157.78MPa 和 2.05MPa·m$^{1/2}$。

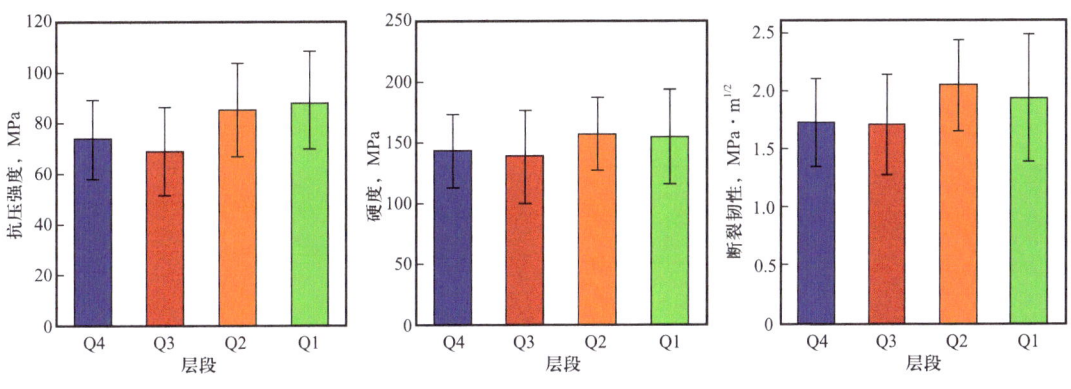

图 7.12　C41-70 井不同储层段的力学参数对比

如图 7.13 所示，从不同地区的结果来看，英雄岭地区 C2-4 井的抗压强度、硬度和断裂韧性的均值最大，松辽盆地的 QY1 井次之，TY2 井最小。从划痕曲线波动旋回次数和样品表面划痕破坏特征来看，松辽盆地 C41-71 井的 Q4 层波动旋回次数最多且样品表面划痕破坏特征最明显，Q1 层波动旋回次数最少且样品表面划痕破坏特征最不明显。TY2 和 C41-70 两口井段的样品表面划痕破坏特征和曲线波动旋回次数相差不大，松辽盆地 QY1 井段和英雄岭地区 C2-4 井段的划痕曲线波动旋回次数最少，样品表面最光滑。实验结果表明，相对于英雄岭地区，松辽盆地页岩抗压强度、硬度和断裂韧性数值较低，划痕破坏特征明显，曲线波动旋回次数多。裂缝扩展形成高密度"丰"字形结构，裂缝宽度较大。

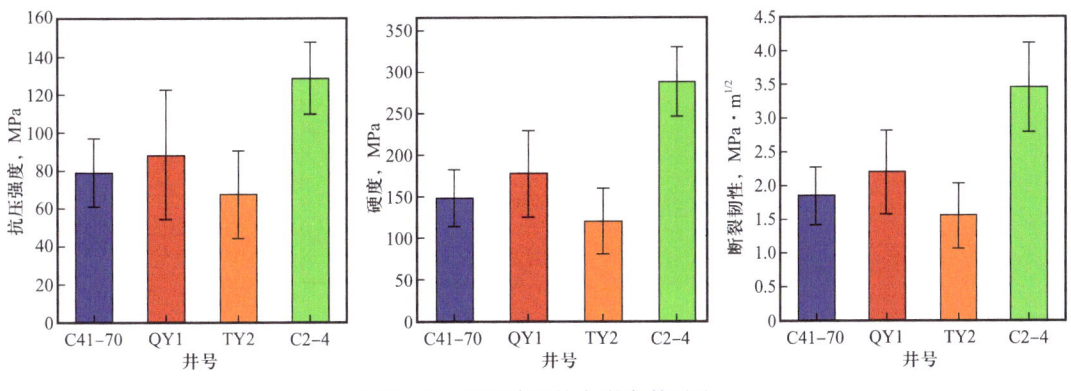

图 7.13　不同地区的力学参数对比

7.1.3 不同岩性页岩划痕力学差异性

7.1.3.1 抗压强度和弹性模量

为了更深入地了解纹层页岩样品中不同岩性样品的力学分布特性，并研究页岩表面矿物与其力学性质的相互关系，选择了几块具有代表性的页岩样品进行了划痕实验。通过对样品划痕位置的观察，注意到整段划痕的表面都呈现出清晰的高频薄互层结构特征，同时划痕两侧也出现了大量的破坏面，形成了“丰”字形结构。在测试样品中，抗压强度曲线呈现出明显的高频波动特性。

A 组不同岩性页岩划痕抗压强度如图 7.14 所示。页岩样品显示黏土质页岩划痕曲线

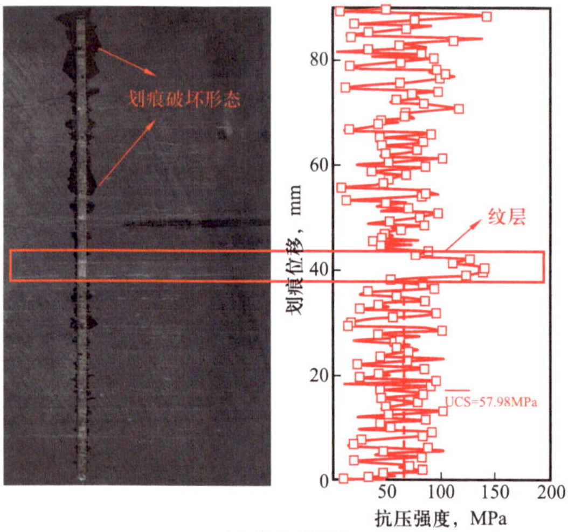

(a) 黏土质页岩

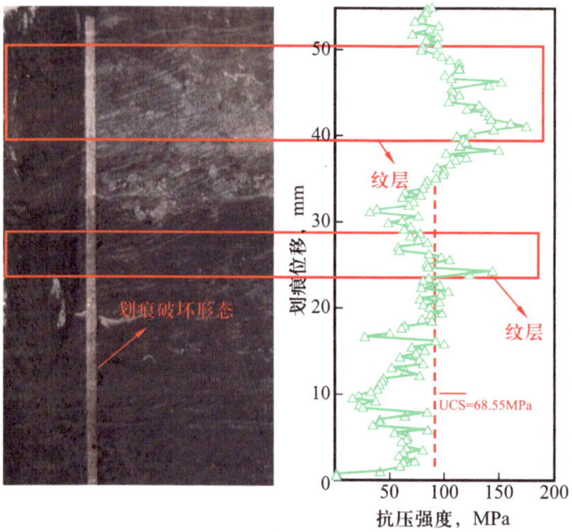

(b) 混合质页岩

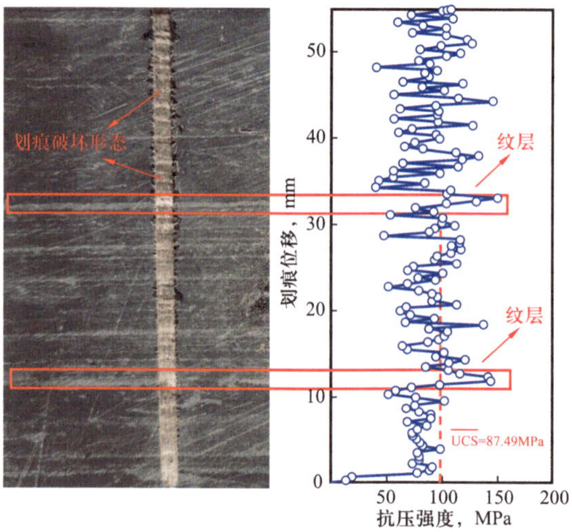

(c) 长英质页岩

图 7.14　A 组不同岩性页岩划痕抗压强度

$\overline{UCS}$—抗压强度的平均值

波动明显，力学性质高频旋回波动，85mm 测试段中抗压强度大于 40MPa 的波动次数约为 77 次，平均 9.06 次/cm，每厘米近 14 次旋回。层理结构非常发育，肉眼不易分辨的微裂缝也发育较好，岩石的抗压强度非均质性变化十分强烈，沿着划痕方向抗压强度在 20~150MPa 之间剧烈起伏变化。长英质页岩抗压强度较大，但波动幅度较黏土质页岩小，55mm 测试段中抗压强度大于 40MPa 的波动次数约为 32 次，平均 5.81 次/cm，每厘米近 11 次旋回。混合质页岩抗压强度较大，但波动频率较减少，55mm 测试段中抗压强度大于 40MPa 的波动次数约为 18 次，平均 3.27 次/cm，每厘米近 10 次旋回，0~30mm 测试段为黏土质层，抗压强度大于 40MPa 的波动次数约为 11 次，波动次数明显大于 30~55mm 测试段，每厘米近 12 次旋回，但是下部测试段抗压强度明显小于上部测试段，表明划痕实验可以很好地识别页岩力学弱面。

B 组不同岩性页岩划痕抗压强度如图 7.15 所示。页岩样品同样显示黏土质页岩划痕

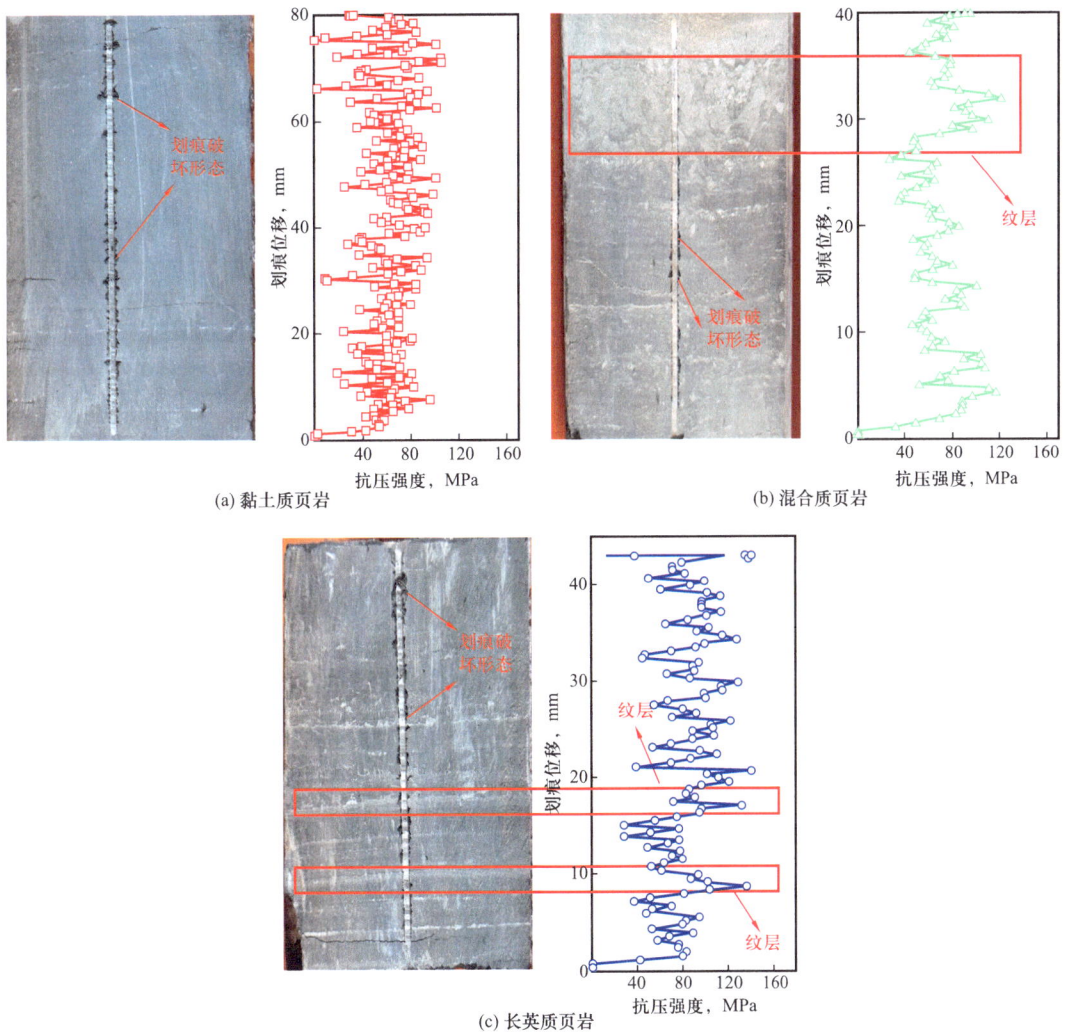

图 7.15 B 组不同岩性页岩划痕抗压强度

曲线波动明显，力学性质高频旋回波动，80mm测试段抗压强度大于40MPa的波动次数约为62次，平均7.75次/cm，每厘米近15次旋回。长英质纹层型页岩抗压强度较大，45mm测试段抗压强度大于40MPa的波动次数约为35，每厘米近12次旋回，波动幅度相比于同组黏土质页岩减小，但是和A组长英质页岩相比，波动幅度增加。混合质页岩波动频率减少，40mm测试段抗压强度大于40MPa的波动次数约为10次，每厘米近11次旋回。0～26mm测试段为黏土质层，抗压强度大于40MPa的波动次数约为7次，波动次数明显大于30～55mm测试段，每厘米近12次旋回，下部测试段抗压强度值明显小于上部测试段。

对A组和B组中三种不同岩性的页岩样品分别计算弹性模量，弹性模量划痕曲线如图7.16和图7.17所示，A组页岩划痕弹性模量平均值分别为21.07GPa、24.02GPa和25.14GPa。B组页岩划痕弹性模量平均值分别为17.18GPa、26.49GPa和22.34GPa。

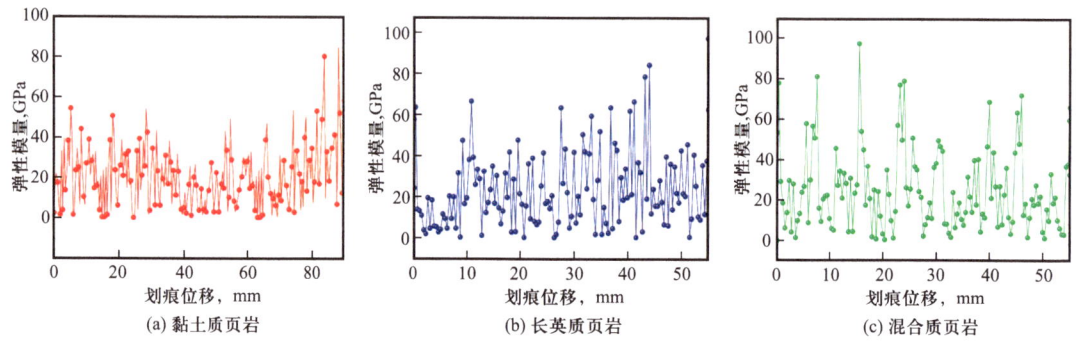

图7.16 A组不同岩性页岩划痕弹性模量

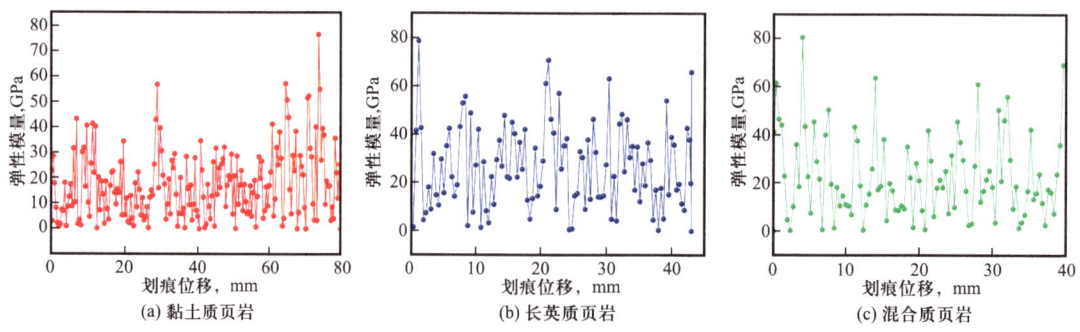

图7.17 B组不同岩性页岩划痕弹性模量

对A组中三种不同岩性的页岩样品，分别加工1块圆柱，并记录相对应的岩心划痕位置，开展传统抗压强度实验，测试结果分别为51.42MPa、82.69MPa和70.21MPa。取对应位置处的划痕抗压强度平均值，对应划痕测试结果分别为57.98MPa、68.55MPa和87.49MPa。相关测试结果及应力应变曲线见表7.1和图7.18。单轴实验结果表明：长英质页岩弹性模量为22.97GPa，泊松比为0.13；混合质页岩弹性模量为16.76GPa，泊松比为0.44；黏土质页岩弹性模量为20.54GPa，泊松比为0.34。

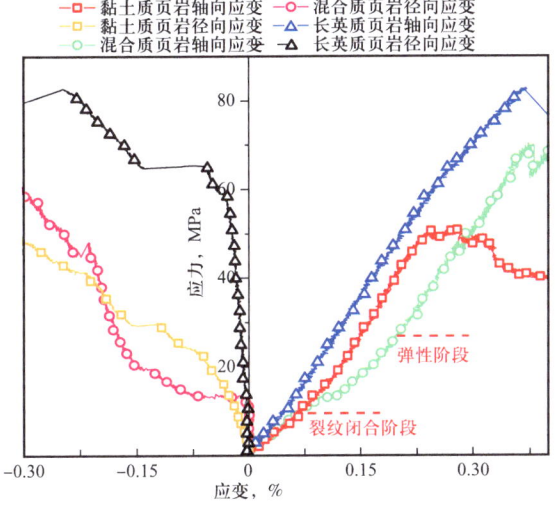

图 7.18 不同岩性页岩样品应力应变曲线

表 7.1 划痕测试与传统抗压强度测试结果对比

岩性	取心位置	长度 mm	直径 mm	密度 g/cm³	划痕抗压强度均值，MPa	传统单轴抗压强度均值，MPa	误差，%
黏土质页岩	下部	50.55	25.28	2.50	57.98	51.42	11.3
长英质页岩	下部	50.19	25.11	2.49	87.49	82.69	5.4
混合质页岩	下部	50.78	25.28	2.59	68.55	70.21	2.8

对比发现，非均质性页岩测试结果误差较大，但是两种测试的结果误差均在10%（除黏土质页岩）以内，处于正常范围。黏土质页岩测试结果误差最大，为11.3%，但误差是真实且可以接受的。页岩等非均质性较强的非常规复杂地层岩石结构和矿物组分呈现非均质性。此外，层理和局部特征（裂缝、裂隙、剪切面）比较发育，从而导致岩石强度表现出非均质性。传统测试方法获得的结果总会过高或过低地估计了薄弱层或坚硬层等岩石层段的强度，大大降低了测试结果质量。

两种测试方法对比研究发现，传统测试方法容易忽视岩石强度非均质性，不能有效地筛选常规测试获得的异常值。根据平均强度值，曲线可以细分为几个不同的区域，这可能是由于微结构或矿物成分的变化等多种原因引起的。划痕实验可以揭示页岩样品力学性质的非均质性。此外，划痕测试不仅能够定量描述岩心细微或较强的强度非均质性，还能弥补传统实验方法无法获取岩石强度剖面及难以普遍测试页岩等复杂地层岩石强度的不足。

7.1.3.2 划痕硬度和断裂韧性

从图 7.19 和图 7.20 中可以看出：在 A 组 3 个试样中，混合质页岩的平均硬度最大（185MPa），黏土质页岩的平均硬度最小（118MPa）；在 B 组 3 个试样中，长英质页岩的平均硬度最大（164MPa），黏土质页岩的平均硬度最小（130MPa）。对比前文可知，长英质页岩的抗压强度最大。硬度最大的样品不一定具有最大的抗压强度，这是因为抗压强度和硬度具有不同的物理意义。划痕硬度是指材料在给定载荷下被刀具沿表面划痕时的硬度。划痕硬度揭示了材料对刀具犁削的阻力。划痕抗压强度是指内在比能，指的是切割一块岩石所需要的能量，而硬度则是指在划痕过程中抵抗犁地的能力。因此，在 A 组样品中混合质页岩的抗犁能力最大。A 组样品中长英质页岩的断裂韧性均值（2.21MPa·m$^{1/2}$）是黏土质页岩断裂韧性均值（1.48MPa·m$^{1/2}$）的 1.5 倍，混合质页岩的断裂韧性均值约为 2.22MPa·m$^{1/2}$。B 组样品中长英质页岩的断裂韧性均值最大（2.05MPa·m$^{1/2}$），是黏土质页岩断裂韧性均值（1.58MPa·m$^{1/2}$）的 1.3 倍，混合质页岩的断裂韧性值约为 1.87MPa·m$^{1/2}$。

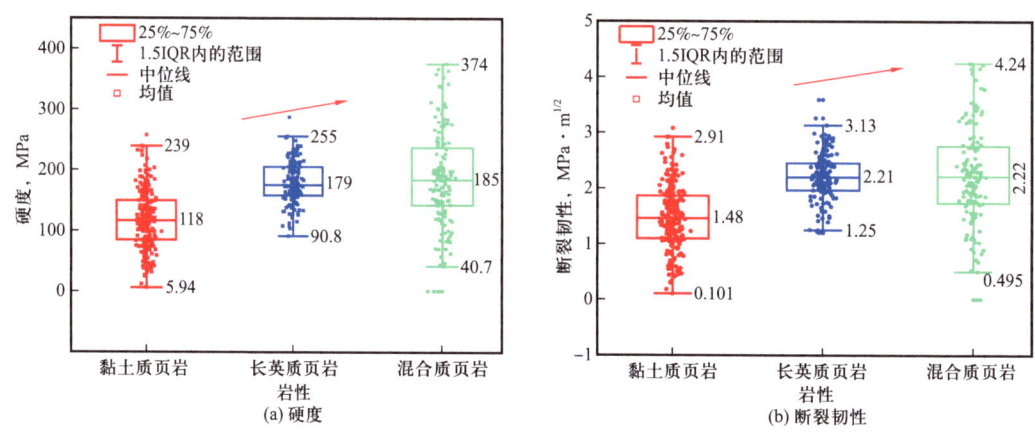

图 7.19　A 组不同岩性页岩划痕力学性质

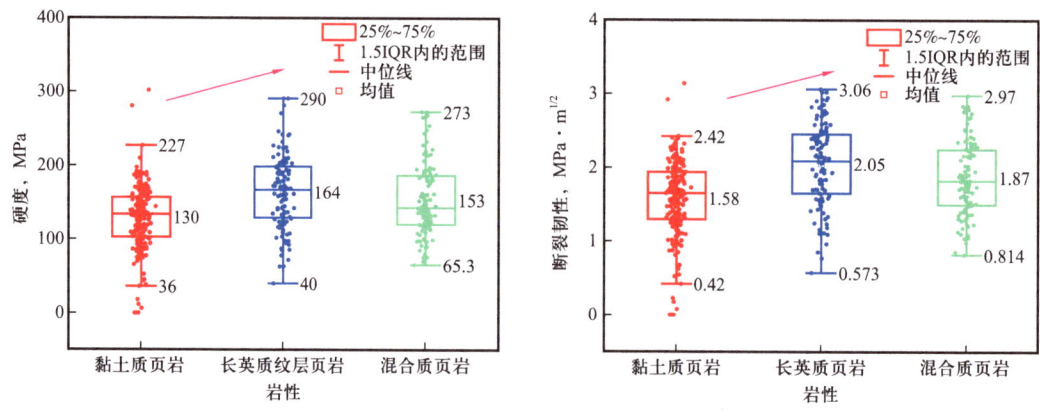

图 7.20　B 组不同岩性页岩划痕力学性质

7.1.4　不同岩性纹层页岩划痕破坏差异化特征

纹层页岩黏土矿物以伊利石为主，伊利石经成岩压实作用定向排列，这使得岩石呈现出易裂的页理特征，并在层面上容易被剥离，形成薄弱层。矿物组成和页理弱面之间存在相互作用，这为纹层页岩力学特性的渐进破坏模型提供了明确的依据。

通过分析将页岩划痕载荷—位移曲线大致分为延性破坏和脆性破坏两种模式（图 7.21）。脆性破坏与微观断裂有关，应力诱导的损伤事件往往对应于划痕时力的突然下降。延性破坏则是岩石中的结晶颗粒内部晶格间或颗粒之间的滑移破坏，这种破坏主要是在剪应力作用下产生的，虽然也可以产生微破裂和剪胀现象，但其变形的重要特点是塑性流动。基体的脱聚可能会产生物质，颗粒和粉末可能会积聚在刮痕探针的前方和侧面残留刮痕。塑性流动不会展示应变能快速释放的信号。观察脆性破坏和延性破坏的横向力信号。脆性破坏具有明显的"锯齿形"横向力响应，波动较大，而延性破坏具有波动较小的剖面。由此，确认了延性破坏和脆性破坏时存在明显的横向力特征。

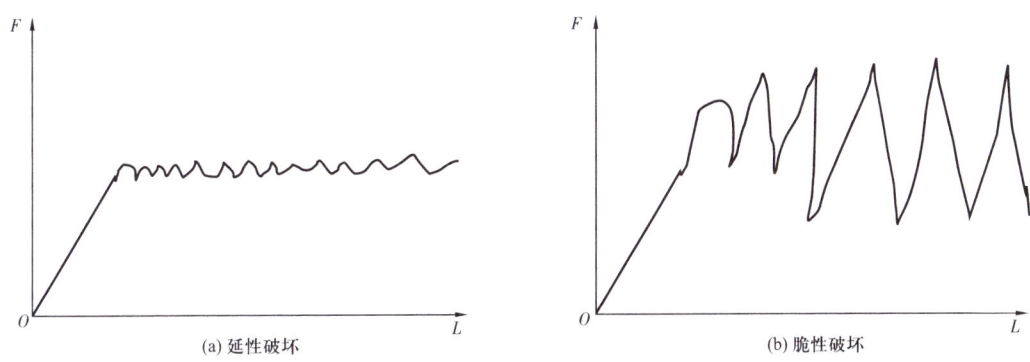

图 7.21　延性破坏和脆性破坏划痕曲线示意图

通过划痕实验进一步观察了样品表面，划痕损伤特征量化如图 7.22 和图 7.23 所示。受矿物组成与页理弱面的相互影响，纹层页岩力学特征划痕渐进破坏模式互不相同。A 组和 B 组不同岩性页岩样品划痕破坏特征规律表现一致。黏土质页岩整段划痕表面均可见清晰高频薄互层结构特征，划痕两侧出现大量破坏面，形成"丰"字形结构，存在明显的划痕损伤特征，具有明显的"锯齿形"横向力响应，波动较大。而长英质页岩和混合

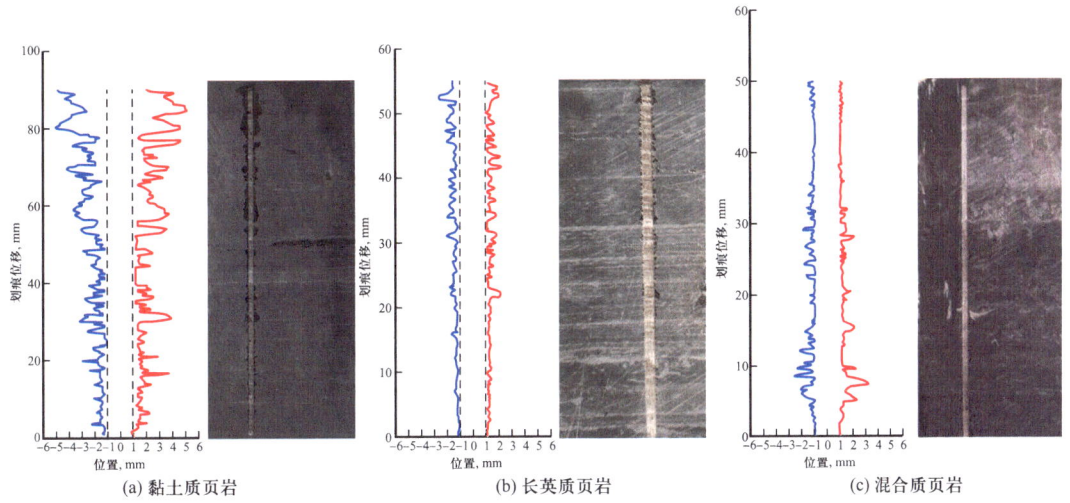

图 7.22　A 组不同岩性页岩划痕破坏特征

质页岩属于较硬的纹层，划痕损伤不太明显，导致样品表面更光滑。裂缝扩展不如黏土质页岩程度大，划痕引起的裂纹明显少于黏土质页岩。

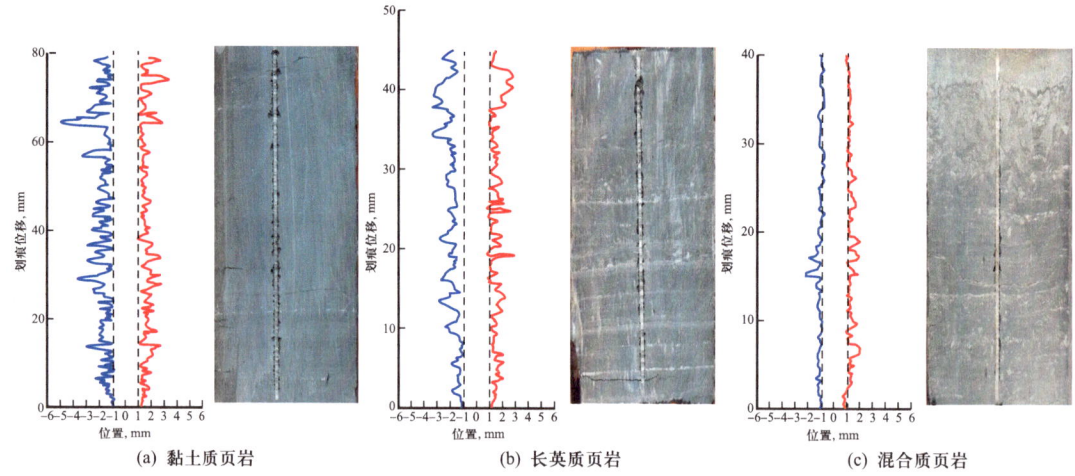

图 7.23　B 组不同岩性页岩划痕破坏特征

7.2　测井响应与划痕曲线相关性

岩石力学数据难以获取，而且仅限于储层的小截面。在缺乏质量数据的情况下，岩石强度预测效果较差，置信度明显较低。未取心层段的岩石强度预测是基于直接测量岩心和测井测量之间的校准。这种方法有两个基本的局限性：（1）检测样本数量不足；（2）测试岩心与声波测井之间的分辨率差异。C41-70、C2-4 全井段厘米划痕结果分别如图 7.24、图 7.25 所示。

纹层页岩全井段力学参数分布如图 7.26 所示，青山口组纹层页岩抗压强度、硬度和断裂韧性值均小于干柴沟组页岩。干柴沟组页岩抗压强度最小值为 72.95MPa，最大值为 197.08MPa，平均值为 128MPa；硬度最小值为 160.17MPa，最大值为 490.85MPa，平均值为 299MPa；断裂韧性最小值为 1.77MPa·m$^{1/2}$，最大值为 5.22MPa·m$^{1/2}$，平均值为 3.29MPa·m$^{1/2}$。而青山口组纹层页岩抗压强度最小值为 37.02MPa，最大值为 161.46MPa，平均值为 86.7MPa；硬度最小值为 89.2MPa，最大值为 305.47MPa，平均值为 169MPa；断裂韧性最小值为 0.69MPa·m$^{1/2}$，最大值为 3.51MPa·m$^{1/2}$，平均值为 1.47MPa·m$^{1/2}$。

7.2.1　纹层页岩储层测井响应特征研究

岩石力学研究主要是根据区域构造和地层岩性层序，利用声波测井、密度、伽马射线和其他测井资料，建立岩石力学模型。岩石力学模型已广泛应用于石油工程的许多领域，是方案设计不可缺少的基础数据，在制定井网布局、分析钻井过程中的井壁稳定性以及进行水力压裂等多个方面，都发挥着至关重要的作用。

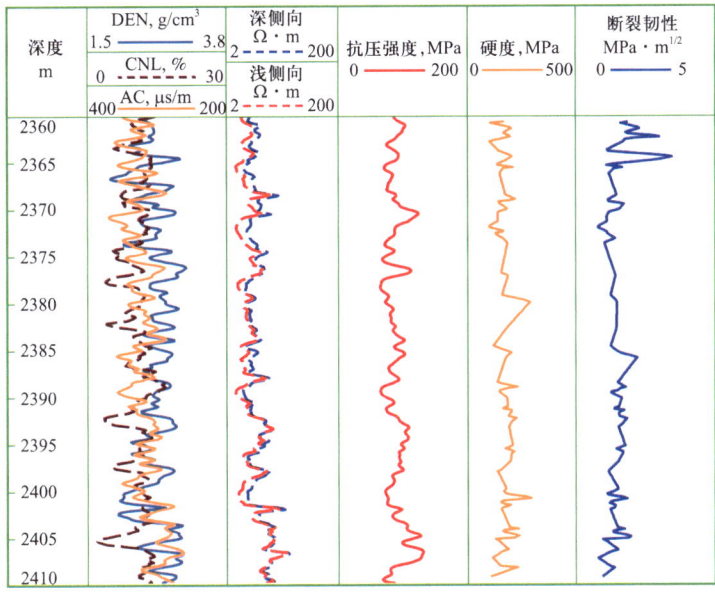

图 7.24　C41-70 全井段厘米划痕结果

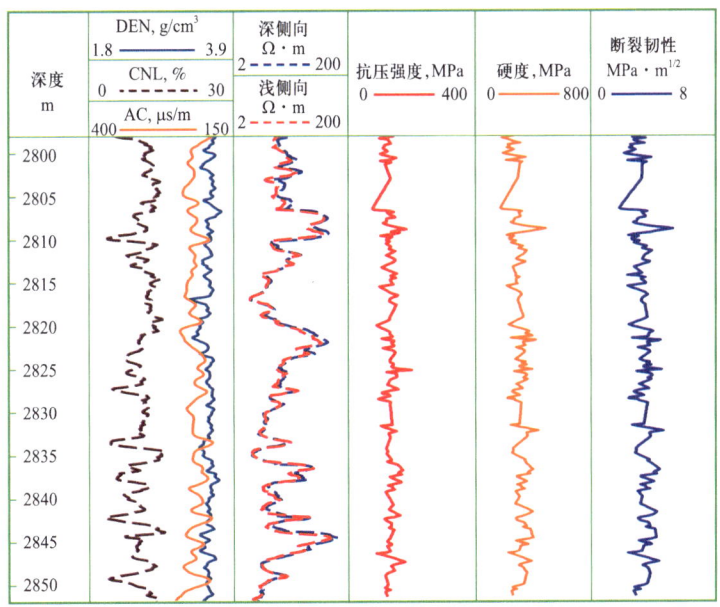

图 7.25　C2-4 全井段厘米划痕结果

根据现有资料，对松辽盆地 C41-70 井段进行了岩石力学特征分析，并与英雄岭地区 C2-4 井段的岩石力学特征进行对比。根据纵、横波传播方程给出的纵、横波与岩石动力学参数之间的理论关系，用测井资料得到纵波时差 Δt_c、横波时差 Δt_s，用密度测井得到体积密度 ρ_b，就可计算各种岩石力学参数。

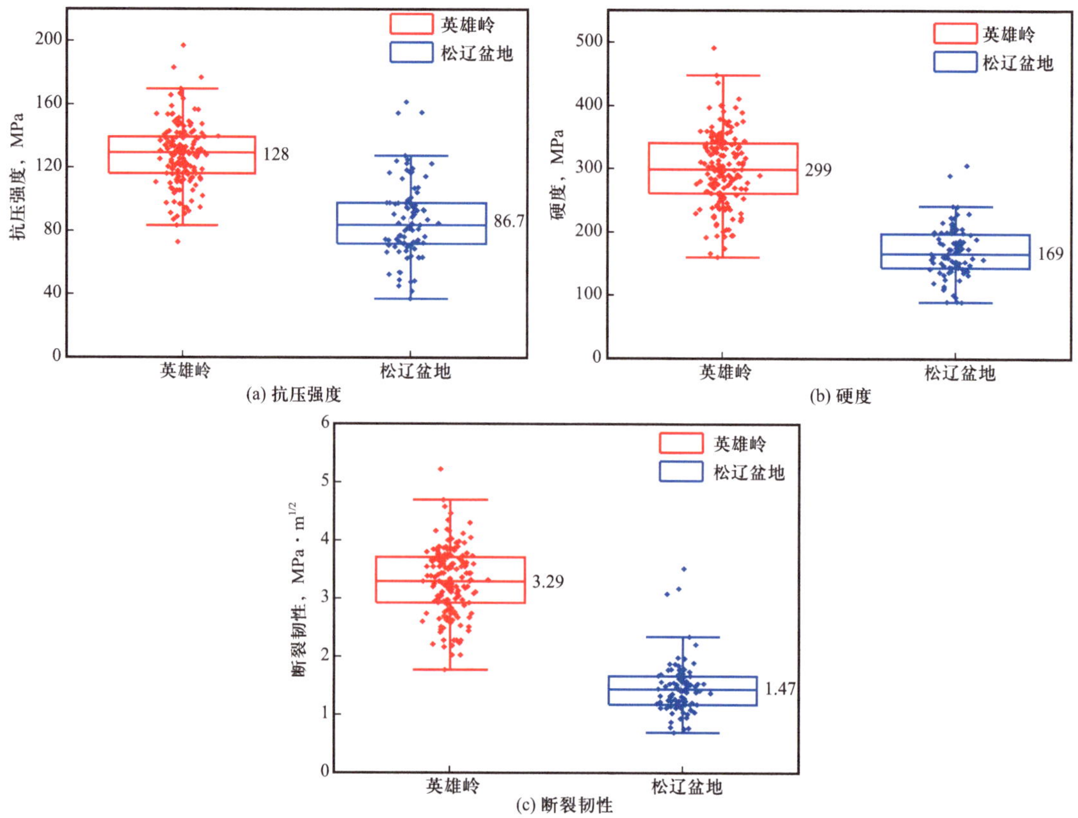

图 7.26　纹层页岩全井段力学参数分布

$$G_{\text{dyn}} = \frac{\rho_b}{(\Delta t_s)^2} \quad (7.1)$$

$$K_{\text{dyn}} = \rho_b \left[\frac{1}{(\Delta t_c)^2} \right] - \frac{4}{3} G_{\text{dyn}} \quad (7.2)$$

$$E_{\text{dyn}} = \frac{9 G_{\text{dyn}} K_{\text{dyn}}}{G_{\text{dyn}} + 3 K_{\text{dyn}}} \quad (7.3)$$

$$\nu_{\text{dyn}} = \frac{3 K_{\text{dyn}} - 2 G_{\text{dyn}}}{6 K_{\text{dyn}} + 2 G_{\text{dyn}}} \quad (7.4)$$

$$\sigma_H - \alpha p_P = \frac{\nu}{1-\nu}(\sigma_V - \alpha p_P) + \frac{E}{1-\nu^2}\varepsilon_H + \frac{E\nu}{1-\nu^2}\varepsilon_h \quad (7.5)$$

$$\sigma_h - \alpha p_P = \frac{\nu}{1-\nu}(\sigma_V - \alpha p_P) + \frac{E}{1-\nu^2}\varepsilon_h + \frac{E\nu}{1-\nu^2}\varepsilon_H \quad (7.6)$$

式中　G_{dyn}——动态剪切模量，GPa；

　　　K_{dyn}——动态体积模量，GPa；

　　　E_{dyn}——动态杨氏模量，GPa；

　　　ν_{dyn}——动态泊松比；

　　　ρ_b——体积密度，kg/m³；

　　　Δt_s，Δt_c——横波和纵波时差，s；

　　　σ_H——最大水平主应力，MPa；

　　　σ_h——最小水平主应力，MPa；

　　　p_P——孔隙压力，Pa；

　　　E——杨氏模量，GPa；

　　　ν——泊松比；

　　　ε_H，ε_h——构造应力系数。

岩石单轴抗压强度（UCS）通常由测井曲线得到。根据测井资料，计算 UCS 有几种经验公式可选。本书中利用岩石弹性模量来确定岩石抗压强度。

利用现有资料，对处理井段的岩石力学参数进行了计算分析，图 7.27 和图 7.28 给出了计算得到的岩石模量和岩石强度参数，从处理结果可以看出，松辽盆地井段的岩石杨氏模量分布在 8～25GPa 之间，泊松比为 0.10～0.30，抗压强度为 50～150MPa。不同区域的页岩储层存在着较大的差异。英雄岭地区井段的岩石杨氏模量分布在 20～40GPa 之间，泊松比为 0.20～0.40，抗压强度为 100～200MPa。松辽盆地纹层页岩的最小水平主应力和最大水平主应力均小于英雄岭地区的页岩。

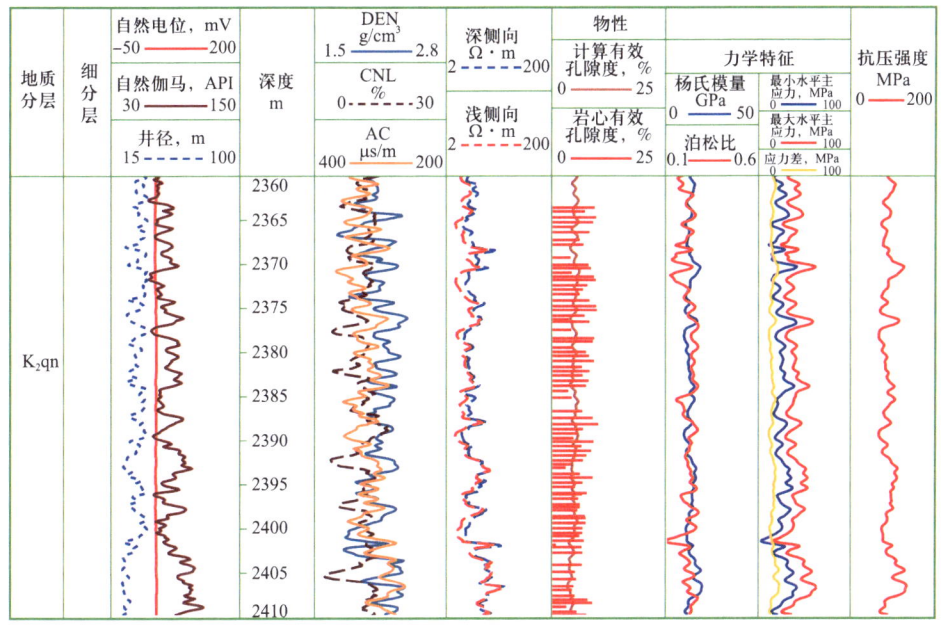

图 7.27　松辽盆地 C41-70 井岩石力学评价综合解释成果图

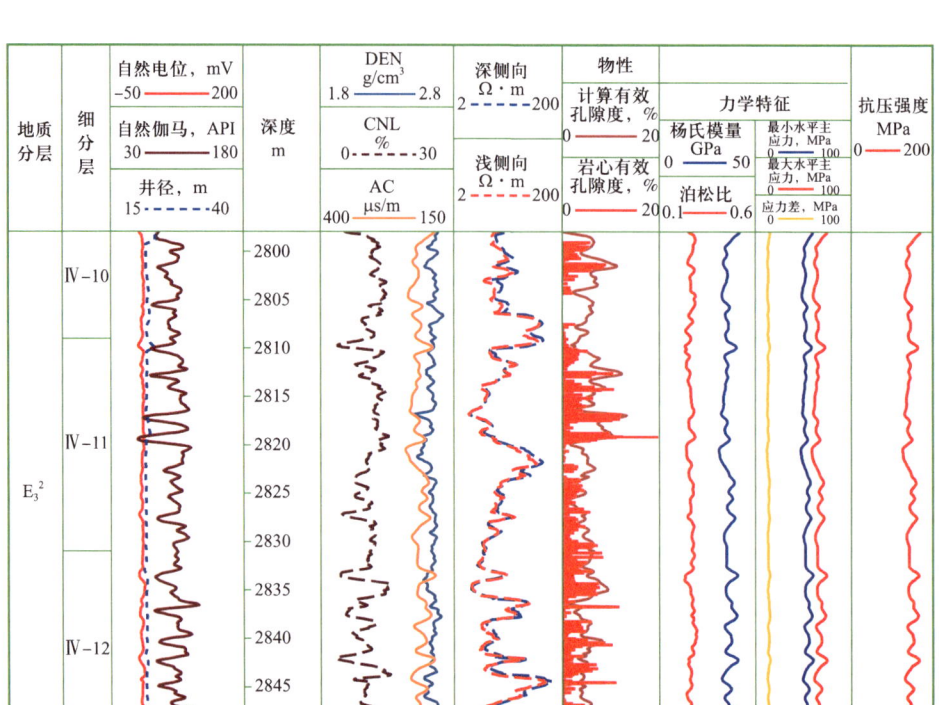

图 7.28　英雄岭 C2-4 井岩石力学评价综合解释成果图

这种差异源于有机质、矿物组成、黏土含量、埋藏深度等方面的不同。从松辽盆地和英雄岭页岩声波时差与自然伽马频率直方图（图 7.29）可以看出：松辽盆地页岩声波时差大都分布在 300～340μs/m 之间，自然伽马分布在 70～100API 之间；而英雄岭页岩声波时差大都分布在 210～230μs/m 之间，自然伽马分布在 100～120API 之间。从直方图可以看出，松辽盆地页岩自然伽马值与英雄岭页岩相差不大，但声波时差明显大于英雄岭页岩。

7.2.2　划痕曲线与测井曲线的相关性分析

测井数据校准是通过将测井数据（通常是声波时差）与实验室 UCS 测量相关联进行的。尽管获得了良好的相关性，但由于岩心测试中 UCS 的数量有限，且测井和岩心测量之间的分辨率存在差异，因此将其用于岩石强度预测的置信度仍然很低。

为了校准岩石强度和测井数据集，岩石强度需要根据测井尺度进行调整。由于分辨率不同，测井和岩心测量之间的比较可能会产生很大的误差。高分辨率剖面是表征物理性质长度尺度的理想工具，考虑了不同尺度下的空间结构。利用划痕实验数据，可以将岩石强度数据与测井数据直接关联起来。因此，对松辽盆地 C41-70 全井段和英雄岭 C2-4 全井段岩心进行了划痕实验，然后对每一块页岩样品的划痕抗压强度取平均值，以便获得和测井测量一样的分辨率。

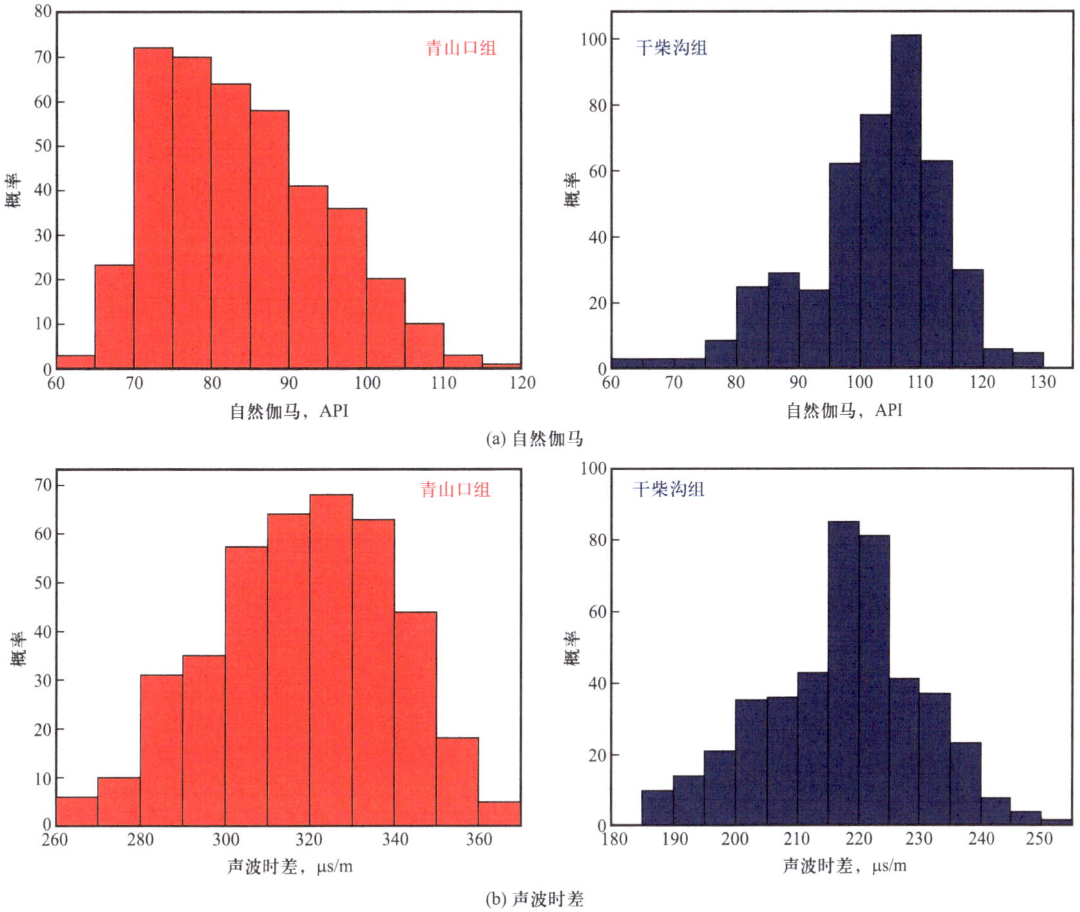

图7.29 页岩测井响应特征频率直方图

从 C41-70 和 C2-4 两口井划痕实验获得的抗压强度数据与测井曲线导出的抗压强度和从岩心样品测量得到的单轴抗压强度进行比较。结果（图7.30 和图7.31）表明，划痕实验的岩石强度与单轴实验的岩石强度吻合较好。由于划痕实验得到的岩石强度是在岩

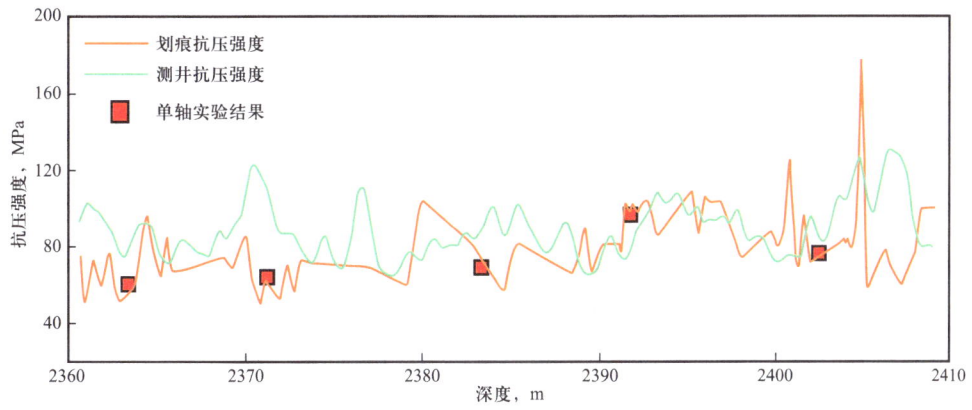

图7.30 C41-70 测井抗压强度、单轴抗压强度和划痕抗压强度

心层段直接测量的，并且与单轴抗压强度有很好的相关性，因此利用这一信息与测井曲线相关联来预测力学性质的可信度很高。

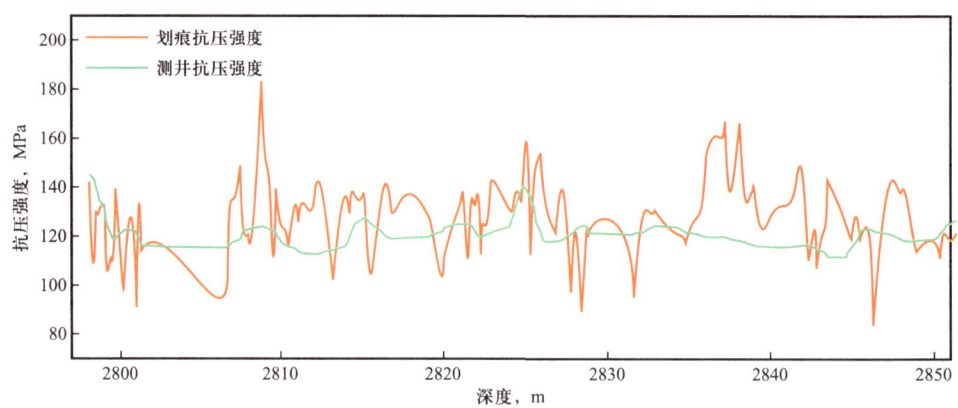

图 7.31　C2-4 测井抗压强度和划痕抗压强度

识别支配岩石强度的主要成分和结构元素，在岩石强度预测中变得越来越重要。关键的储层固有性质，如孔隙度、粒度和矿物成分对岩石的地质力学性质有重要影响。岩石强度随着黏土（页岩）含量的增加而降低，随着颗粒接触的增加而增加。相比之下，矿物成分和孔隙类型对青山口组页岩强度的影响在岩石力学中还没有系统的研究。因此，有必要进一步了解矿物成分对岩石强度的影响。

7.2.2.1　主成分多元回归预测

为了预测未取心井段的岩石强度，通过划痕实验数据与测井之间建立某种联系。地震波速度与岩石强度（UCS）具有线性、多项式或对数关系。McNally 在对岩心样品进行了数千次抗压强度测试的基础上，建立了 UCS 与声波测井之间的指数关系，利用声波数据进行抗压强度估计是澳大利亚煤矿开采中普遍接受的一种传统方法。但是这种关系对于复杂矿物组成和纹层及其发育的页岩不适用。事实上，速度与岩石的弹性性质和密度有关，它提供了与岩石强度的一般相关性。然而，在速度和强度之间建立一种直接的关系并不总是可能的。为了克服这个问题，Hatherly 提出了另一种估算岩石强度的方法，将抗压强度与孔隙度和矿物组成进行对比，认为它们对岩石强度有主要影响。

因此，将由划痕实验获得的连续岩石抗压强度剖面与由测井解释推断的岩石矿物组成和孔隙度进行了比较，结果如图 7.32 所示。通过主成分分析（PCA），可以了解哪些矿物成分对岩石强度特性有主导影响。表 7.2 列出了 4 个主成分的特征值以及对于原始数据的方差解释率和累计方差解释率。4 个主成分的累计方差解释率达到 87.665%，表示这 4 个主成分包含并解释了 87.665% 以上的信息量。主成分 1 的方差解释率为 43.013%，大于第二、第三、第四主成分的方差解释率，表明主成分 1 反映的信息量最大，抗压强度主要由第一主成分控制。

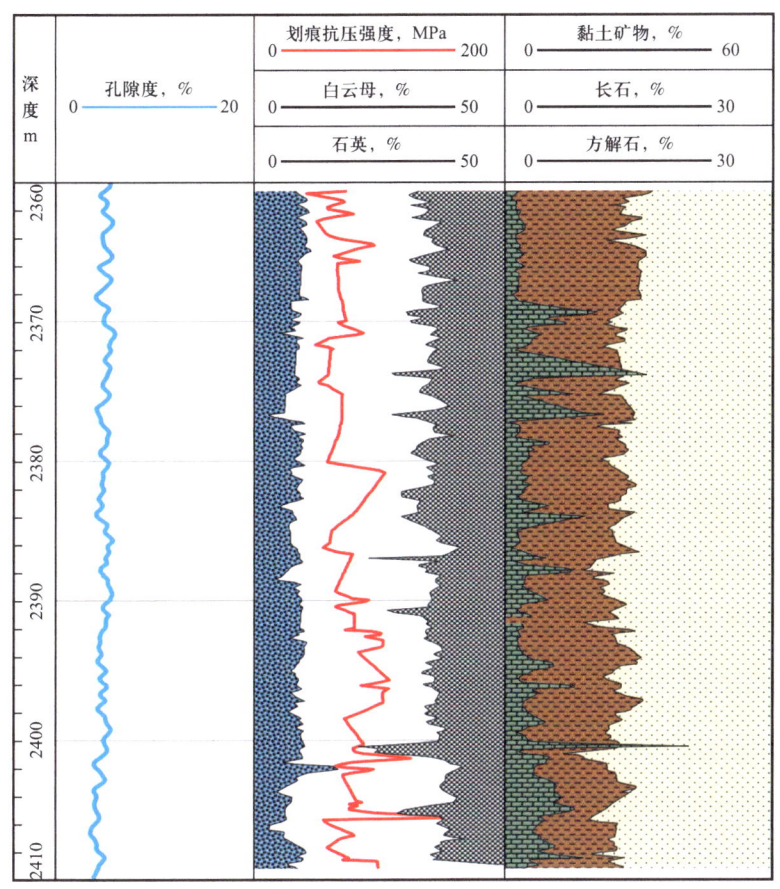

图 7.32　岩石强度剖面、孔隙度和矿物组成

表 7.2　各主成分特征值与方差解释率

成分	特征根	方差解释率,%	累计方差解释率,%
1	2.581	43.013	43.013
2	1.146	19.092	62.105
3	0.831	13.854	75.96
4	0.702	11.706	87.665
5	0.407	6.78	94.445
6	0.337	4.555	100

对于主方向（向量 F_1），由表 7.3 可以看出，孔隙度以及石英、方解石和白云母的体积分数在主成分中的载荷占比较大，因此可以认为这四种可以作为关键因子，对岩石抗压强度变化有显著影响。

表 7.3 成分矩阵表

名称	成分 1	成分 2	成分 3	成分 4	成分 5
石英	0.242	0.446	0.523	0.412	0.837
长石	0.229	0.763	0.365	0.06	0.487
方解石	0.313	0.154	0.385	0.965	0.305
黏土矿物	0.103	0.126	0.633	0.144	0.726
孔隙度	0.283	0.2	0.227	0.541	0.877
白云母	0.296	0.109	0.442	0.083	0.362

将孔隙度以及石英、方解石和白云母的体积分数 4 个变量与抗压强度数据进行多元相关分析，得到如下相关关系：

$$UCS=-0.38X+0.06Y-2.07\phi+0.04Z+113.43 \quad (7.7)$$

式中 X——石英体积分数；

Y——方解石体积分数；

Z——白云母体积分数；

ϕ——孔隙度。

通过多元回归分析计算出结果，将沿岩心层段预测的岩石抗压强度与实测的抗压强度进行对比，如图 7.33 所示，发现两者之间存在良好的相关性，但是存在误差，因此需要进一步进行预测分析。这可以应用于未取心层段，以减少岩石强度预测的不确定性。

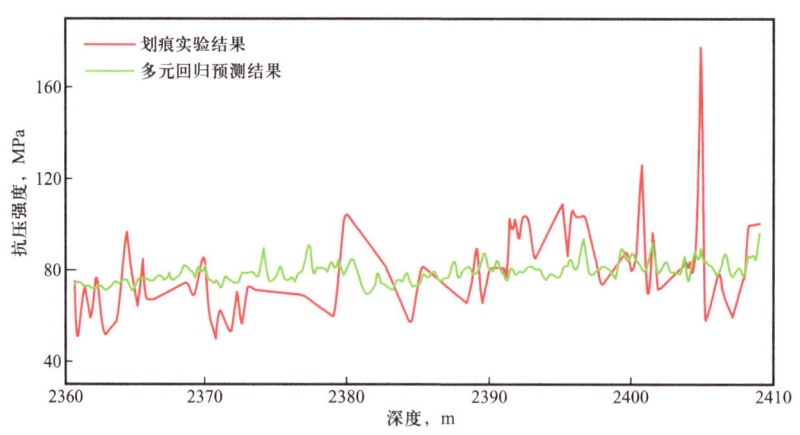

图 7.33 划痕抗压强度测量与抗压强度预测

7.2.2.2 BP 神经网络回归预测

通过上文的主成分分析，确定石英、白云石、孔隙度和白云母为输入层，抗压强度为输出层。在实验开始之前，需要对多个测井曲线进行综合处理，因为不同的处理方式会导致不同的量纲解释结果。这些数值上有差异的样本对训练的成果产生了显著的影响。因此,有必要对输入的样本数据进行标准化或标准化的操作。考虑到数据拟合的实际情况,采用归一化处理手段,将原始数据映射到[0,1]区间。这种方法不仅减少了不同量纲和数值对训练的干扰,而且在很大程度上提高了模型的收敛速率和准确性。

$$X_{\text{norm}} = \frac{X - X_{\min}}{X_{\max} + X_{\min}} \tag{7.8}$$

(1)正向传播。

首先假设输入层、隐含层、输出层节点数分别为 m、l、n,将输入向量 $\boldsymbol{X}=[X_i]_m$ 从输入层传递到隐含层,通过输入层与隐含层之间的权重 w_{ij}^1 和阈值 θ_j^1,利用激活函数(sigmoid 函数)$f(\mu)$ 计算出隐含层输出值 $H=[h_j]_l$,其中隐含层各神经元的激活值为:

$$S_j^1 = \sum_{i=1}^{m} w_{ij}^1 x_i - \theta_j^1, \ j=1, 2, \cdots, l \tag{7.9}$$

激活函数 $f(\mu)$ 为:

$$f(\mu) = \frac{1}{1+e^{-\mu}} \tag{7.10}$$

将激活函数值代入激活函数得:

$$h_j = f(s_j^1) = f\left(\sum_{i=1}^{m} w_{ij}^1 x_i - \theta_j^1\right), \ j=1, 2, \cdots, l \tag{7.11}$$

输出层各节点的激活值 S_k^2 和输出值 y_k 为:

$$S_k^2 = \sum_{j=1}^{l} w_{ij}^2 h_j - \theta_k^2, \ k=1, 2, \cdots, n \tag{7.12}$$

$$y_k = f(s_k^2), \ k=1, 2, \cdots, n \tag{7.13}$$

(2)反向传播。

若输出信号 $Y=[y_k]_n$ 与期望输出信号 $T=[t_k]_n$ 不相符,则转入反向传播过程。将输出误差通过隐含层向输入层逐层反转,通过调节输出层至隐含层连接权和输出层阈值以及隐含层至输入层连接权和隐含层阈值,使误差沿梯度方向下降。

其中,输出层和隐含层的校正误差为:

$$d_k^2 = (t_k - y_k) f'(s_k^2), \ k=1, 2, \cdots, n \tag{7.14}$$

$$d_j^1 = \sum_{k=1}^{n} w_{jk}^2 d_k^2 f'(s_j^1), \quad j = 1, 2, \cdots, l \tag{7.15}$$

修正权重和阈值：

$$\Delta w_{jk}^2 = \eta d_k^2 h_j \tag{7.16}$$

$$\Delta \theta_k^2 = \eta d_k^1 \tag{7.17}$$

$$\Delta w_{ij}^2 = \eta d_j^1 h_i \tag{7.18}$$

$$\Delta \theta_j^1 = \eta d_j^2 \tag{7.19}$$

式中　f'——激活函数的导数；

　　η——学习步长（学习率 $0 < \eta < 1$）。

对于 Z 组输入特征向量 $\boldsymbol{X}^1, \cdots, \boldsymbol{X}^P, \cdots, \boldsymbol{X}^Z$ [$\boldsymbol{X}^a = (x_1^a, \cdots, x_j^a, \cdots, x_m^a)$]，期望值 $T^1, \cdots, T^P, \cdots, T^Z$ [$T^a = (t_1^a, \cdots, t_j^a, \cdots, t_m^a)$]，实际输出值为 $Y^1, \cdots, Y^P, \cdots, Y^Z$ [$Y^a = (y_1^a, \cdots, y_j^a, \cdots, y_m^a)$]，则误差为：

$$E = \sum_{P}^{Z} E^P = \sum_{P=1}^{Z} \sum_{k=1}^{n} \frac{1}{2}(t_k^p - y_k^p)^2 \tag{7.20}$$

对于给定精度 ε，如果 $E < \varepsilon$，则算法结束。

将 2360～2384m 测试段的数据作为训练集，2385～2410m 测试段的数据作为测试集，结果如图 7.34 和图 7.35 所示。采用 BP 神经网络方法建立定量预测模型，BP 人工神经网络模型误差比多元回归分析的小，这说明用 BP 神经网络模型预测抗压强度能力更可靠。

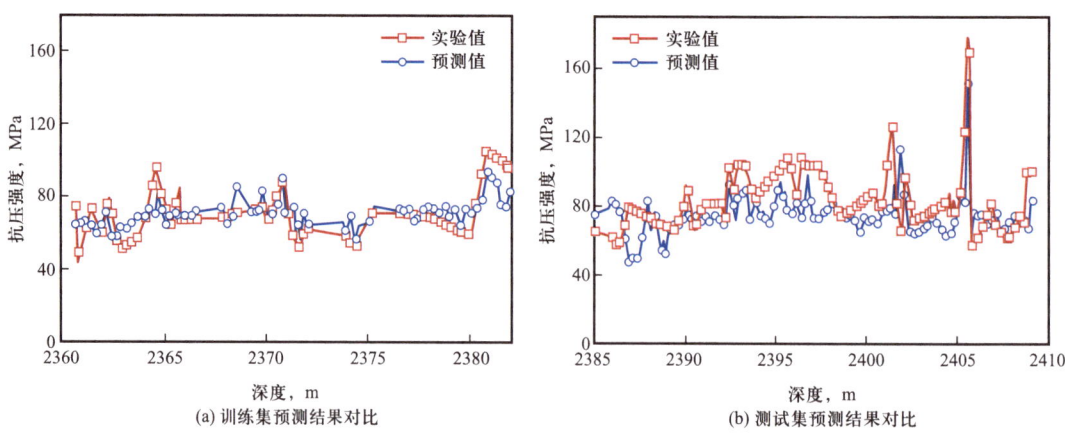

图 7.34　实验值和预测值对比

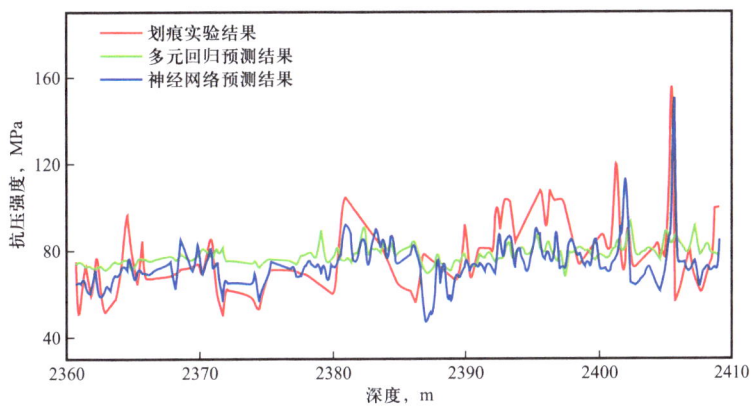

图 7.35　多元回归预测和神经网络预测与实验结果对比

7.3　工程"甜点"评价方法

纹层页岩具有典型的高黏土矿物含量特征，黏土质页岩中的黏土矿物更为发育；长英质页岩及混合质页岩的黏土矿物含量相对较少，除黏土矿物外，石英和长石类等脆性矿物含量也较高，但高脆性矿物含量并不代表页岩具有较好的脆性特征。页岩中的石英矿物在其形成原因和形态上呈现出明显的不同。在长英质页岩和混合质页岩中，石英的主要来源是陆源碎屑，这些碎屑颗粒较大，呈现出次棱角状的成层分布，对页岩的可压性有很大的贡献；在黏土质页岩中，石英主要由自生硅质构成，其颗粒细小，呈星状分布，并被黏土矿物所包围，这使得其对压缩性的贡献相对较小，因此在扩缝和保持过程中存在一定的困难。

纹层页岩水平层理缝极为发育，每米有几百到数千条，对水力压裂裂缝扩展产生重要影响。当水力裂缝与页理相遇时，可能会出现贯穿、转向、终止或阶梯式扩展等多种形态，这进一步增加了裂缝网络形态的不确定性。因此，在页岩中高含量的黏土矿物和强烈的非均质性特征的控制下，明确其力学属性，并科学地理解其可压性，对于指导页岩油工程的靶体选择、压裂技术的设计以及施工参数的优化，都具有深远的理论和实际应用价值。目前国内外学者基于页岩实验研究，建立了许多可压性评价模型，可压性表征致密油气储层能被有效改造的难易程度，已成为致密非常规天然气开发潜力的重要评估标准。可压性指的是在水力压裂过程中岩石储层能被有效压裂并形成裂缝的能力。最初，多数学者采用脆性单一指标评价致密油气储层的可压性[4]，认为脆性越高的地层，越容易破碎发展成为复杂裂缝网络。因此，本书采用划痕抗压强度和纹层发育指数这两个指标来评估页岩的可压性。

7.3.1　纹层发育指数

目前，储层纹层的发育程度主要是通过薄片分析和成像测井等手段来定性描述的，所获得的数据大多是点数据，通常被用作可压性评价的验证指标，而没有被纳入可压性评价的参数赋权中。

通过对比不同岩性的抗压强度曲线（图7.36），发现均质粉砂岩的抗压强度整体在80~120MPa之间波动，而且基本在平均值上下20MPa范围内波动。超过抗压强度平均值上下20MPa的每厘米的次数约为0.03次，可以忽略不计，而其他岩性的页岩样品曲线波动明显。黏土质页岩纹层结构发育，表现出极高的非均质性，其抗压强度在0~120MPa范围内有着剧烈的波动。超过抗压强度平均值上下20MPa的每厘米的次数约为5.45次。长英质页岩抗压强度较大，但波动幅度较黏土质页岩减小，沿着划痕方向抗压强度在40~130MPa之间起伏变化，超过抗压强度平均值上下20MPa的每厘米的次数约为4.21次。混合质页岩抗压强度较大，但波动频率较少，沿着划痕方向抗压强度在

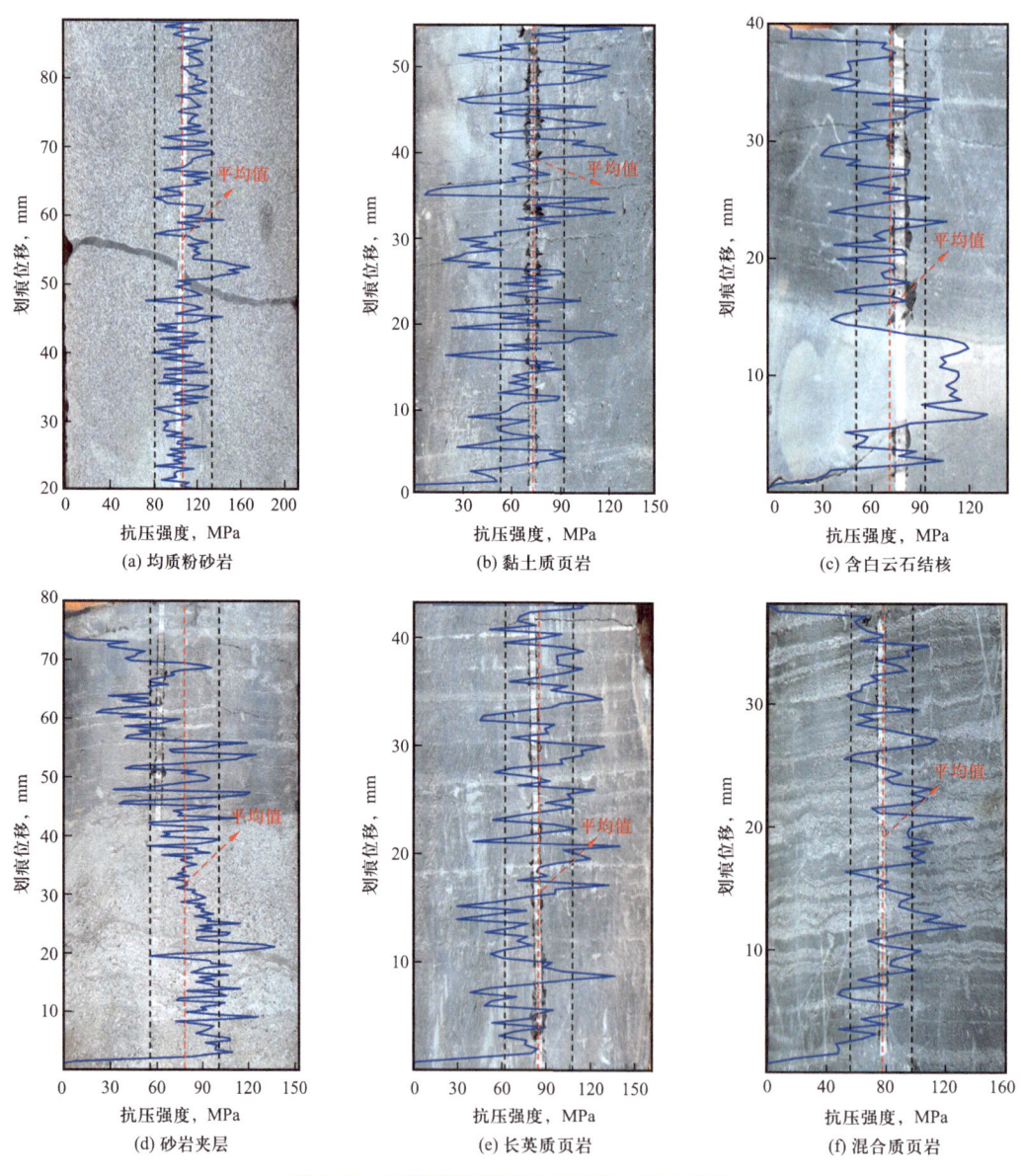

图7.36　不同岩性页岩的划痕抗压强度曲线

50～125MPa 之间起伏变化，超过抗压强度平均值上下 20MPa 的每厘米的次数约为 3.15 次。白云石页岩中 0～15mm 测试段为白云石，沿着划痕方向抗压强度在 90～120MPa 之间变化，15～40mm 测试段中为页岩，沿着划痕方向抗压强度在 40～110MPa 之间变化，整体超过抗压强度平均值上下 20MPa 的每厘米的次数约为 4.1 次。砂岩夹层整体抗压强度较大，40～80mm 测试段为页岩，沿着划痕方向抗压强度在 30～120MPa 之间起伏变化，0～40mm 测试段为砂岩，沿着划痕方向抗压强度在 60～120MPa 之间波动，整体超过抗压强度平均值上下 20MPa 的每厘米的次数约为 3.15 次。

对比不同层位的抗压强度曲线（图 7.37），发现不同深度的抗压强度曲线波动不同。

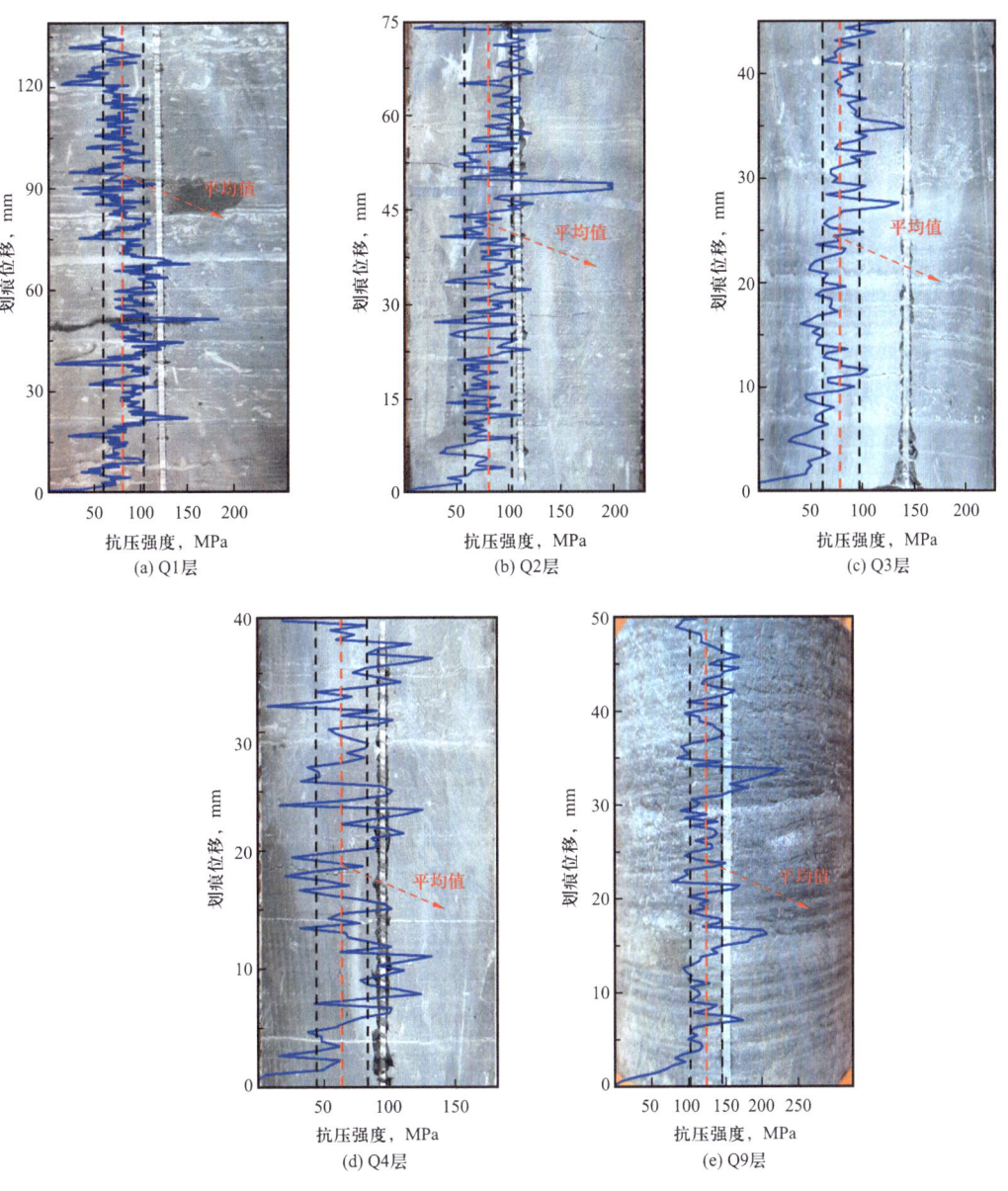

图 7.37 不同层位的划痕抗压强度曲线

Q4层页岩纹层结构发育，肉眼不易分辨的微小裂缝也比较发育，岩石的抗压强度较小，页岩非均质性表现十分剧烈，沿着划痕方向起伏变化明显。而Q9层页岩层理结构不发育，抗压强度较大，页岩非均质性表现不剧烈，沿着划痕方向起伏变化不明显。

不同岩性页岩的划痕曲线波动次数明显不同，因此，本书拟采用划痕抗压强度曲线的波动次数来定量表征纹层发育程度，以均质粉砂岩的划痕抗压强度曲线为标准，以划痕抗压强度曲线的均值为基线，±20MPa为上下界限，用超过此范围的每厘米的波动次数来表征纹层发育指数。

$$\beta = B(\overline{UCS}-20, \overline{UCS}+20)/L \tag{7.21}$$

式中 L——样品划痕表面距离；

$B(\overline{UCS}-20, \overline{UCS}+20)$——超过此范围的曲线波动次数；

$\overline{UCS}$——抗压强度的平均值；

β——纹层发育指数。

7.3.2 可压性综合评价

松辽盆地C41-70井2360~2410m层段共分为Q1（2398~2410m）、Q2（2384~2398m）、Q3（2370~2384m）和Q4（2355~2370m）4个层段。基于上述方法对C41-70井进行纹层发育指数表征，根据已经获得的纹层发育指数、抗压强度作出交会图（图7.38），将地层分为四类储层。可压性好的为Ⅰ类储层，可压性较好的为Ⅱ类储层，可压性中等的为Ⅲ类储层，可压性差的为Ⅳ类储层，以此建立纹层页岩室内可压性评价模型。可压性评价分类依据见表7.4。

表7.4 纹层指数可压性分类标准

储层类别	评价标准	等级
Ⅰ类储层	UCS>120MPa，β<1.5	好
Ⅱ类储层	90MPa<UCS<120MPa，1.5<β<4	较好
Ⅲ类储层	70MPa<UCS<90MPa，4<β<6	中等
Ⅳ类储层	UCS<70MPa，β>6	差

通过纹层发育指数与抗压强度交会图发现，松辽盆地C41-70井储层可压性等级中等，Ⅲ类储层和Ⅳ类储层占比较大。

此外，还对干柴沟组C2-4井段的页岩同样进行了划痕实验，对比了两大地区的可压性评价发现（图7.39和图7.40），干柴沟组页岩整体抗压强度偏大，抗压强度均值为129.61MPa，而纹层发育指数偏小。而青山口组C41-70井段页岩抗压强度均值为78.97MPa，纹层发育。C2-4井大部分地层可压性较好，Ⅱ类储层和Ⅰ类储层占比较大。

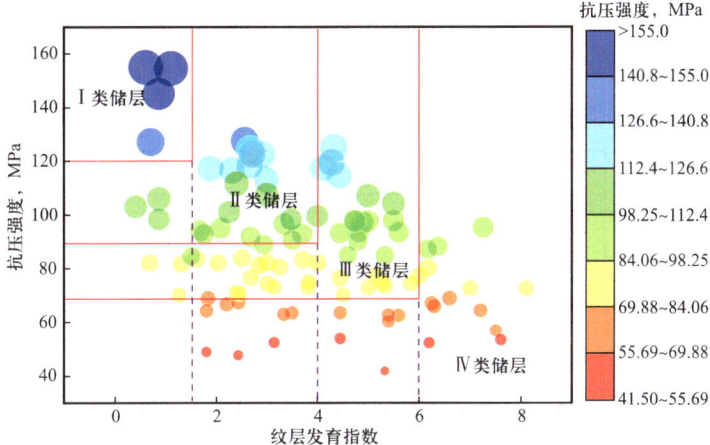

图 7.38　C41-70 井纹层发育指数与抗压强度交会图

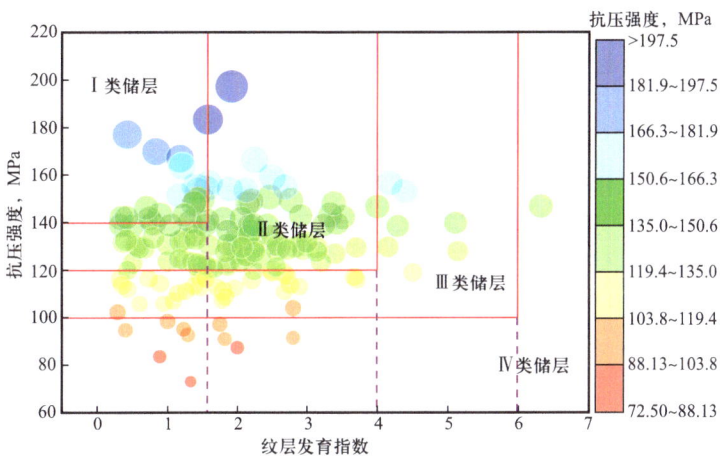

图 7.39　C2-4 井纹层发育指数与抗压强度交会图

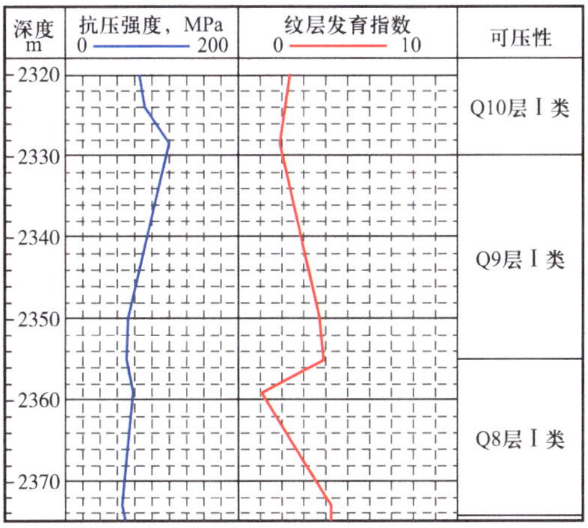

图 7.40　青山口组 Q8—Q10 层位可压性评价

由图 7.40 至图 7.42 可见，松辽盆地青山口组 Q8—Q10 层位纹层页岩抗压强度均值较大，纹层不发育，属于Ⅰ类储层。Q1 层属于Ⅱ类储层，Q2 层和 Q3 层属于Ⅲ类储层，Q4 层属于Ⅳ类储层。干柴沟组 C2-4 井大部分地层可压性较好，Ⅱ类储层和Ⅰ类储层占比较大。

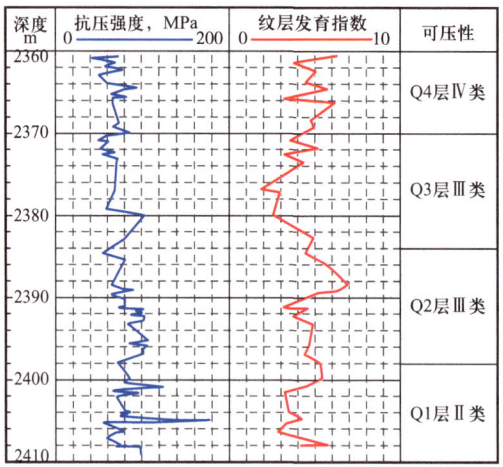

图 7.41　青山口组 Q1—Q4 层位可压性评价

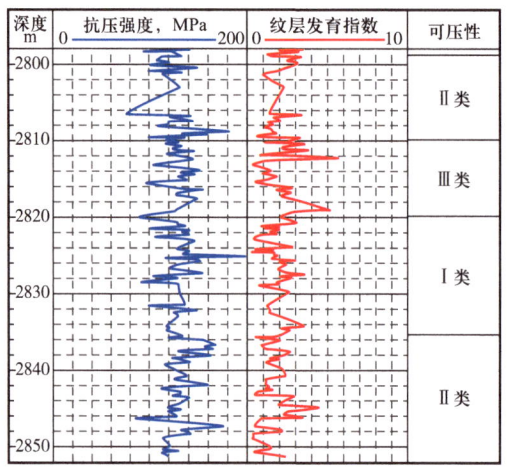

图 7.42　干柴沟组可压性评价

储层的非均质性是构造活动、沉积过程和成岩过程共同作用的结果，对储层开发产生影响。关于储层非均质性的分类，不同学者有着不同的观点和方案，其中岩石的各向异性特性被认为是影响非均质性的主要因素之一，同时，页岩纹层的发育程度与非均质性之间也存在密切的关联。页岩各向异性是指物质的物理属性会随着其方向的改变而发生改变，并在不同的方向上展现出不同的特性。岩心在不同方向上的声速特性参数可以用来描述岩石的各向异性。通常，会利用岩心在各个方向上的速度差异来计算声波的各向异性系数，以此来定量描述岩石的各向异性。这种表征方法为评估水平井的声速和能量各向异性提供了基础。

$$\lambda = \frac{v_y}{v_x} \quad (7.22)$$

式中 λ——声波各向异性系数；

v_y——纵波速度，m/s；

v_x——横波速度，m/s。

纹层页岩矿物组成复杂，不同岩样各种矿物含量差异较大，非均质性极强。纹层发育程度大。图7.43显示，纹层发育指数大的声波各向异性系数也大，有着很强的正相关关系，与各向异性有着良好的一致性。在上文已经通过室内划痕实验定量表征了纹层发育指数，通过纹层发育指数与声波各向异性系数建立关系，进而利用声波各向异性系数表征纹层发育程度。

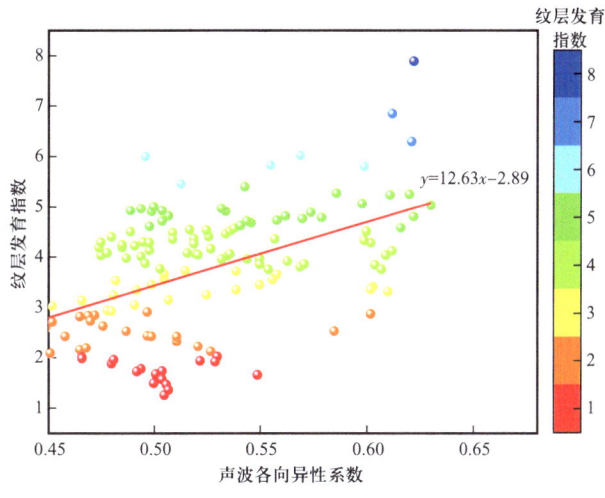

图7.43 声波各向异性系数和纹层发育指数关系

纹层发育指数与声波各向异性系数具有明显的正相关关系，根据预测的抗压强度和声波各向异性系数交会图（图7.44），建立了根据测井曲线的现场可压性评价模型。同样将储层分为四类，可压性好的为Ⅰ类储层，可压性较好的为Ⅱ类储层，可压性中等的为Ⅲ类储层，可压性差的为Ⅳ类储层，以此建立纹层页岩现场可压性评价模型。可压性评价分类依据见表7.5。

表7.5 声波各向异性可压性分类标准

储层类别	评价标准	等级
Ⅰ类储层	UCS>90MPa，λ<0.475	好
Ⅱ类储层	75MPa<UCS<90MPa，0.475<λ<0.535	较好
Ⅲ类储层	65MPa<UCS<75MPa，0.535<λ<0.60	中等
Ⅳ类储层	UCS<65MPa，λ>0.60	差

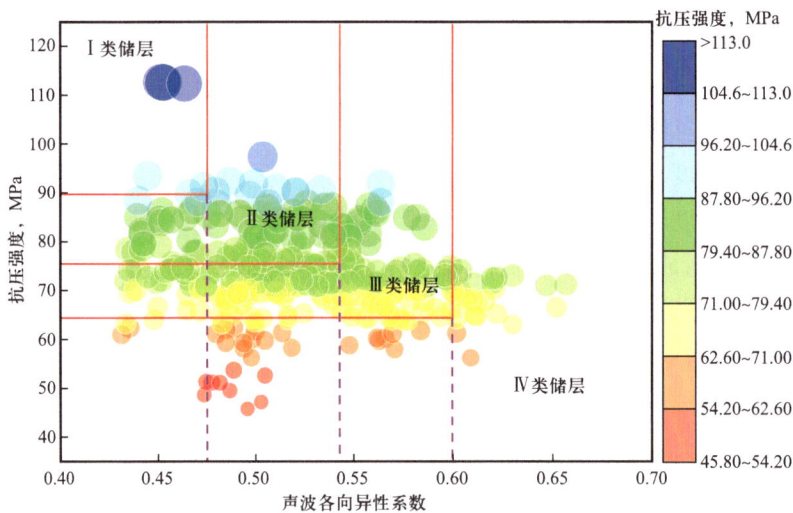

图 7.44 声波各向异性系数与抗压强度交会图

参 考 文 献

[1] Guo H, Jia W, Peng P, et al. The composition and its impact on the methane sorption of lacustrine shales from the Upper Triassic Yanchang Formation, Ordos Basin, China[J]. Marine and Petroleum Geology, 2014, 57: 509-520.

[2] Jarvie D M, Hill R J, Ruble T E, et al. Unconventional shale-gas systems: The Mississippian Barnett shale of north-central Texas as one model for thermogenic shale-gas assessment[J]. AAPG Bulletin, 2007, 91(4): 475-499.

[3] Rickman R, Mullen M, Petre E, et al. A practical use of shale petrophysics for stimulation design optimization: All shale plays are not clones of the Barnett shale[C]. Denver Colorado: SPE Annual Technical Conference and Exhibition, 2008.

[4] Bybee K. Proper evaluation of shale-gas reservoirs leads to more-effective hydraulic-fracture stimulation[J]. Journal of Petroleum Technology, 2009, 61(7): 59-61.

第 8 章

深部原位划痕力学测量技术构想

测井技术作为石油工程中不可或缺的重要工具，广泛应用于油田勘探、开发和生产过程中。随着石油需求的不断增加和勘探难度的加大，测井技术的应用也面临着新的挑战和机遇[1]。现有的测井技术仅能实现动态岩石力学性质的测量，尚未形成统一的原位静态力学性质的测量设备、方法及技术。本章探讨了井下原位划痕测量设备结构设计、主要性能、系统组件及工作原理，进行了技术集成；着重介绍了以划痕为核心的测试方法在原位测量过程中亟待解决的关键技术难题，探讨了关键力学参数原位测量结果反演技术构想，并建议深化储层环境下控制器运动模式、系统可靠性分析及设计—研制—联调—测试方面的研究。

8.1 设计思路和主要性能

8.1.1 设计思路

系统设计目标是能提供一种基于测量井壁静态力学参数的测井方法及系统，该系统及方法能够连续获取岩石的静态力学参数剖面，包括硬度、弹性模量、断裂韧性及摩擦系数等参数，形成以测量井壁静态力学参数为核心，配合随钻录井岩屑压痕及原位压痕—回弹—点渗透率多源数据矫正及反演的技术系统。针对这一目标，拟定了以下的设计思路：

（1）整体系统需要满足石油测井作业安全规范和工程岩体试验方法标准。系统需要包括打磨模块、加载模块、压痕—回弹—点渗透率模块、扶正模块及数据采集处理模块等。系统需在高压、高温、液体浸泡条件下工作，操作简易，可靠性高，便于原位测量、数据存储与传输、落鱼打捞等现场作业。

（2）系统集成压痕、回弹测量、点渗透率测试及井下电视，能够采集包括井径、壁面粗糙度、压（划）痕垂向载荷、压（划）痕水平载荷以及压（划）痕垂向位移等测井参数。配备的钻孔对称刀翼原位刻划系统在沿井壁轴向匀速运动时，能够对围岩壁面轴向与径向实现精细载荷—位移控制，并能够获取井壁面的外貌图像和划痕形态特征。

（3）系统需要具备数据测量、传输及处理能力，采用提升树（Boosting Tree）算法，以岩屑资料、随钻资料和划痕资料为基础，构建岩性、结构面及强度识别模型，实现围岩强度智能分类，建立深部原位力学性质分布精细表征。

基于上述设计目标，联合中国石油勘探开发研究院拟研制深部原位划痕力学测量系统。该系统按照上述设计思路进行制造安装，满足上述设计需求。整体设计思路及设计过程中解决的关键技术如图 8.1 所示。

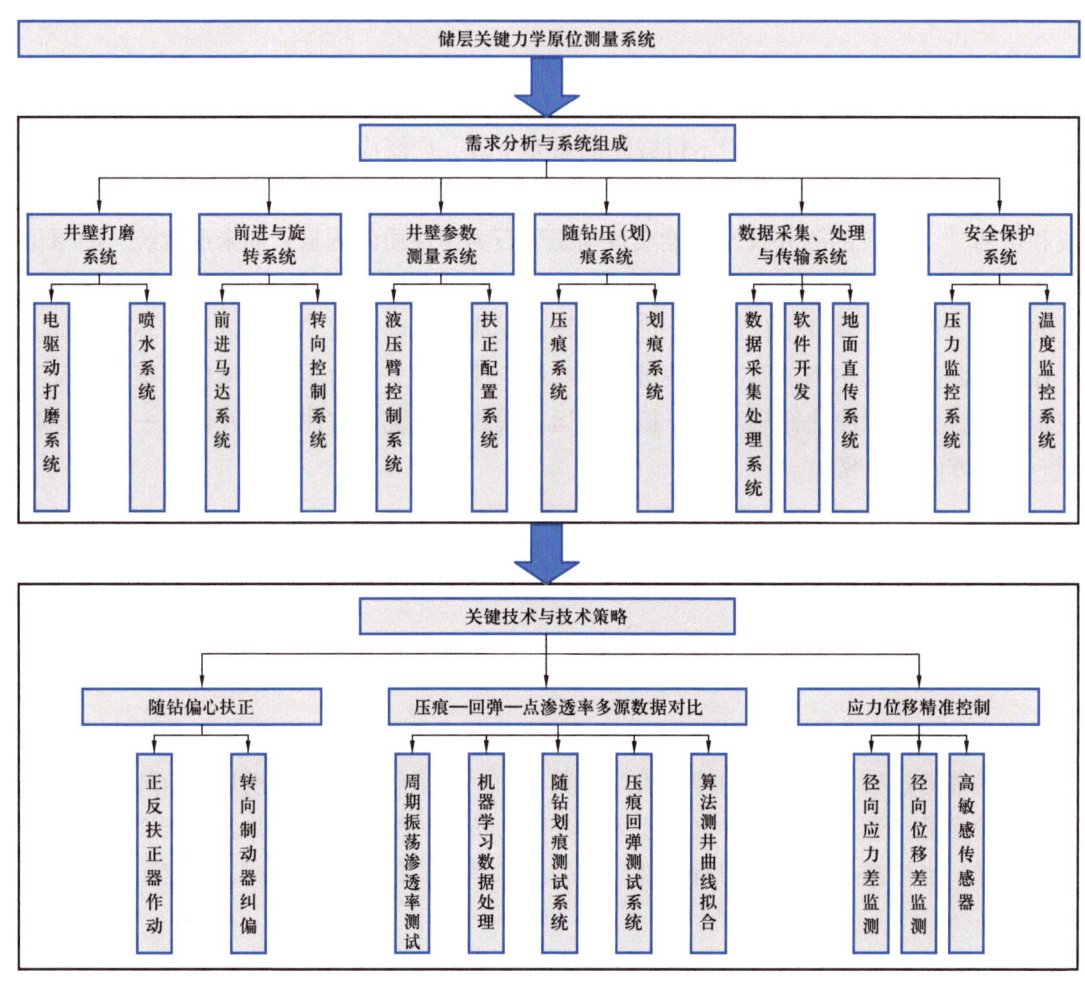

图 8.1　系统设计及关键技术

8.1.2　系统的主要功能

储层关键力学原位测量系统采用伺服系统控制，能在温度、流体及应力耦合条件下进行原位测试工作。测试前将设备放入井内目标段底部，开启测试模块保证刻刀接触井壁围岩，在沿井壁轴向匀速运动时，能够对围岩壁面轴向与径向实现精细载荷—位移控制，实现硬度、断裂韧性、弹性模量、摩擦系数等参数连续测量。该系统采用模块化设计，易组装，操作简单，方便打捞，可以进行全孔段测量。主要技术参数见表 8.1，系统主要组件及功能见表 8.2。

表 8.1　储层关键力学原位测量系统主要性能指标

参数	指标	参数	指标
划痕刀头宽度，mm	2～8	工作压力范围，MPa	0.1～120
划入深度，mm	0～5	划痕速度，mm/s	1～10
压痕刀头类型	维式压头、圆锥压头、球体压头	测井长度，m	>10
压痕深度，mm	0～5	应变传感器量程，mm	10
压力传感器精度，MPa	0.005	应变传感器精度，μm	1
工作温度，℃	0～300	控制方式	应力控制、位移控制及其组合控制
温度控制精度，℃	0.5	井径，cm	10～60

表 8.2　系统主要组件及功能

组件	主要结构	功能
打磨模块	钻进—打磨装置、旋转驱动装置、力控系统	打磨井壁
驱动模块	正向马达、反向马达	向前驱动
液压扶正模块	扶正器	扶正纠偏
压痕—回弹测量装置	压痕刀头、压力位移传感器	压痕测试、回弹测试
划痕测量装置	划痕刀头、压力位移传感器	划痕测试
井径测量模块	液压臂	井径测量
周期振荡法点渗透率测试模块	正弦波压力加载装置	渗透率测试
井下电视模块	井下红外摄像头	实时监控
测井数据采集处理模块	处理芯片	数据采集处理分析
辅助系统	配置组件、水管、喷水头等	确保设备正常工作

8.2　原位测量原理与结构设计构想

借鉴前人提出的系列测井系统及原理[2-5]，充分考虑划痕测量基础原理，本书提出了随钻式原位划痕系统、偏心式原位划痕系统及对称式原位划痕系统3种原位测量整体结构设计构想，并深入探讨了测量原理、优缺点及适用条件。

8.2.1　随钻式

为了能够更快地获取地层信息，率先提出将划痕装置配备到钻井系统中，并做了如下研发：（1）为了克服井壁表面粗糙度较高、划痕干扰大的问题，安装了具有一定伸缩性的井壁打磨模块，可以实现复杂井径变化情况下表面打磨，为划痕提供较好的测试条件；（2）基于压痕及划痕表面力学测试技术，设计了原位压（划）痕装置，通过径（轴）向载荷施加，实现了沿井筒轴向运动过程中对径向进行压（划）痕测试；（3）跟随钻杆钻进过程中，匀速旋转进行螺旋式划痕，采集静态力学参数，并采用井下电视系统获取井壁面的外貌图像和压（划）痕形态特征；（4）基于差分原理，将获取的测井参数推广到未测量区域，形成待测井位置的井壁云图，并通过井壁云图的灰度值划分"甜点"。随钻式测试系统的外观、内部结构及关键部件如图 8.2 所示。

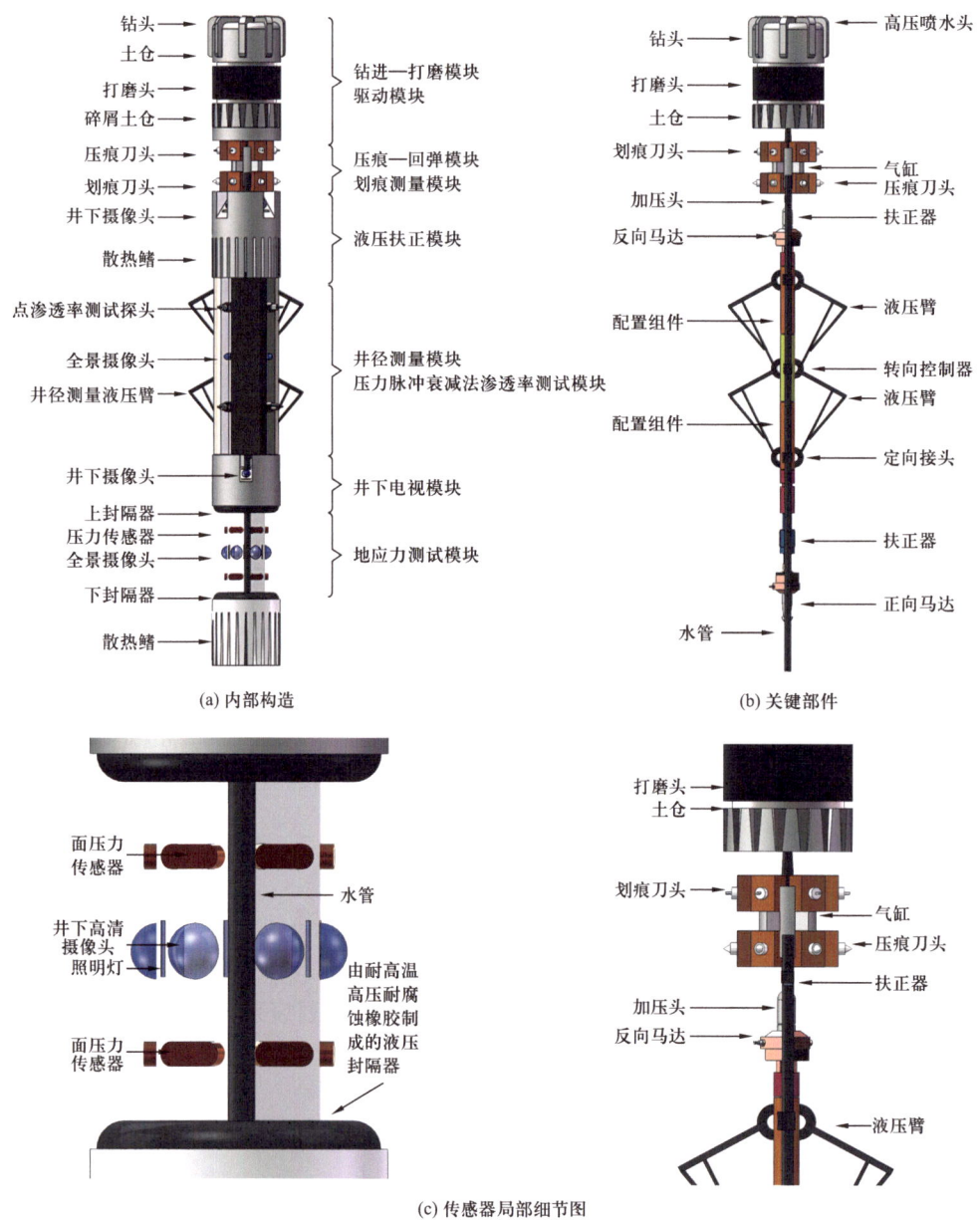

图 8.2 随钻式原位装置

由于测量系统对井壁的光滑程度有较高要求，为了保证获取数据的精度，需要对待测井壁进行打磨处理。打磨模块采用电动机驱动钻进—打磨装置顺时针或逆时针旋转磨头打磨井壁。同时，驱动模块产生轴向力驱动钻头前进，使钻进—打磨装置能够在钻进的同时打磨井壁。其原理为：通过磨头与井壁的高速碰撞导致岩石、土体破碎，利用磨头与井壁摩擦和压缩，使得碎块尺寸逐渐断裂、减小，并随着系统不断前进，使岩体碎屑进入土仓中。高压喷水头对待打磨井壁进行喷水润湿，以减小碎石飞溅伤害设备的风险。由于井下岩石非均质性强，钻进时井壁剥落程度不一致，导致井径变化。磨头配备力控系统，若监测压力变小，磨头自动靠近井壁打磨；若监测压力变大，磨头自动收缩至钻头直径，确保待测井壁被均匀打磨。

随钻式测井装置具有"边钻边测试"的优点，在钻进的同时进行压（划）痕实验、点渗透率测试、井径测量等多种测试，不需要取出钻头设备二次下井。配备井下电视实时监测实验过程，并通过基于机器学习的多源数据对比进行数据分析。然而，随钻式测井装置具有研发难度大、钻测干扰严重、成本高的缺点，如何适应井下复杂地质环境，提高系统耐用度是未来研究的方向。

8.2.2 偏心式

针对井下环境复杂、井径变化大、设备震动干扰等问题，提出了偏心式划痕测试结构设计理念。主要研发思路如下：（1）在设备下放到目标层位后，采用支撑油缸支撑固定测试系统，划头能够沿着预定导轨对井壁实现径向、轴向加载；（2）采用模块化设计，包括支撑油缸、横向移动装置、纵向油缸、移动座、导轨、筒体，均可以通过更换模块实现快速检修。两套设计可以解决井下高精度划痕实验要求，具备测试精度高、易组装、方便检修的特点。偏心式测井装置如图 8.3 所示。

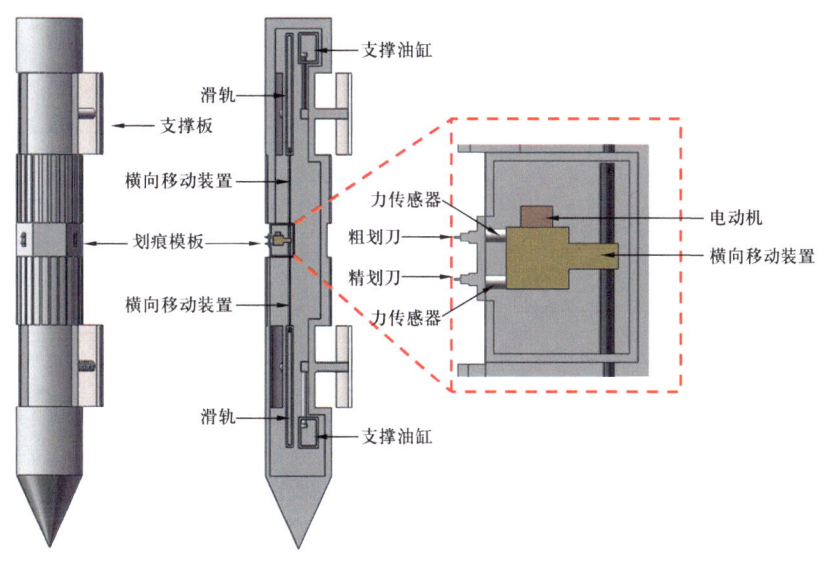

图 8.3　偏心式测井装置

支撑油缸位于装置的上下两边，且位于同一侧。当支撑油缸活塞伸出时，支撑座伸出装置外部与井壁贴合，此时装置往井壁的另一侧移动，使支撑油缸的对侧与井壁贴合，划刀在电动机及传动系统的作用下伸到装置外部，与井壁相贴合，通过对划刀伸出长度进行控制，即可控制划痕的深度，在纵向移动油缸的带动下，划刀组件纵向移动，形成一条长划痕。在这一过程中，对划刀处的压力传感器、纵向移动装置的位移传感器等进行数据采集，实现对井壁原位力学参数的采集、分析。

偏心式测井装置测试精度高，偏心支撑、粗划刀和精划刀的设计使得其测试数据精度高于随钻式。但是其缺点也很明显，高精度所需要的精细结构难以在井下复杂环境中工作。

8.2.3 对称式

充分借鉴现有的井径测量的经验，提出一种对称式划痕测试系统构想，通过液压增大原有井径刀头的加载力，实现低载荷测井径、高载荷测静态力学性质的联合测试技术。将测试系统下入目标区域后，系统组件像"撑伞"打开对称刀翼、接触井壁，通过高性能弹簧和液压提供载荷对内壁进行划痕实验，同时多个刀头对称加载，使得刀头能够互相提供支撑力，并且获得多条连续表征测井内壁力学参数的划痕曲线。对称式划痕测试系统主要由电动机、减速机、滚珠丝杠、下连杆、上连杆、筒体、弹簧、压力传感器等组成（图8.4），主要研发思路如下：（1）通过电动机将丝杠旋转运动转变为丝杠螺母向下运动，压缩弹簧并带动连杆使伞状的划痕设备伸出、缩回。通过伸缩构造，可以在尚未

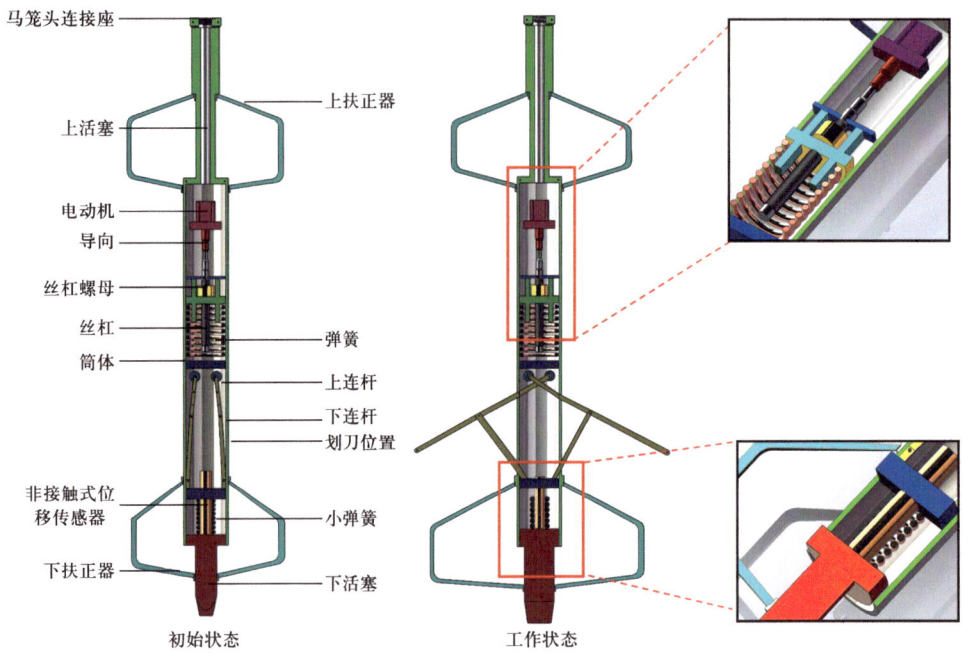

图 8.4 对称式测井装置

到达测井位置或是更换测井位置时保护划痕装置，保证传感器等不受外力撞击损害；（2）扶正器的设计保证了划痕作动时装置位于测井截面圆心，不发生偏心而影响测试准确性。

钢丝绳牵引马笼头带动划痕装置下入井下一定位置，在装置下到井内过程中，由上、下扶正器进行扶正。到达位置后，电动机启动，丝杠旋转运动转变为丝杠螺母的直线运动，丝杠螺母在导向柱作用下沿直线方向运动。丝杠螺母推动弹簧后将力传递到上连杆，带动下连杆运动，划刀伸出装置外。此时，大弹簧处于压缩状态，小弹簧处于拉伸状态。测量完毕后，丝杠反向运动，大弹簧的力撤销，小弹簧回缩，使划刀缩回筒体。

对称式测试方法通过对称刻划、互相支撑对称刀头工作，能够同时获取多条划痕数据，可以与传统井径测井配合使用。但是测井内壁并非理想化的圆柱面，存在凹陷、凸起等现象，在经过这些不规则区域时划刀可能悬空或者撞击井壁，造成数据异常或刀头损坏，充分发挥弹簧与液压耦合机制是该构想实现的关键。

8.3 关键技术创新

8.3.1 偏心抑制技术

测试设备的偏心扶正技术旨在确保测井工具在井眼内保持居中，从而提高测井数据的准确性和可靠性（图8.5）。该技术采用液压偏差校正，根据实时位置和角度数据自动调整钻进方向和速度。该技术通过两套设计实现自动钻进校正和反馈控制校正。自动钻进校正技术在钻进过程中自动调整方向和速度，反馈控制校正技术通过自动钻进校正技术调节后在传感器上的反馈调整液压执行器，从而进行二次纠偏，确保持续校正。该技术集成PID控制、自动方向和速度调节，确保系统能够动态适应偏差，在整个钻井过程中保持最佳性能。

8.3.2 应力—位移精准控制

精确控制储层关键力学原位测量系统中的应力、位移是确保准确采集数据、保持井眼和测井设备完整性的关键环节。这包括应力传感器和位移传感器自身的精密性，以及减少测井仪器与井眼环境之间的力学相互作用造成的变形和位移。系统采用高精度的应力传感器和位移传感器，通过控制算法处理传感器数据以进行必要的修正，并通过日常维护、每次下井前校准保持其精准性。机身设计使用力学稳定器，配合偏心扶正装置，确保测试仪器在井眼内保持居中，减少仪器偏心。测量模块的液压臂、弹簧及力控装置对井壁保持恒定的压力，有助于稳定仪器。铬镍铁合金材料制成的耐压外壳强度重量比高，可吸收和消散冲击和振动，保护仪器免受动态应力载荷的影响。

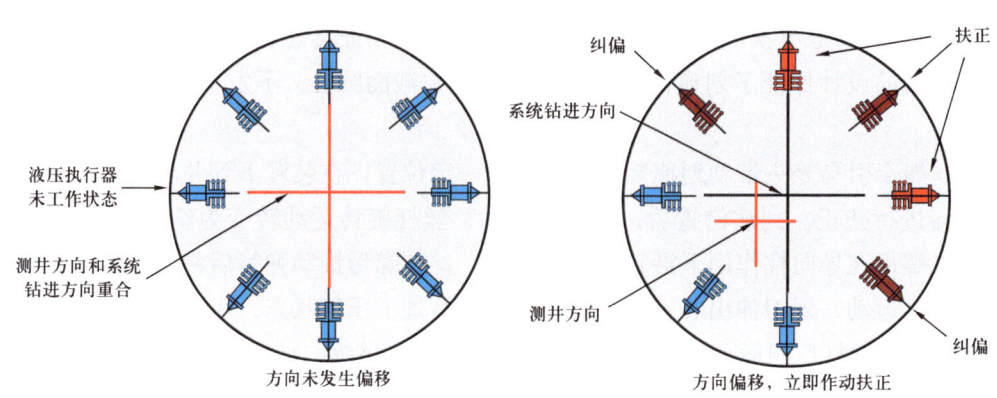

图 8.5 扶正示意图

8.3.3 压痕—回弹—点渗透率多源数据对比

划痕具有测试连续性强的独特优点,然而,测试结果更容易受到临近测点的干扰,导致局部结果失真,往往仅能反映趋势性变化。为了解决这一问题,在井下原位测试装置上配备了压痕、回弹及点渗透率测试装置,可以在连续测量的同时,实现散点式多源数据校正。

压痕—回弹测量模块包含压痕刀头、加压头、气缸、力控系统,共有 6 个对称布置的刀头。压痕—回弹测量模块需在经过打磨后的井壁上进行实验。压痕测试包含加载和卸载过程。在驱动模块作动下,系统被向前驱动,压痕—回弹测量模块在转向控制器的作动下,可以产生控制角速度的旋转,从而对井内壁进行压痕测试。通过加压头对内部气缸加压,压痕刀头可以实现一定程度上的伸长,即产生径向位移。加压操作也为后续划痕测试提供压力。井下原位回弹试验可以直接在井眼环境中评估岩层的弹性性能。通过使用压痕刀头测量岩石硬度和抗压强度,该技术可为各种工程和地质应用提供关键数据,具有快速、无损原位测量等优势。

点渗透率测试过程中,伴随橡皮嘴压在井壁上快速打开压力室,导致地层与压力室产生较高的压差,流体从井壁测点上被抽出,一个微控制器单元同时监控打气筒的体积和测点表面产生的瞬态真空脉冲,实时计算原位渗透率。

8.4 面临的主要问题

在矿产勘察中,测井技术是确定矿层位置及岩性划分的一种重要手段,测井质量的好坏直接关系到矿产以后的开采和利用,而测井深度是测井资料中的一项重要数据,所有测井数据均要与深度一一对应,才能确保测井数据的真实可靠[6]。深地能源安全高效开发(煤炭超过 1000m,油气超过 8000m)是践行国家深地战略的核心任务。开展地下储层资源勘探开发领域示范应用,提升我国深部资源储量评估精度。但是储层静态力学参数原位测量系统的开发尚无借鉴因素,下面从基础理论方面和工程实践方面论述开发面临的问题。

8.4.1 基础理论问题

8.4.1.1 原位静态力学参数测量

目前,对于岩石划痕理论方面的研究尚未形成统一的认识。对于原位测量,需要根据井底实际温压条件对参数进行修正,提出基于井下原位划痕测试数据的储层关键地质参数原位获取方法。此外,受井壁粗糙度、流体性质、井壁垮塌变形及围岩强度软化等因素的影响,亟须构建深部原位多场耦合复杂工况下静态划痕力学测量理论。同时,原位测量系统包括感知、探测、实验、存储四大系统,有必要进一步突破仪器结构微型化技术难题,引入微型测试仪器,开展储层关键地质参数静态、动态等岩石力学实验与分析,进而形成整套的储层关键地质参数原位高精度测试、分析与存储技术方案。

8.4.1.2 地层关键力学参数反演方法

采用 Boosting Tree 算法,以岩屑资料、随钻资料和划痕资料为基础,构建岩性、结构面及强度识别模型,实现围岩强度智能分类,形成深部原位力学性质分布精细表征方法(图 8.6)。测试系统需要搭建原位地层岩样压痕与划痕分析技术配套的反演分析系统,开展关键岩石力学参数检测、解释反演、数值成像,通过不断优化技术方案与反演技术,实现原位岩心关键力学参数的精确检测、高精度解释反演提供完善的技术方案。

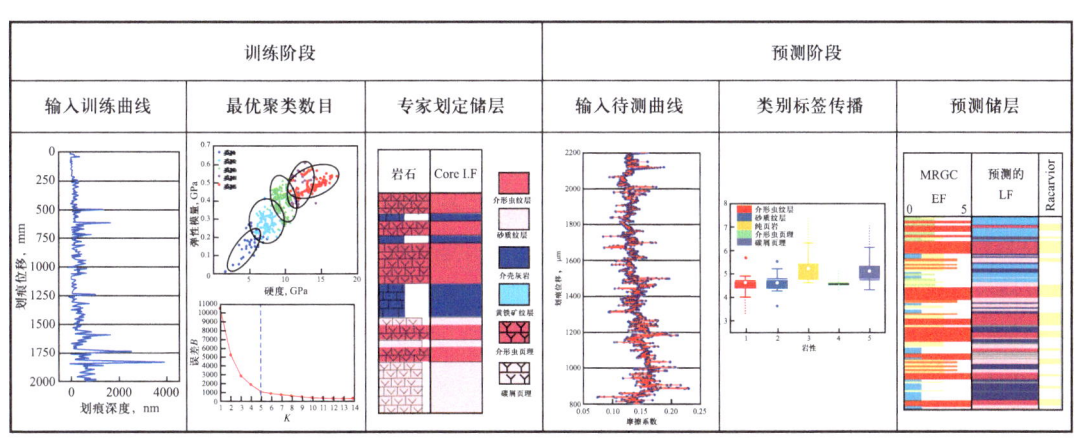

图 8.6 基于机器学习的数据反演理论

8.4.1.3 地层环境下划痕控制器运动模式

研发一套模拟油气储层高压、高温、固液气多相共存环境下的划痕刻刀多向运动状态监测设备平台。模拟复杂储层环境,实现划痕刻刀模拟储层环境下的触发运动。实时监测划痕刻刀运动状态,结合视觉算法、神经网络等手段,将模拟储层环境下划痕刻刀运动轨迹数据化、可视化。其次,采用理论分析模型模拟及实验验证相结合,探索储层复杂环境对划痕刻刀运动模式的影响规律,构建不同密度、流变状态的钻井流体环境下划痕运动轨迹预测模型。最后,提出多向驱动系统优化方案,提高深部原位多场多相复杂工况下划痕运动可靠性。

8.4.2 工程实践问题

(1)基于原位划痕系统可靠性分析与优化。

基于原位真实作业环境,构建原位环境条件拟实工况测试平台,开展拟实环境下划痕系统功能测试与分析;建立多参数实时监测与传输的智能传感网络,实现环境参数与划痕力学特性的数据交互反馈,探明温压耦合工况下的系统力学响应特性;构建考虑复杂载荷作用与多模块相关性的系统可靠性分析方法,实现针对深部原位工况下的划痕系统控制、参数测量、原位数据反演等功能与结构优化。

(2)原位划痕系统设计、研制、联调与测试。

针对深部井眼小尺寸约束条件下测试的关键技术难题,井下作业对系统本体柔性化、控制精细化、结构小型化的苛刻要求,攻关原位压痕、划痕、回弹等集成技术,集成自触发自密封模块、井径—压力智能补偿模块,实现原位压力和位移的精准测定与记录。构建集成耦合模块的一体化原位测量技术方案,完成系统联调与测试,创新储层岩体原位静态力学参数原理与技术。

(3)原位高精度测试仪器微型机电测控系统研发。

围绕储层关键地质参数的原位高精度测试的目标,以储层岩心原位测试与高精度控制为核心研究手段,结合前述研究成果,研发储层关键地质参数的原位微型测试系统和高精度微型机电控制系统,探究有限空间内储层关键地质参数原位高精度测试系统的控制原理与监测方案,突破微型原位监测与控制技术难题,创新高度集成原位测试系统的位移、速度、压力等高精度监测与反馈控制方法,从而创建储层关键地质参数原位测试过程高精度监测控制技术与设备,为储层关键地质参数的原位高精度测试提供技术与硬件支持。

8.4.3 未来研究方向

目前,深部油田资源与矿井煤层气资源开采存在采出量小、采出率低、井下施工难度大等问题。造成这些问题的共性原因在于地质条件的精准勘探面临一系列挑战,例如超短半径施工难度大、技术适应性低、费用高、见效低等困难。这些问题严重制约了对深部储层赋存环境的科学认识与资源禀赋特征的评估。为了满足多样化、复杂化的地质环境和作业环境的相应要求,未来的测井技术要更加注重精度、效率、质量[7]。在2000m以深的储层资源开采过程中,储层岩心的非均质性增强,资源禀赋特征不明确,难以准确解释低渗透、裂隙等特殊储层与流体变化关系，为油田与煤层气开采带来了严峻挑战。因此，亟须探明深部储层资源赋存特征及运移规律，攻克井下地质参数原位测试技术难题，研制高曲率新型多向保真取心装置与高精度地质参数原位测量设备，如增加随钻测井仪器的测量深度、测井仪器采集的阵列化与集成性、实时成图技术等[8]，集成超短半径侧钻钻具，开展多种储层现场示范应用，获取深部储层"活体"岩心与更准确的原位地质参数，从而有助于更好地了解储层的物性参数和力学性能，建立储层关键地质参数评价体系，实现对油气和矿井资源的更准确分析与评价。

储层关键力学原位测量系统基于厘米压痕、厘米划痕表面力学测试技术，设计了原位压（划）痕装置，通过施加径（轴）向载荷，实现了沿井体轴向运动过程中对待测井位置进行压（划）痕测试。通过跟随轴（径）向载荷施加装置沿井体轴向匀速运动的过程中采集点静态力学参数，并获取井壁面的外貌图像和压（划）痕形态特征，利用差分原理，将获取的测井参数均一化到井壁的周向表面，形成待测井位置的井壁云图，并通过井壁云图的灰度值判定待测井位置的储层特征。

参 考 文 献

[1] 冉强，蔡键键. 测井技术在石油工程中的应用新进展[J]. 石化技术，2024，31（5）：156-158.

[2] 鱼万琪. 过套管测井技术技术研究[J]. 石化技术，2024，31（7）：143-145.

[3] Song X Y, Wu W S, Zhang H, et al. Improving the accuracy of CO_2 sequestration monitoring in depleted gas reservoirs using the pulsed neutron-gamma logging technique[J]. International Journal of Greenhouse Gas Control, 2024, 132: 104080.

[4] 胡可心. 石油地质勘探中先进测井技术的应用与发展[J]. 工程施工与管理，2024，2（4）：87-89.

[5] 王界益，高秋涛. 超高温高压井测井技术及应用[J]. 测井技术，2008，32（6）：556-561.

[6] 仵杰，刘珍，张辉辉. 测井数据深度校正方法综述[J]. 国外测井技术，2011，31（6）：14-17.

[7] 白耘旗，万军. 油田开发测井技术应用与发展方向分析[J]. 石化技术，2024，31（5）：178-180.

[8] 李冠男. 油气田测井技术综述[J]. 国外测井技术，2018，39（3）：30-32，38.